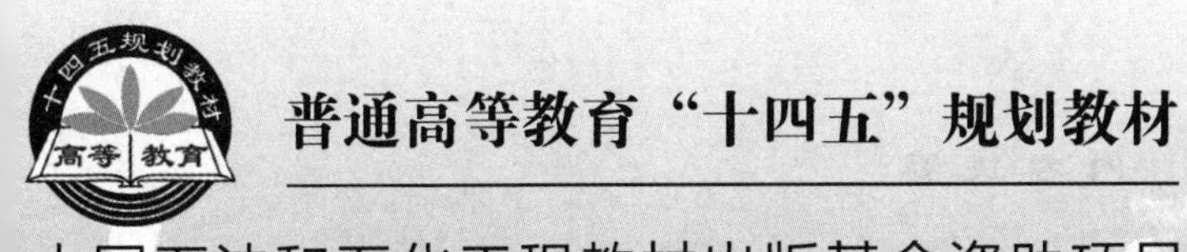

普通高等教育“十四五”规划教材

中国石油和石化工程教材出版基金资助项目

海洋石油装备概论

贾光政　李　睿　主编

中国石化出版社

内容提要

本书以海洋油气开发所应用的主要技术装备为对象，系统介绍了海洋油气开采过程中的钻井和生产等工艺技术与装备，简要介绍了海洋油气集输、储运、修井等工艺涉及的主要技术装备，选择介绍了海洋装备结构检测技术和海洋油气生产安全与环保管理等内容。

本书可作为石油高校机械工程类、石油工程类、海洋油气工程类专业本、专科生的特色教材，也可以用作相关领域和专业的教师、研究生和科技人员的参考资料。

图书在版编目(CIP)数据

海洋石油装备概论/贾光政，李睿主编. —北京：中国石化出版社，2022.4
ISBN 978-7-5114-6637-2

Ⅰ.①海… Ⅱ.①贾… ②李… Ⅲ.①海上油气田-机械设备-概论 Ⅳ.①TE9

中国版本图书馆CIP数据核字(2022)第055754号

中国石化出版社出版发行
地址:北京市东城区安定门外大街58号
邮编:100011 电话:(010)57512500
发行部电话:(010)57512575
http://www.sinopec-press.com
E-mail:press@sinopec.com
北京力信诚印刷有限公司印刷
全国各地新华书店经销
*
787×1092毫米16开本15印张371千字
2022年5月第1版 2022年5月第1次印刷
定价:42.00元

《海洋石油装备概论》
编写委员会

主　编　贾光政　李　睿

副主编　闫天红　侯永强　朱兆阁

主　审　冯志鹏

编　委　刘宗正　曹甜雨　韦海静　许　哲　孙维鹏
　　　　　吴　炜　黄金鑫

前　言

走向深海，建设海洋强国，是国家重大发展战略。开发海底蕴藏丰富的油气资源是助力建设海洋强国的重要内容。工艺实施，装备先行，必须采用高新的科学技术与装备，才能保障海洋油气生产先进工艺的实施与完善。我国海洋开发起步较晚，在正视与国外先进技术装备存在巨大差距的形势下，进行引进消化，并奋力赶超，经历了从国外引进为主逐步实现国内自主研发为主的跨越式发展阶段。先进的“海洋石油981”半潜式平台、“奋斗者”号深潜器等大国重器的创造成功，进一步彰显了我们科技强国的巨大实力，不断激发广大青年学生为早日实现中华民族伟大复兴的中国梦而拼搏向上的热情和斗志。

本书立足于将海洋石油开发的重要意义、海洋石油装备发展的技术路线、海洋石油装备的主要内容和特点进行总结，对海洋油气开采过程中的钻井、采油、集输、储运、修井等工艺涉及的主要装备与技术进行基础性、系统性阐述，帮助读者对海洋石油装备的总体概况进行初步了解，并逐步达到基本掌握。

本书编写过程中，参考了已出版的有关海洋石油工程和装备的多种书籍和著作，结合多年来的授课感悟，进行内容筛选、整理归纳，实现基础性、系统性、工程性的有机结合。本书力求选材合理、内容精炼，基本概念表达清楚、准确，案例典型、清晰易懂，注重工程意识和创新意识理念的引导，注重课程思政元素的合理引入，注重培养理论联系实际、解决复杂工程问题能力的训练。本书各章附有作业思考题，以便指导读者准确掌握核心内容。

本书共分10章。第1章简介了我国海洋资源概况，海上石油开发环境、特点，我国海洋石油装备发展水平；第2章介绍了海洋石油钻井工艺原理，石油钻井设备的总体构成，钻机起升系统、旋转系统、循环系统和泥浆固控系统等主要设备的功能和特点；第3章阐述了海洋固定式钻井平台和移动式钻井平台的类型、特点，海上平台设备布置原则，水下钻井设备构成，升沉补偿、平台定位、水下机器人等海上钻井辅助设备的作用和特点；第4章介绍了海洋油气人工举升工艺与技术，固定式、浮动式油气开采系统的关键技术；第5章阐述了海洋油气水下井口装置、水下采油树、水下管道与管汇、水下控制系统等单元的主要功能和结构特征；第6章介绍了海上油气集输方式、工艺流程及其设备，海上原油、天然气和水处理系统的组成和原理；第7章简介了海上储油和装油设施的组成和特点；第8章简介了海上移动式修井机装置和不压井液压修井装置；第9章阐述了海洋平台检测技术、起重设备检测技术、井口装置检测技术和钻修井设备检测技术；第10章简介了海洋石油生产HSE管理、平台危险品管理和环保管理的基本内容和要求。

本书由东北石油大学贾光政、西安石油大学李睿任主编，东北石油大学闫天红、侯永强、朱兆阁任副主编。贾光政负责编写第1章、第4章、第8章，李睿负责编写第2章、第5章，朱兆阁负责编写第3章，闫天红负责编写第9章，侯永强负责编写第6章、第7章、第10章，全书由东北石油大学冯志鹏研究员主审。

在本书的编写过程中，研究生刘宗正、曹甜雨、韦海静、许哲、孙维鹏、吴炜、黄金鑫等进行了插图绘制和资料整理工作；本书得到中国石油和石化工程教材出版基金项目的资助，在此一并表示衷心的感谢！

由于编者水平有限，书中难免存在不当和错误之处，恳请广大读者给予批评和指正。

目　录

第1章 绪 论

1.1 海洋石油开发环境与特点

1.1.1 中国海洋石油资源简介

随着地球陆地石油资源的逐渐枯竭、开采成本不断提高，越来越多的国家将目光转向了海洋。众所周知，海洋面积约占地球表面积的71%，大约是3.62亿km^2。全球海洋平均深度3730m，水深在200m以内的近海大陆架水域面积占海洋总面积的7.5%，水深在3000～6000m的占海洋总面积的73.8%。2002年在巴西召开的世界石油大会上，提出了对海洋油气勘探开发以水深进行划分的建议：水深在400m以内为常规水深，水深在400～1500m为深水，超过1500m为超深水。目前已经有超过100多个国家和地区在海洋开展了石油钻采业务，已在海上发现1600多个油气田。

中国海岸线长约18000km，按联合国公约，属中国管辖的海域约有488万km^2。南海面积约为200万km^2，是世界上四大海洋油气聚集中心之一。南海石油估计储量约有230亿～300亿t；天然气储量约有338万亿m^3，70%在深水。面对日益紧张的能源形势，深海油气资源勘探开发必将成为中国未来石油、天然气开采的主战场。

中国近海油气田分布如图1－1所示。我国海洋油气资源主要分布在大陆架上的几个大型含油气盆地中。目前已经投入开发的区域主要有：①渤海盆地，包括埕北油田、渤西油田群、渤中油田群、渤南油田群等；②东海盆地，包括平湖油气田、春晓油气田、天外天油气田等；③珠江口盆地，包括西江油田群、流花油田群、惠州油田群、陆丰油田群、番禺油田群等；④北部湾盆地，包括涠洲油田群；⑤莺歌海盆地，包括东方气田群；⑥琼东南盆地，包括崖城气田群、文昌油田群等。

珠江口盆地处于南海北部大陆架边缘，面积为14.7万km^2。珠江口盆地是目前我国海上油气开发最活跃的区域之一，包括西江油田的3套导管架平台井组、番禺油田的3套导管架平台井组、惠州油田的8套导管架平台井组、陆丰油田的3套导管架平台井组、流花油田的1套半潜式平台井组等。

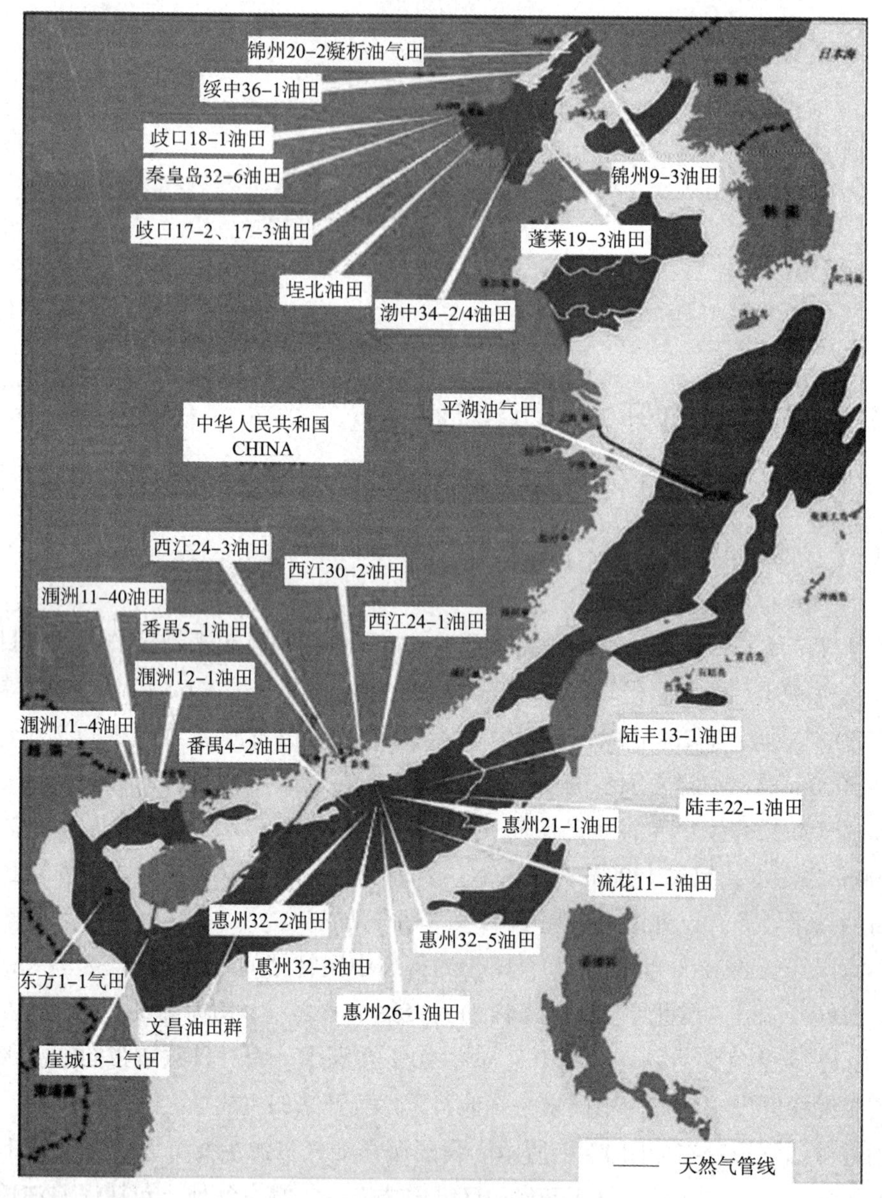

图1-1 中国近海油气田分布图

1.1.2 海洋石油开发环境

海洋石油开发环境比较恶劣，因此开发难度比陆地石油大。海洋石油的开发与陆地石油开发相同，大致分为三个阶段，即地球物理勘探阶段、勘探钻井阶段和油气田开发阶段。

第一阶段是普查性的地球物理勘探。通常使用地震勘探船来进行，利用爆炸地震波测量地层反射波等方法查找可能储藏油气的地质构造。第二阶段是在找到的构造上钻勘探井，包括钻初探井查明是否有油气存在，以及钻评价井来确定油气的分布、品位和储量等情况，以便制定开发方案。第三阶段是钻生产井和进行油气的采集、处理、储存、运输等生产设施的建设并进行生产。

由于海上钻、采的场地，集输和储运的设施是各种不同的海洋建筑物，它们在海洋环境中要受到风、浪、潮、流、冰、地震等各种自然力的作用，对石油开发的钻、采、集输、储运的工艺有不同程度的影响，在结构上、使用上、安全上对工艺设备的性能要求也较高，因此，在海上完成这些工作比陆地上要复杂、困难得多。

1. 海洋石油工程环境

(1) 自然环境条件

海洋石油开发环境总体上比较恶劣，工程建设期间可能遇到的自然环境条件有：海风、海浪、海流、潮汐、海冰、地震、海啸等；还包括：雨雪、雾、霜、温度、地基土壤、海水腐蚀以及海生物附着等。这些环境因素都足以损伤或破坏海洋石油装备结构，降低其强度和使用寿命。

海水盐度高、导电率高，对金属腐蚀比较强，特别是海洋平台上的海水飞溅区，腐蚀最为严重，需要采用耐腐蚀强的材料和设备才能保证其可靠地工作。

海风(sea breeze)是气压在水平方向上分布不均匀而产生的空气自高压区向低压区的运动。水平方向上气压变化的原因是由地形、太阳辐射等因素影响而造成。海洋上的大风较为常见，在洋面上容易形成影响几百千米甚至几千千米的台风或者强台风。台风长距离运动之后才会减弱消失，而海洋屏障较少，台风通常会对海洋平台设施造成巨大的破坏，甚至是倾覆沉没。我国南海台风较多，东海次之，黄海较少。海洋石油钻采装备与结构常以30年或50年一遇为设计标准。海风的评价参数包括：风速、风向、风频、风压等。统计性的海风分布如图1－2所示。

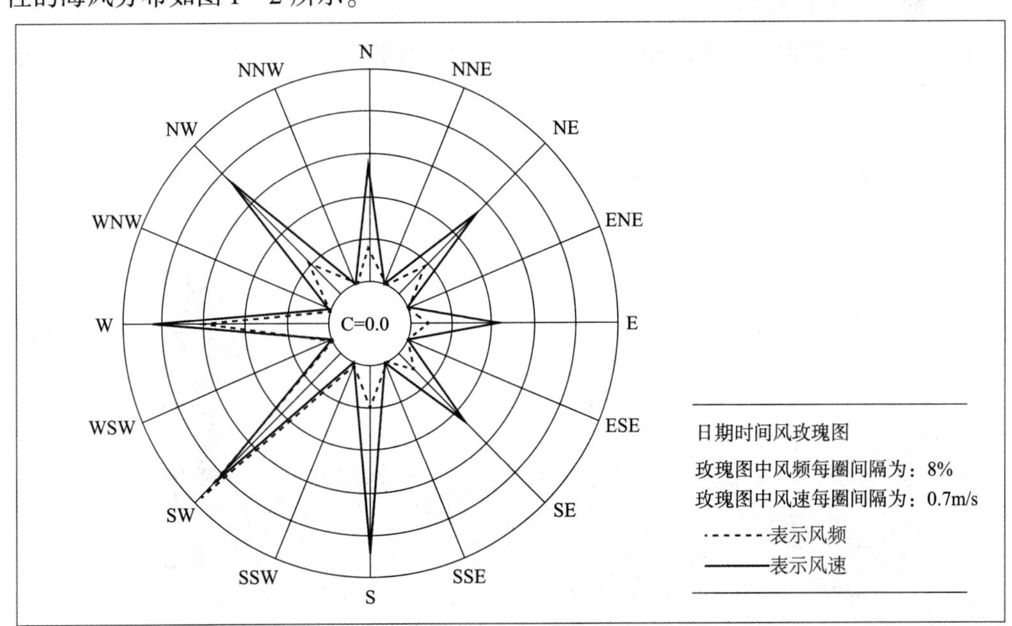

图1－2 海风分布图

海浪(ocean wave)通常是指海洋中由风产生的波浪。主要包括风浪、涌浪和近岸波。在不同的风速、风向和地形条件下，海浪的尺寸变化很大，通常周期为零点几秒到数十秒，波长为几十厘米至几百米，波高为几厘米至二十余米，在罕见地形下，波高可达30m以上。随着风的持续，海浪持续拍打海上平台等钻采设施，会产生持续载荷，因此，海洋平台需要强度寿命高的材料来抵御海浪。海浪评价参数包括：波高、周期、波长、波速等。

海流(ocean current)又称洋流，是海水在大范围相对稳定的流动。海流是既有水平，又有竖直的三维流动，是海水运动的普遍形式之一。“大范围”是指海流的空间尺度大，可在几千千米甚至全球范围内流动；“相对稳定”是指海流的路径、速率和方向，在数月、一年甚至多年的较长时间里保持一致。引起海流的原因有两个：一个是由海面上的风引起的强大表层流，它的流动随深度而减弱，直至停止，但它是全球性的，与大气环流相对应；另一个是由海水温度与盐度变化所致，海水密度分布受温度、盐度的影响，并决定海洋内部压力场的结构，海洋中的压力场通常是倾斜的，在水平方向上会产生一种引起海水流动的力，从而导致海流的形成。海流不仅使海洋平台桩柱或基础周围的海底发生冲刷和淤积，还会对桩柱本身产生一定的冲击力，同时会影响水下的结构和设施。设计施工必须要考虑海流对开发生产的影响。海流与潮流垂直作用于构件轴线，在构件周围会产生涡流。涡流产生可变力，与工程设施形成频率共振，对结构产生疲劳损伤。

潮汐(tide)是由于太阳和月球引力引发的海水周期性涨落，包括两种运动：一种是垂直性涨落，另一种是水平方向的流动。离岸越近，潮汐高度差越大，钱塘江潮差高达8m。由于潮汐的运动，平台会上下浮动、左右摆动，对于钻井定位和钻井深度有较大影响。

海冰(sea ice)是在高纬度地区特有的水文现象。海冰是由于海水温度过低而形成的，如图1-3所示。海冰破坏力极大，可以推移油轮，挤压船体，搁浅船只，推倒平台。海冰较为坚硬，需要特种船只破冰领航，船舶才可能继续航行。我国渤海多次发生过严重冰封，损失惨重。

图1-3 海冰

海啸(tsunami)是由海底地震、海底火山喷发以及海底崩塌、岸坡塌方、滑坡引起的。海啸从中心开始，波高很小，一般为几十厘米，波长却极大，移动速度可高达800km/h。海啸在深海破坏力较小，但是，移动到岸边时会显示出惊人的破坏力，此时，水深较小，波速减慢，浪高会陡然增大，如图1-4所示。十多米高的水墙会摧毁任何建筑设施，破坏力是毁灭性的，对近海钻井采油装备影响是致命的，应该注意海啸发生的可能性。

图1-4 海啸

例如印度洋海啸(也称为南亚海啸)，发生在2004年12月26日，是印度洋大地震引起的。这次地震发生的范围主要位于印度洋板块与亚欧板块的交界处，震中位于印尼苏门答腊以北的海底，震级达到9.3级。印度洋大地震和海啸造成22.6万人死亡，是近200多年来死伤最惨重的海啸灾难。

(2)设计环境条件

工作环境条件：指海洋石油工程在建设期间以及建成投产运行期间，所经常出现的自然环境条件。工作环境条件的选定应以工程的正常施工作业和正常生产运行为标准。

极端环境条件：指海洋石油工程在建成投产后使用年限内，极少出现的极端恶劣的自然环境条件。极端环境条件的选定应以保证工程的安全为标准。

(3)重现期

重现期是指极端环境条件再次重新出现的时间长短。对于海洋石油工程来说，一般以不小于50年为宜。对于海洋石油工程中的一些小型结构物，其重现期可以取为结构物的设计使用期限的2~3倍，但不宜小于30年。

2. 海洋石油平台承受载荷

海洋石油平台承受载荷是指海洋自然环境所施加给海洋石油平台的载荷组合。分为：环境载荷、使用载荷、施工载荷。

环境载荷：主要由海风、海浪、海流、潮汐、海冰、地震等自然环境条件所引起的载荷。

使用载荷：指海洋石油装备在服役期间所受到的除环境载荷以外的其他载荷。使用载荷包括：固定载荷、活载荷、动力载荷。

施工载荷：指海洋石油装备在施工作业期间所受到载荷，常常是特殊的临时性载荷。

1.1.3 海洋石油开发特点

海洋油气田开发与陆上油气田开发有相同的地方，在开发工艺上并没有本质的区别，所不同的是油气田位于海底，巨大的水体及变化莫测的海况给海洋油气田开发带来了巨大的困难。因此，海洋油田开发具有技术复杂、难度大、投资高、风险大、开发建设周期长、油田寿命短、救援难度大等特点。

1. 技术复杂、难度大

海洋油气田开发工程技术复杂，涉及面广。它涉及了海上物探工程技术、海上油藏工程技术、海上钻井工程技术、海上采油工程技术、海上油气集输工程技术、海上建筑工程技术、海上施工技术、海上定位导航技术、海上搜救技术、海洋保护技术、海上通信遥控技术、海上安全保障技术、海上运输、海洋气象、海上工程地质以及现代工程技术管理等诸多技术领域。上述多领域的交叉融合和多层面的配合协调包含了十分复杂的技术问题，因此难度极大。

2. 投资巨大

开发海洋油气田，要在恶劣的海洋环境中建造平台、铺设海底管道，确保海上油气生产作业的安全，不仅技术复杂，而且所需的设备质量高，使得海洋油气田投资巨大。建成一个海洋油气田投入资金多则可达几百亿元，一旦出现事故，损失将是巨大的。

据统计，海洋油气田投资额将随海区环境以及水深的不同而比陆地上高出 3 ~ 10 倍。钻一口 3000m 深的油井，海上油气田投资为陆地同等规模的 4 倍。例如，某一水深 130m、年生产为 17.51 万 t 规模的海上油田，其建筑投资达 53 亿美元；投产后，年运行费用为 4 亿美元。

3. 风险大

由于恶劣的海洋环境会给海洋石油开发带来灾害，所以开发海洋石油具有一定的风险。尤其是海洋环境具有很强的区域特性，人们难以沿用其他海区的开发经验，同时在开发过程中会出现一些难以预料的问题，因此风险大。

国内外海洋石油勘探开发发生过多次重大的事故。1979 年 11 月 25 日凌晨 3 时 30 分左右，石油部海洋石油勘探局的渤海二号钻井船，在渤海湾迁往新井位的拖航中翻沉。因为风浪大、天气寒冷，当时船上 74 人，72 人死亡，直接经济损失 3700 万元。1980 年 3 月 27 日，挪威的“亚历山大 · 阿尔基尔兰”钻井平台在北海倾覆，造成 123 人罹难。1982 年 2 月 15 日，美国的“海洋巡逻者”号半潜式平台，在加拿大的海面上遭遇风暴袭击倾覆沉没，平台上 84 人全部丧生。1983 年 10 月 26 日，美国阿科石油公司租用的“爪哇海”号平台遭台风袭击，在中国南海莺歌海区沉没，平台上中外籍人员共计 82 人全部罹难。1991 年 8 月 15 日，美国麦克德默特公司的“DB29”铺管船在中国南海珠江口海区遭到台风袭击沉没，21 人死亡。2010 年 4 月 20 日，英国石油公司 BP 租用第 5 代“深水地平线”号钻井平台在墨西哥湾作业。在工人做水泥固井封堵试验时发生甲烷泄漏，引发爆炸及大火，直接导致11名现场工人死亡。钻井平台燃烧36h后沉入海底。此后发生严重的原油泄漏，近3个月后，漏油井才被彻底封闭。至少5000km^2的海面被漂浮的石油污染，成为史上最严重的漏油事故。

4. 开发建设周期长，油田寿命短

海上油田从勘探到开发一般需3~5年，从开发到投产需3~4年，总建设期长达6~10年(陆上油田建设周期一般在2年以内)。建设周期之所以长，主要由于海上油田的开发技术复杂、投资巨大，而又具风险性，必须经过详尽的分析论证。在勘探过程中，每向前推进一步都必须经过可行性论证。在开发之前，一般还要经过投资机会研究、初步可行性研究和详细可行性研究三个阶段。经过反复多次评价研究，决策者才能做出开发投资的决策，以减少投资的损失和风险。

在油田投入开发后，考虑到在恶劣的海洋环境中作业，存在海上平台腐蚀及结构疲劳问题，同时由于海上操作费用高，一般采用提高采油速率的办法，尽可能缩短在风险环境中的作业时间。因此，海上油田开发寿命比较短，中、小油田大都在8~10年。

5. 救援工作难度大

由于海上石油平台的空间有限，在发生事故后逃生的途径相对较少，救援工作也非常困难，只能依靠守护船舶和直升机。离陆地较远的平台，直升机从陆地起飞到平台需要几个小时，还要受到天气和海况的限制。“渤海二号”钻井船翻沉事故发生时，因为风浪大、天气寒冷，救援工作无法顺利开展，平台上74人中只有两人生还。

综上所述，海洋石油工程开发是一个知识、资金、技术密集而又具有风险的系统工程。

1.2　海洋石油装备简介

1.2.1　海洋石油平台简介

海上石油装备主要包括海上钻井设备系统、海上开采设备系统、海上油气集输设备系统、海上修井设备系统等。

海上钻井设备系统主要是钻井平台，钻井平台分为移动式钻井平台和固定式钻井平台。不同类型平台的适用水深范围如图1-5所示。

海上开采设备系统包括固定平台开采系统、浮式开采系统和水下开采系统。

海上油气集输系统，主要包括生产管汇、测试管汇、油气汇集系统、油气处理系统、注水系统、储运系统等。

海上修井设备主要包括固定平台修井装置、自带支持系统修井装置、修井辅助装置、泵送工具等。

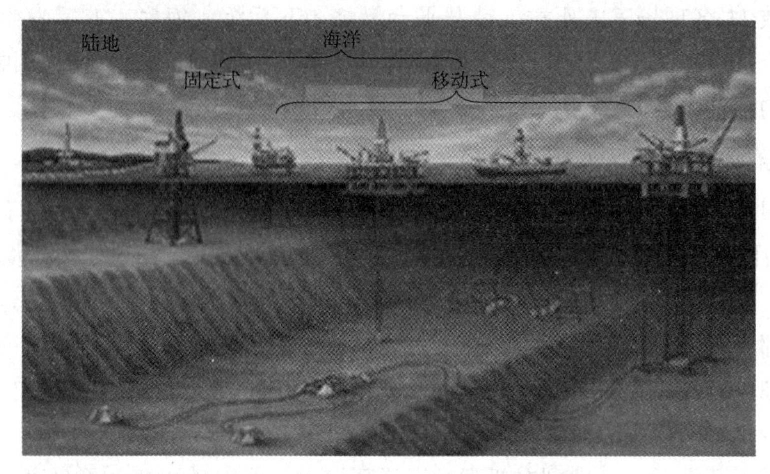

图1-5 钻井平台适应水深示意图

1.2.2 海洋石油水下装备简介

海洋石油水下装备主要包括钻井隔水管系统、水下防喷器、采油树、水下管汇系统、水下基盘、控制系统、增压系统及水下处理系统等。

(1)钻井隔水管系统

钻井隔水管系统从钻井平台一直延伸到水下防喷器，形成了钻井液的循环通道。其主要作用是隔离海水，支撑各种控制管线(主要包括节流和压井管线、钻井液补充管线、液压传输管线等)，吊装水下防喷器，为钻杆、钻具顺利下入井口提供导向。

(2)水下防喷器

水下防喷器是海洋石油钻井过程中的重要设备，它能够有效防止井喷事故发生，是石油勘探钻井过程中的安全保障。水下防喷器组一般由4~6部单双闸板防喷器和1部环形防喷器组成，上部连接隔水管装置，下部连接海底井口装置。与陆地防喷器相比，水下防喷器具有通径大、耐高压、防腐蚀、耐冲击、自动化控制程度高、安全性好、可靠性高等特点。

(3)水下采油树

水下采油树是海底生产系统不可缺少的组成部分，也被称为十字树、X型树或圣诞树。

水下采油树是安装在油井套管接头上的一个组合装置，包括用来控制生产、测量和维修的各种阀门，安全系统和一系列监视器械。它需要满足海水压力、腐蚀、风浪、暗流等复杂环境的使用要求，工作压力较高，一般采用电、液控制。

(4)水下集输系统

水下集输系统是指在钻完井后，用于油气集输的生产管线、出油管及井口之间的连接设备。其主要功能是：提供生产管线、出油管线和钻井的交互界面；注入气体和化学物质，控制流体；分配电力和液力控制系统；支撑管汇、出油管线以及缆线；保护管线和阀门正常工作；在水下机器人操作过程中提供支撑平台。

1.3　海洋石油装备发展现状及发展趋势

目前世界各大石油公司在深海领域的投资不断增加，各国对海洋石油装备的需求迅速上升。从技术现状来看，欧美等发达国家经过多年的发展，技术比较成熟，具有较明显的优势，主要表现在各个企业拥有长期的研制经验和专利技术，实现了专业化分工生产，特别是控制技术远远领先于国内企业。我国海洋油气勘探和开发起步较晚，前期缺乏具有自主知识产权的海洋石油水下装备关键技术和设备，基本依赖进口。随着我国石油勘探开发向海洋的战略转移，对海洋石油装备的需求进一步加大，无论是从国家能源安全方面，还是从装备制造业未来发展方面，研制适合我国油气勘探和开发，具有自主知识产权的钻采装备都势在必行。

近年来，国内部分企业已经就海洋石油水下装备专项技术及产品展开了研究，取得了很大的进步。宝鸡石油机械有限责任公司成立了专门的海洋装备研究机构，研究涉猎海洋平台锚机、吊机、海洋铺管系统、海洋隔水管、水下防喷器及水下井口采油树等多项装备技术。目前已经完成H级和E级海洋钻井隔水管装置设计、100t海洋A/R铺管绞车设计、250t锚机设计及其他多个方面技术的研究工作。

“五型六船”是中国海洋石油总公司从“十一五”以来，大力推动深水发展战略，规划建造5种型号、6艘可在水深3000m海域工作的深海工程装备。“五型六船”包括：一艘3000m深水半潜式钻井平台“海洋石油981”(图1－6)，一艘3000m级深水铺管起重船“海洋石油201”，一艘12缆3000m深水物探船“海洋石油720”，一艘3000m深水地质勘察船“海洋石油708”，两艘3000m深水大马力三用工作船“海洋石油681”和“海洋石油682”。这些钻井平台组成中国深海油气开发的“联合舰队”。

图1－6　海洋石油981钻井平台

“五型六船”的旗舰“海洋石油981”深水半潜式钻井平台具有钻井、完井及修井作业等多项功能，最大作业水深3000m，钻井深度可达10000m，是当今世界最先进的钻井平台之一，也是由我国自主设计和建造的首台第六代深水钻井装备。“海洋石油981”的开钻标志着中国海洋石油工业正式挺进深海，对我国深水油气开发、维护海洋权益具有重要意义。

“海洋石油981”的研发实现了6个“世界首次”：

(1)首次采用200年一遇的风浪参数加上南海内波作为设计条件，大大提高了平台抵御灾害能力；

(2)首次采用动力定位和锚泊定位的组合定位系统，水深在1500m以内时可以采用全锚泊定位，水深超过1500m时采用全动力定位模式，可以大大地节约燃油，这是优化的节能模式；

(3) 首次突破半潜式钻井平台可变载荷9000t，为世界半潜式平台之最，大大提高了远海作业能力；

(4) 在国内首次成功研发世界顶级超高强度R5级锚链，引领国际规范的制定，也为国内供货商走向世界提供了条件；

(5) 首次在船体的关键部位系统地安装了传感器监测系统，为研究半潜式平台的运动性能、关键结构应力分布、锚泊张力范围等建立了系统的海上科研平台，为中国在半潜式平台应用于深海的开发提供了更宝贵和更科学的设计依据；

(6) 首次采用了最先进的本质安全型水下防喷器系统，在紧急情况下可自动关闭井口，能有效防止类似墨西哥湾事故的发生。

“海洋石油981”的研发实现了10个“国内首次”：

(1) 国内中海油首次拥有第6代深水半潜式钻井平台船型设计的知识产权，通过基础数据研究、系统集成研究、概念研究、联合设计及详细设计，使国内形成了深水半潜式平台自主设计的能力；

(2) 国内首次应用6套闸板及双面耐压闸板的防喷器(BOP)、防喷器声呐遥控和失效自动关闭控制系统，以及3000m水深隔水管及轻型浮力块系统，大大提高了深水水下作业的安全性；

(3) 国内首次建造了国际一流的深水装备模型试验基地，为在国内进行深水平台自主设计、自主研发提供了试验条件；

(4) 国内首次完成了世界顶级的深水半潜式钻井平台的建造。三维建模、超高强度钢焊接工艺、建造精度控制和轻型材料等高端技术的应用，使国内海洋工程的建造能力一步跨进世界最先进行列；

(5) 国内首次成功研发液压铰链式高压水密门装置并应用在实船上，解决了传统水密门不能用于空间受限、抗压和耐火等级高、布置分散和集中遥控的难题。国内水密门的结构设计和控制技术处于世界先进水平；

(6) 国内首次应用一个半井架、BOP和采油树存放甲板两侧、隔水管垂直存放及钻井自动化等先进技术；

(7) 国内首次应用了远距离数字视频监控应急指挥系统，为应急响应和决策提供了更直观的视觉依据，提高了平台的安全管理水平；

(8) 国内首次完成了深水半潜式钻井平台双船级入级检验，并通过该项目使中国船级社完善了深水半潜式平台入级检验技术规范体系；

(9) 国内首次建立了全景仿真模拟系统，为今后平台的维护、应急预案制定、人员培训等提供了最好的直观情景与手段；

(10) 国内首次建立了一套完整的深水半潜式钻井平台作业管理、安全管理、设备维护体系，为平台的高效安全钻井作业提供了保障。

我国海洋石油开发技术和设备已有了一定的基础，国产化程度正逐步提高。从我国目前实际情况出发，我国海洋石油开发技术和设备水平将会继续提高和进步。

作业思考题

1. 海洋石油开发的三个阶段是什么?
2. 海洋石油开发的环境特点有哪些?
3. 简述海洋石油平台所承受载荷的类型和特点。
4. 论述海洋石油工程开发是一个知识、资金、技术密集而又具有风险的系统工程。
5. 简述海洋石油水下装备的类型及特点。
6. 如何评价我国海洋石油装备的发展水平?

第 2 章　海洋石油钻井工艺与设备

钻井是石油开发最主要的手段之一。通过钻井才能证实勘探地区是否含油以及含油多少；通过钻井才能将地下的油气开采出来。钻井技术水平不仅直接影响勘探的效果和油气井的产量，而且关系油田开发总成本的高低（钻井成本一般占勘探阶段成本的 30% ~ 80%，占油气田开发阶段投资的 50% ~ 80%）。因此，提高钻井技术水平和钻井效率，降低钻井成本，对油气田开发具有重要意义。一个国家拥有的钻井设备数量、年钻井进尺、钻井口数，通常是衡量这个国家石油开发水平的重要标志。海上钻井方法及工艺技术和陆地钻井基本相同，所不同的是在海洋环境中，需隔着巨大水体进行钻井作业，需要特殊的技术和设备。

2.1　海洋石油钻井工艺简介

2.1.1　石油钻井的分类

石油钻井按钻井的目的分为勘探井和生产井；按井身轴向角度分为垂直井和定向井，定向井包括斜直井和水平井；按钻井的环境条件分为陆地钻井和海洋钻井，海洋钻井又按钻井装置分固定钻井和浮式钻井等。

1. 勘探井和生产井

(1)勘探井

勘探井是以获取地质资料为目的而钻的井，包括地质井、评价井、边探井等，一般都钻垂直井。钻井过程中，由于地层情况不明，又要取岩心，测井取地质资料，与生产井相比，往往钻井时间长、费用高。海上一般用活动式钻井装置钻勘探井。

(2)生产井

生产井又叫开发井。它是在油田开发阶段为油气生产而钻的井。包括油(气)井、注水井、观察井等。钻生产井过程中，由于一般不需要取岩心，且地层情况清楚，所以钻井速度快、费用低。

2. 定向井

石油钻井中除垂直井外，按设计方位钻的井都称为定向井，包括水平井和斜直井。随着定向钻井技术的发展和完善，20 世纪 80 年代以来朝着大斜度井、大水平位移和钻水平井方向发展。目前世界上定向井最大水平位移为 4760m，水平井延伸长度超过 1000m。

(1)水平井

水平井是90°的定向井。由于水平井能增加开发油层的裸露面积，提高油层的产油量和油田的采收率，所以水平井技术从20世纪80年代开始发展起来。我国自渤海BZ28－1油田成功地钻出第一口水平井后，水平井开始广泛应用到海上油田开发中。

(2)斜直井

斜直井也是定向井的一种，采用专用的斜井钻机，通过井架机构来调节钻井角度和方位，从井口至井底保持同一倾斜角度。用这种斜井钻机钻井与常规直井钻机钻定向井相比，其优点是容易定向、操作方便、钻进速度快。我国胜利油田在埕岛油田开发中，首次引进斜井钻机钻生产井。

海上油田在开发时只建立为数不多的几个平台。因此，往往要在一座平台上钻定向井簇，称为丛式井。井口间距离(井距)一般为2～3m，丛式井簇中一般包括一口垂直井、多口定向井，覆盖地下一定出油面积。丛式井可以减少海上平台的建设费用，又便于油井的生产管理，广泛用于海上油田开发。在一座平台上钻井最多的是美国加利福尼亚圣巴巴拉海峡的Gilda平台，共钻了96口井。我国丛式井钻井技术已达到国际先进水平，在海上油田开发中，一般均采用丛式井钻井技术。如渤海埕北油田，在$6km^2$油田面积上用两座平台钻了47口生产井。

2.1.2 井身结构及海上钻井过程

1. 井身结构

在海上钻井，考虑到海洋环境与陆地的不同，海洋钻修井设备的动迁就位、事后维护难度较高，因此对应井身设计及井筒完整性的要求更高。钻勘探井，由于初始对地层情况不清楚，一般采用“自上而下”或与“自下而上”相结合的思路进行井身设计；生产井因为地层较为清楚，一般根据生产计划、配产计划，多采用“自下而上”的方法进行井身设计。同时，在地层比较复杂的油田区块，要保留钻遇复杂地层、异常高压、严重漏失等复杂工况时，临时调整套管层次的井身设计。井身结构要在满足勘探目标、生产开发产能建设等前提下，兼顾安全性、经济性的原则。

在海上钻井，一口油井至少要下入三层套管(包括隔水导管、表层套管和油层套管)。由于初始钻勘探井时对地层情况不清楚，或者是钻生产井时遇到地层复杂、井深和油层压力大时，需要下入三层以上的套管。由于下套管固井的费用很高，因此在钻井前要根据钻井的目的和地层情况设计合理的井身结构，包括：确定下入套管的层次、每层套管的直径、下入深度、固井套管外水泥返回高度以及与之对应的井径和钻头直径等，参看表2－1。根据套管的功用，可分为隔水套(导)管、表层套管、技术套管和油层套管。一般一口油井除技术套管外，其余3种套管是必须下的。钻生产井时，由于地层情况清楚，可采用优质泥浆，选择合理的钻井技术参数配合，以简化井身结构，不下或少下技术套管；对于深井、地层复杂的油气生产井和勘探井，往往需要下入数层技术套管。

常见的导管、套管、油管类型、生产厂家如表2－1所示。

表2－1　常见的导管、套管、油管类型、生产厂家

套管层次	常见钻头尺寸/mm	常见管子外径尺寸/mm	常见钢级	常见扣型	油套管生产厂家
导管	660.4 609.6	508 406.4	X52、X55、K55	大尺寸快速扣	NOV、新日铁、GE等
套管	444.5 368.3 311.2 215.9 155.6	339.7 244.5 177.8 139.7 127	J/K55、N80、L80、L80－13Cr、P110、Q125、V140	API扣型：LC、SC、BC； 非API扣型：VAM系列，如VAM TOP、VAM 21；TN－Hydril系列，如TSH Blue、Hydril 563；BG系列，如BGT2、BGT3；TP系列，如TP－CQ、TP－G2等	瓦卢瑞克、泰纳瑞斯、新日铁、宝钢、天钢、衡钢、常宝等
油管		114.3 88.9 73.03 60.33	J/K55、N80、L80、L80－13Cr、P110、Q125、V140	API扣型：EUE、NU； 非API扣型：VAM系列；TN－Hydril系列；BG系列；TP系列等	瓦卢瑞克、泰纳瑞斯、新日铁、宝钢、天钢、衡钢、常宝等

各层套管的尺寸原则上根据下入油管及油层套管尺寸由里向外推算确定，如油管直径一般是2in(50.8mm)或2.5in(63.5mm)，相应的油层套管直径应该是127mm或178mm。套管直径一般比相应的井径小50～60mm，钻头直径应以能顺利通过上一层套管内径为原则。钻头与套管的间隙一般为6.5～12.7mm。在保证钻井工作顺利进行的前提下，应尽量简化井身结构，如：减少套管层数；技术套管应尽量少下或不下；井眼直径宜小，有利于节省钢材和提高钻进速度。在海上钻生产井或勘探井，考虑到确保安全钻进因素，设计时都预留可能下技术套管的间隙，因此，油井上部直径往往比陆地上的油井直径大。表2－2所示为当前海上生产井常采用的井身结构及井径配合举例。

2. 海上钻井过程

海上油井的钻井过程一般遵循下面步骤：

(1)下隔水导管，做好钻前准备

钻井平台就位、钻井机械设备调试完毕后，第一步是下隔水导管。隔水导管的作用是隔离海水、控制钻具方向和提供泥浆循环返回平台的通路。隔水导管一般采用Φ500mm以上的大直径钢管。下隔水导管的方法有两种。

①桩入法

在固定式海洋钻井平台上钻井，将导管架安装固定好以后，按丛式井设计井位，由打桩机逐一将隔水导管击入井位，击入深度不小于40m。隔水导管的高度位于平台井口工作台下0.5m左右。隔水导管每根长度为10～20m。

②钻进法

在浮动式或活动式钻井平台上钻井，一般需先钻出Φ914mm的井眼，钻深在50m左右；然后下入Φ762mm的隔水导管固井；最后将井口基盘套入隔水导管，放入海底固定。

(2)钻进过程

以2008年莫深1井的井身设计为例，说明井身设计与钻井过程。井身设计数据如

表 2－3 所示，井身结构示意如图 2－1 所示。

表 2－2 海上生产井常采用的井身结构及井径配合

井深结构	套管名称 套径/mm(in)×下入深度/m	井径及钻头直径 mm(in)	下套管的目的
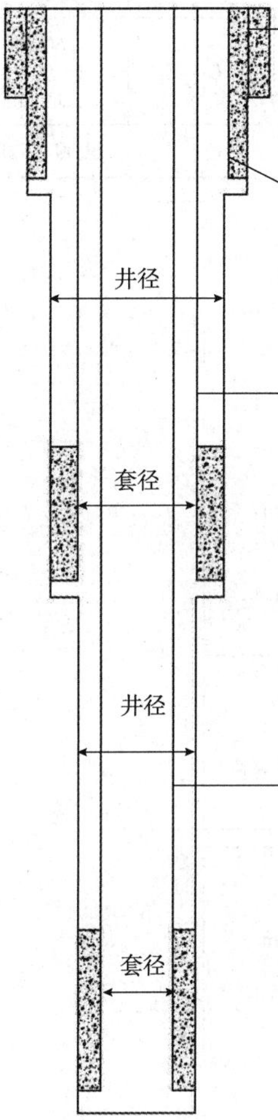	隔水套管 762(30)×海底以下 40	914(36)	①隔离海水 ②钻具导向 ③形成泥浆回路
井径	表层套管 339.7(13⅜)×200	444.5(17½)	①加固上部地层 ②安装井口装置
套径	技术套管 244.5(9⅝)×1500	317.5(12¼)	①加固井壁 ②隔离油、气、水复杂地层 ③保证定向井方向 （技术套管根据岩层情况可下数层，但应尽量少下或不下）
井径 套径	油层套管 177.8(7)×3000	215.9(8½)	①封隔不同压力的油、气、水层 ②保证采油生产 （油井必须下入油层套管）

表 2－3 莫深 1 井的井身设计数据

开钻次数	钻头尺寸/mm	井段/m	套管尺寸/mm	套管下深/m	套管下入地层层位	环空水泥浆返至井深/m
一开	660.4	0～500	508	500	E_1	地面
二开	444.5	～4500	339.7	2500	J_{1s}	1500
			346.1	4500		
三开	311.2	～6500	250.8	1000	P_{2w}	3500
			244.5	4300		
			250.8	6500		

续表

开钻次数	钻头尺寸/mm	井段/m	套管尺寸/mm	套管下深/m	套管下入地层层位	环空水泥浆返至井深/m
四开	215.9	~7380	177.8	6000(回接)	C	地面
			139.7	6000~7380(尾管)		6000
备用 四开	215.9	~7100	177.8	6000~7100(尾管)	C	6000
				6000(完钻后回接)		地面
备用 五开	146.1	~7380	127	6000~7380(尾管)	C	6000~7380

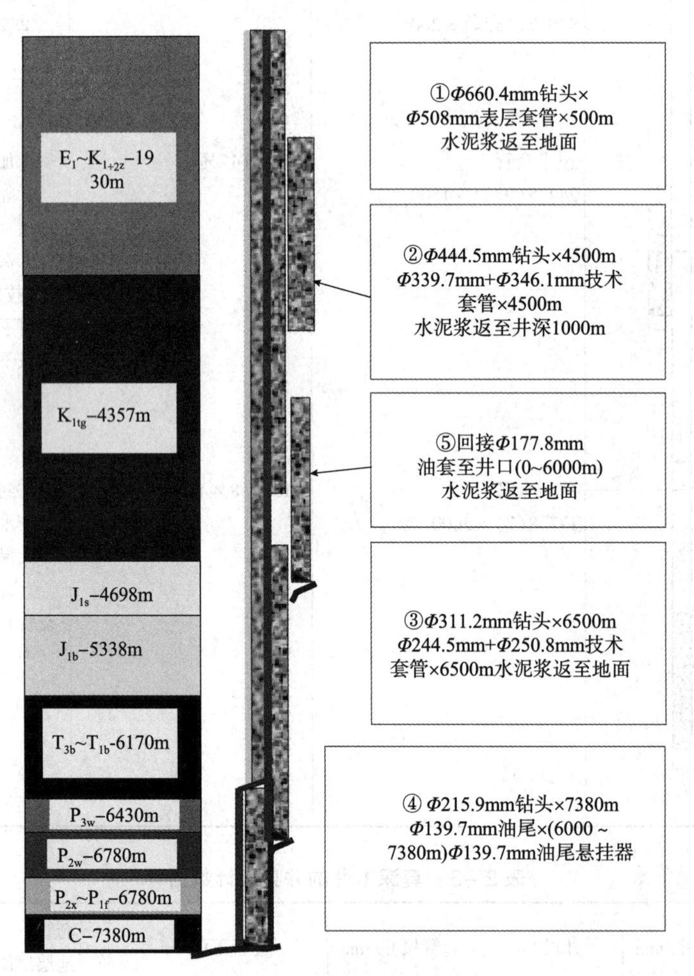

图2-1　井身结构示意图

①第一次开钻，下表层套管

用小于隔水导管内径的钻头，在隔水导管内钻进。如图2-1所示，用Φ660.4mm钻头在Φ762mm的隔水导管内往下钻进，然后下入Φ508mm表层套管500m，进行固井，水泥浆返至地面。

下表层套管的目的：一是封隔地表第四纪未成岩的疏松土层；二是为了安装井口装置，施行井控，防止井喷；三是为了以后顺利钻进和便于定向井造斜。因此，每口油井必

需下表层套管，而且要求固井时水泥浆返至地面。

②第二次开钻，下技术套管

在完成下入表层套管和固井工作后，安装防喷器。在表层套管内下入小一级的钻头，继续钻进，称为第二次开钻。如图 2－1 所示，在 Φ508mm 的表层套管内下入 Φ444.5mm 的钻头继续钻进，下入 Φ339.7mm＋Φ346.1mm 技术套管 4500m，进行固井，水泥浆返至井深 1000m。

当钻井遇到泥浆难以控制且影响继续钻进的地层时，需要下技术套管（中间套管），其目的是隔离复杂地层，加固井壁，保证定向井方向，以确保顺利钻达目的层。技术套管的下入深度，视需要加固和封隔的地层深度而定，要求它必须穿过复杂地层，而且坐落在比较坚固稳定的井段上。固井时，要求水泥浆返至被封隔地层以上 100m；对于高压气井，要求水泥浆返至地面。

在一口井中，根据地质情况和钻井工艺需要，可下入一层或数层技术套管。但为了加快钻井速度，降低钻井成本，在保证安全钻进的前提下，通过调整泥浆、优化钻井参数配合等措施简化井身结构，争取少下或不下技术套管。另外，在地质条件不复杂、不太深的垂直生产井中，一般也可不下技术套管。

③第三次开钻，下技术套管

在下完技术套管并完成固井后，仍需安装好防喷器。用更小一号的钻头在技术套管内继续钻进，称为第三次开钻。如图 2－1 所示，在 Φ339.7mm 技术套管内，用 Φ311.2mm 的钻头，钻至设计深度 6500m，下入 Φ244.5mm＋Φ250.8mm 的技术套管 6500m，进行固井，水泥浆返至地面。

④第四次开钻，下油层套管

在下完技术套管并完成固井后，仍需安装好防喷器。用更小一号的钻头在技术套管内继续钻进，称为第四次开钻。当钻至设计井深后，下入油层套管（生产套管）。如图 2－1 所示，在 Φ244.5mm 技术套管内，用 Φ215.9mm 的钻头，钻至设计深度 7380m，下入 Φ139.7mm 油层套管 6000～7380m；回接 Φ177.8mm 套管至井口 0～6000m，进行固井，水泥浆返至地面。

固井水泥浆返回高度以保证能封隔住不同压力的油气层为原则，一般为开采层以上 200m。下油层套管的目的是加固井壁，封隔住不同压力的油、气、水层，给油气生产提供稳定的通道，确保采油生产的安全。因此，每口油井必需下入油层套管。

⑤下油管，安装采油树，试油

油层套管完成固井后，在油层套管内下入油管。油管是油气从井底流至井口的通道。下完油管后，在井口安装上采油树。采油树是控制井中油气流生产的各种阀门组。经过试油确定油井的生产参数，至此一口油井建设完成，即可投入采油生产。

用固定海洋平台钻生产井时，为了便于钻井的集中管理，加快钻井速度，一般采用将全部井位钻完固井后再集中进行完井试油作业。

用活动海洋平台钻勘探井时，如果钻出的勘探井经过试油证实有开采价值，试完油后要密封井口，安装临时性的井口保护装置，再撤走平台；待油田进入开发阶段（或试采阶段），建好生产井口平台，再将井口回接到生产平台上，转为生产井。如果试油后证实无开发价值，则需往井内注入水泥进行封井(也称打水泥塞)，再撤走平台。

2.2 海洋石油钻井主要设备总体组成

1. 海洋石油钻井设备总体要求

海洋石油天然气的钻采工艺与陆上基本相同，所不同的是陆上钻采设备不受场地限制，可以分散布置，而海上钻采设备必须集中布置在面积不大的海洋平台上，自然条件恶劣，操作工况十分复杂。此外，海洋钻井远离陆地，运输十分困难。这些特点决定了海洋石油钻井设备除了必须达到陆上设备的要求外，还要满足更高的安全性、可靠性要求，另外，还应该配备应急设备和效率高、技术先进的设备。设备安全可靠性高可以降低事故的概率，减少损失；应急设备可以提高处置危险情况的能力；高效率、高科技的设备可以减少停产时间，减少工作劳动负荷。

2. 海洋石油钻井设备基本组成

海洋石油钻井设备系统主要包括钻井平台、水下钻井装置和平台上主要钻井设备及其系统。海洋钻井平台是主要用于钻探井的海上结构物，平台装有钻井、动力、通信、导航等设备，以及安全救生和人员生活设施，是海洋油气勘探开发不可缺少的设备。开发海洋石油，首先从浅水海域开始，然后逐渐向深海发展，海洋钻井平台经历了由浅海到深海、由简单到复杂的发展过程，如今已经演变成多种海洋钻井平台及其衍生装置。

海洋石油钻机是由陆地石油钻机将适应海上钻井特点的相应部分进行设计改造发展而来的。海洋石油钻机按提升和下放钻井管柱的方式可分为绞车型、液压缸型或其他机械垂直升降型；按钻机的传动方式主要采用电传动和静液传动，淘汰了柴油机－机械传动型。目前发展多为交流变频驱动，少量采用静液传动。

海洋钻机主设备由钻机起升系统、顶部驱动旋转系统(TDS)和泥浆泵循环系统组成。海洋钻机配套设备由泥浆制备与净化的钻井液循环系统、井控系统、钻具拧卸排放系统等组成。对于浮式钻井装置，还需要增加钻井升沉补偿装置和立管张紧器等设备，以保证钻井作业的正常进行。

2.3 海洋石油钻机起升系统

钻机起升系统包括井架、绞车、转盘、游车、大钩、水龙头、钻井大绳等。

2.3.1 海洋钻机井架

1. 井架的作用

井架主要用于安放和悬挂天车、游动滑车、顶驱等提升设备，起下钻时提放钻柱和存放钻具等。

2. 海上钻井对井架的要求

(1)承载能力大，可提起和下放钻深6000～12000m的全部钻柱，并存放于钻杆盒内。

(2)有足够的工作高度和活动空间，钻台面积大，可以安装阻流管汇、井控控制设备以及高压立管管汇。有足够的地方存放钻井工具、器具。

(3)司钻操作时视野宽广，钻工们工作时有足够的空间，钻台周围有安装防风墙和采暖设备(防爆)的条件。

(4)抗风能力强，工作安全可靠，维修工作量不大。

(5)辅助设施齐全，可满足不同作业的要求。比如，设置液压移动装置以移动井位，适应海洋丛式钻井。

3. 井架的基本参数

(1)最大安全负荷和大钩起重量

对于 ZJ120 型钻机而言，井架的类型是塔式井架，最大钩载为 9000kN。

(2)工作高度(有效高度)

从钻台到天车台的有效高度，能满足提起长度为 28m 的钻具立柱时，游动滑车大钩仍有不少于 3m 的活动量；甚至在安装顶部驱动装置后，至少也有 2m 的活动余量。

(3)上下底面积

上下底面积是指钻台和天车台的有效面积，这个面积应能满足安放必要设备的空间。

(4)二层台高度

二层台高度应能满足不同长度钻杆立柱摘、扣吊卡的需要，指梁和钻杆盒能容纳 6000m 钻具立柱，游动滑车上下时碰不到指梁，不影响井架工安全操作。

(5)前大门高度

前大门高度应能满足吊放 12～13m 长的套管单根。由于海上钻机钻台较高，这样就可使前大门高度适当降低，总高度不变，可以提高井架的整体强度。

4. 井架的检查、维护、合理使用

(1)定期检查井架各部的立柱、横拉筋、斜拉筋是否有弯曲变形。若有弯曲变形，应予以更换。

(2)定期检查井架各部的螺栓是否松动或脱落，井架上所有的螺栓应始终保证齐全、紧固，柱脚螺栓应加护丝。特别是在井架负荷较重的情况下，如：下套管作业、处理井下卡钻事故等，应提前进行检查。

(3)井架上下两平台的中心，应在同一垂直线内，天车平台与转盘中心偏差不得大于 5mm，转盘与井口中心误差不大于 2mm，努力达到“三点一线”。否则，就要在操船手册允许的范围内调整船体；如还达不到要求，则要使用液压千斤顶和金属垫板对井架进行调平。

(4)在无风天气，吊起一柱完好的 9in(228.6mm)钻铤，检查天车、转盘、井口三点是否在一条直线上，测量各边尺寸；同时转动钻铤，以消除测量时的误差，其最大允许误差不得超过 10mm。

(5)钻进时严禁超负荷强行上提钻具。过去陆地油田曾经发生过在钻大鼠洞时，因斜向受力过大，将井架提拉倾倒的事故。

(6)定期检查天车台上方的照明灯和放喷管线，掏净放喷管线出口堵塞的杂物，保证井控压井时能够顺利放喷。

(7)遇到台风警报时，除做好必要的保护措施外，应将立在钻杆盒上的钻杆立柱甩掉

或入井悬挂，以减少其挡风面；游动系统要进行固定，以保证安全。

(8)井架上不允许随便悬挂、捆绑、悬吊导向绳索。

(9)井架的拉筋上禁止进行切割或电焊。

(10)井架上悬挂的经常上下移动的钢丝绳索不能与井架支梁产生摩擦。

(11)井架上不允许放置经常不用的工具和物品，所使用的工具要拴有安全绳。

2.3.2 钻井绞车

钻井绞车如图 2－2 所示，通常是旋转钻井设备中最大、最贵重的机械。

图 2－2 钻井绞车

1. 钻井绞车的主要功能

(1)起下钻具、套管、油管等管柱。

(2)钻进时控制钻压、送钻。

(3)利用猫头上、卸钻具。

2. 钻井绞车系统组成

(1)支撑系统：就是用钢板和工字钢焊接而成的支架，两侧为主支架用以安装三大轴，并构成润滑油池。为了便于运输，绞车的前后部分可以分开。前半部分包括滚筒轴、司钻台、刹车系统。后半部分包括传动轴、猫头轴。

(2)传动系统：包括三大轴、轴承、链轮、链条。

(3)控制系统：包括齿轮式牙嵌离合器、气动离合器、应急牙嵌离合器、司钻操作台、手柄、踏板、控制阀件等。

(4)制动系统：包括刹把、刹带、刹车鼓和涡磁刹车等。

(5)卷扬系统：包括主滚筒、副滚筒(捞砂滚筒)、上卸扣猫头。

(6)润滑冷却系统：包括各链轮、链条的喷淋式润滑，滚动轴承的注油式润滑，主刹车鼓和涡磁刹车的循环水冷却。

(7)防碰天车装置和自动送钻装置。

3. 捞砂滚筒

安装在猫头轴中间的捞砂滚筒，既可作为主要部件，也可看成辅助设备。美式钻机都配备有捞砂滚筒，在处理如打捞测斜仪、倾倒水泥、下磁铁打捞器等钢丝绳作业时比较方便。捞砂滚筒有自己的制动系统，司钻通过专用刹把操作。滚筒上缠绕着大约 3500m 长的直径为 5/8in(15.875mm)的钢丝绳，通过天车辅助滑轮呈单股放下来，因而起下速度快。为保证操作安全，应在绳头以上 100m 处用胶皮系紧作为标记，操作时应控制上提、下放速度，以防钢丝绳下放过快打扭，或起升太快碰天车。平时应将捞砂滚筒用油布罩住，防止钢丝绳生锈和油污等侵入捞砂滚筒刹车毂内。

4. 猫头轴和猫头

(1)猫头的作用

在绞车上的猫头轴两端连接有猫头。猫头通过旋转缠绕链条拉转上扣大钳，用来对钻杆、套管、油管或其他管材上、卸丝扣螺纹。在司钻一侧绞车上的猫头叫作上扣猫头，钻工用大钳咬住钻杆，通过连接猫头的链条连续拉动使钻杆丝扣上紧。卸扣猫头位于司钻对面，司钻用它对钻杆卸扣，就像上扣猫头拉动上扣大钳上紧钻杆一样，卸扣猫头拉动大钳将钻杆卸开。从每个猫头延伸出一根轴，用于缠绕纤维绳索来提起或拉动较轻的载荷。

(2)猫头的正确使用和保养方法

①猫头绳必须经过分绳器，以防猫头绳缠乱。

②经常检查猫头绳及上扣链条，磨损严重或钢丝绳变形严重的必须更换。

③如果用棕绳拉猫头，所使用的棕绳的尺寸、长度以及在猫头上缠绕的方法和圈数十分重要，另外，拉猫头人的姿势和所站的位置也很重要。

④猫头轴的保养应按照保养规定认真执行。润滑脂注得多，润滑脂易进入摩擦片而打滑，而且离合器摘掉后，钳绳滚筒反转不自如，仍缠绕猫头绳，影响回绳；润滑脂注得少，影响轴承的寿命。

⑤猫头的易损件是离合器橡胶膜、摩擦片和回位弹簧。检查钳绳滚筒的轴向串动量来判断摩擦片的磨损量。新摩擦片的轴向串动量：上扣猫头为1/16in(1.59mm)，卸扣猫头为3/16in(4.76mm)。摩擦片磨损后的极限串动量：上扣猫头为1/8in(3.175mm)，卸扣猫头为3/8in(9.52mm)。卸扣猫头轴端气龙头为捞砂滚筒离合器气龙头。

5. 刹车系统

刹车系统使司钻能控制数千磅(或吨)的钻杆或套管。在大多数钻机上至少有两种刹车系统。主刹车系统是机械刹车系统，能使游车完全停止，如图2-3所示。当它释放时，绞车滚筒释放出大绳使游车下放。辅助刹车为水力刹车或涡磁刹车，它们能降低负载游车的下降速度，但不能使它完全停止。辅助刹车系统吸收了负载产生的部分动能，从而使主刹车更有效地工作。平台钻机刹车系统形式基本上是一样的，机械刹车为主刹车，涡磁刹车为辅助刹车。

(1)刹车毂、刹带、刹车块

刹车毂、刹带、刹车块使用寿命的长短，与使用者的使用方法正确与否有直接的关系。不允许在没有冷却水的情况下频繁使用刹车，过热将使刹车毂产生裂纹。也不允许在刹车毂过热的情况下马上开冷却水泵通水，立即向刹车通水而产生的蒸汽会使水套破坏，使刹车毂破裂。刹带的内表面要防止机油、泥浆或油漆沾污。以免引起刹车块背面和刹带内表面打滑，从而剪断螺丝。刹带内表面最好不涂油漆，最多只能涂一层保护漆。

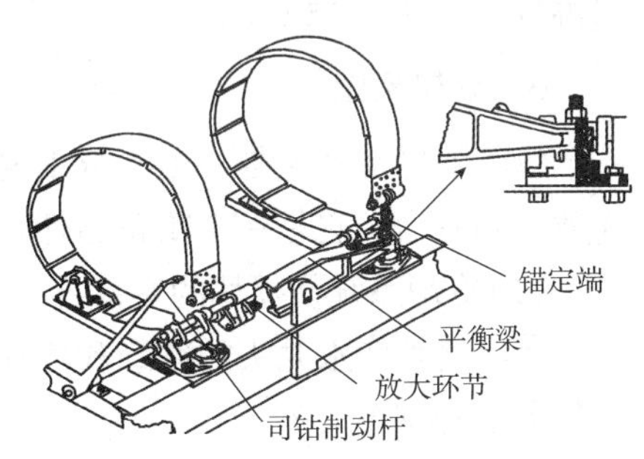

图2-3 刹车系统示意图

1320-UE绞车刹车毂的允许磨损极限：原始直径54in(1371.6mm)，磨损极限1/2in(12.7mm)，剩余极限直径53in(1346.2mm)。

刹车块磨损极限：新刹车块厚度1¼in(31.75mm)，刹车块的允许磨损量5/8in(15.875mm)，刹车块剩余极限厚度5/8in(15.875mm)。

1320-UE型绞车在各个提升速度下的最大额定负荷如表2-4所示。

表 2-4 1320-UE 型绞车对应提升速度下的最大额定负荷

滚筒离合器				低速挡		高速挡	
传动轴				低速	高速	低速	高速
负荷	大绳绳数	8	klb	660	415	270	170
			t	299.38	188.24	122.47	77.11
		10	klb	805	505	330	205
			t	365.15	229.07	149.69	92.99
		12	klb	940	590	380	240
			t	426.38	267.62	172.37	108.86

(2)刹车系统工作效率影响因素

①刹车平衡梁的调节。应使两刹带受力基本相同。

②刹带(钢带)是否变形。刹带的变形会造成摩擦片和刹车毂的偏磨。

③刹带的摩擦片应按使用手册规定的磨损量的标准及时更换，否则将损坏刹车毂。

④更换刹带片要全部更换，不能更换其中的一部分。

⑤刹车冷却系统的工作好坏，直接影响到刹车系统的工作效率和寿命。绞车的负荷越重，刹车时所产生的热量就越多。如果不能将热量及时带走，不仅刹车效率要降低，而且还加速刹车毂和摩擦片的磨损。

⑥司钻刹车的操作方式。绞车的负荷越重，速度越快，正确的刹车方式越重要。一般情况下，大钩负荷超过 30t 时，游车下放速度大于 1m/s 以上的，先用涡磁刹车平稳地减缓游车的下放速度，而后用刹把刹死滚筒。

⑦刹把的操作要平稳。过猛的刹车将使刹车机构和游动系统产生冲击载荷。

⑧在没有冷却水时，绝对不允许使用涡磁刹车。冷却水的进口温度不得超过 38℃，出口温度不得超过 75℃。

6. 冷却系统

绞车的冷却系统是一个十分重要而又容易被忽视的部分。它直接影响到刹车系统的工作效率和寿命；它是一个闭路循环，泵组和热交换器在钻台以外，环境较差。

(1)冷却系统易损坏的零部件

①滚筒轴气水龙头的冲管和冲管盘根。如果气水相串，多数情况是这里出现问题，这和保养不善有很大关系。

②横穿滚筒冷却水胶管。

③热交换器被腐蚀。因为冷却淡水压力高，如果发现淡水出现不正常的减少，多数情况是热交换器发生串水，必须迅速修理或更换。

(2)绞车链条箱内的润滑冷却系统

钻井绞车链条箱内的链条、链轮、牙嵌离合器、拨叉等的润滑冷却是靠绞车润滑油泵喷淋完成的。应注意监控润滑油的油位、油质和喷淋效果。一般按照使用保养说明定期进行检查和更换润滑油即可。如果工作环境恶劣或油质不好，应及时对绞车油池进行清洁、清洗或更换油滤子，并更换润滑油。

7. 绞车传动系统

绞车传动系统能给司钻提供不同的提升速度进行选择。如美国 NOV 公司的 1320 – UE 绞车滚筒有 2 挡，有 4 个速度进行选择。机械换挡之前，一定要停车。换挡方法是用惯性刹车将旋转部分慢慢刹住，在即将停止的瞬间，摘挂离合器；不允许在速度还很高的情况下摘挂离合器，以免打坏牙齿。高、低速离合器均应在低速下一次挂合，挂合后再用脚踏开关加速，以免离合器过热或过分磨损。

绞车传动系统中还有一个特殊的传动机构——应急牙嵌离合器。一般在处理事故、绞车负荷很重，在低速离合器打滑或低速、高速离合器不能工作时使用，因此要求应急牙嵌离合器必须始终处于随时可用状态。摘挂应急牙嵌离合器必须是停车状态下进行。

8. 防碰天车装置

防碰天车装置安装在绞车滚筒上方。当钻井钢丝绳在滚筒上缠绕过多，游动滑车接近天车时，钢丝绳碰到防碰天车装置的气动开关，和曲拐相连的气缸动作，将刹带刹死，游动滑车停止上升。现在的防碰系统已电子化，在游车到达防碰位置(电子记录)后，电磁刹车将动作，绞车将被断电，同时气缸动作，使游车彻底停止动作。

9. 涡磁刹车

涡磁刹车包括单向转动的部件和固定磁场驱动的钢制滚筒，是利用转子在定子内的可控磁场中转动切割磁力线，产生电涡流，形成反扭矩，以消耗下钻势能，进而达到控制下钻速度的一种辅助刹车形式。

滚筒转动和磁场作用，在滚筒内产生电流，这些电流与固定磁场相作用产生减缓力，从而阻碍滚筒运动，起到制动作用。这些磁场是通过电磁线圈产生的，制动作用的强弱通过调节磁场的强度来控制。直流电通过线圈产生磁场，电流的大小决定了磁场的强弱，制动力依此发生相应变化。

涡磁刹车通过牙嵌离合器与绞车上的滚筒轴相连，并根据滚筒速度的情况参与工作。绞车滚筒被制动降速时，传到涡磁刹车内的能量在旋转滚筒内变成热能，通过循环水将热量带走。循环水流量根据刹车功率及其尺寸调节。

司钻控制台上装有涡磁刹车控制装置。司钻可以操控手柄通过整流系统将交流电转为直流电，并传到刹车线圈上，提供从零到最大值的无级输出。涡磁刹车比水力刹车更可靠、反应更迅速。涡磁刹车特点是下钻速度越快，产生的反扭矩越大，越能有效控制下钻速度。在深井作业中，以低于 50r/min 的速度连续工作，对刹车机构是合理、有利的，可以减少起下钻时间，减少刹车磨损。

2.3.3　天车和游车

天车和游车都由几个大滑轮组成，将钻井钢丝绳交替穿在天车、游车滑轮上，从而组成一个滑车系统。组装钻机时，将天车固定在井架顶部横梁上，通过绕过天车的钢丝绳来悬吊游车。游车可以在井架内上下移动，当司钻正转绞车收绳时，游车向上运动；当司钻反转绞车放绳时，游车向下运动。

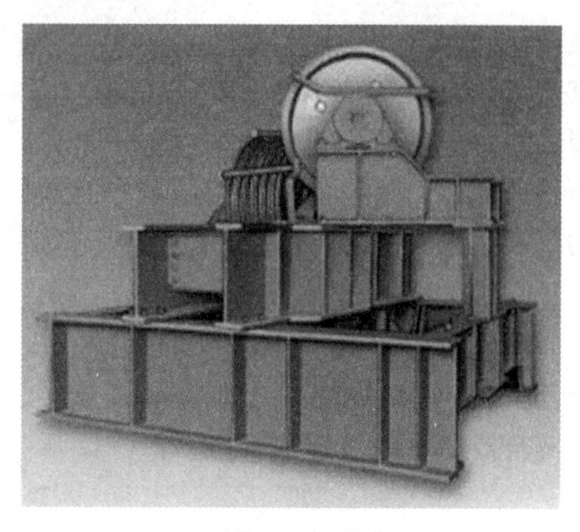
图2-4　天车

1. 天车

天车是安装在井架顶部露天框架上的一组滑轮，常为4~7个滑轮安装在同一心轴上，如图2-4所示。天车滑轮比游车滑轮多一个，多出的滑轮是死绳滑轮，死绳滑轮的对面一侧是快绳滑轮。大部分天车的滑轮装有护罩，以防止钢丝绳在松弛时从轮槽里跳出。在某些钻机上，天车还安装了辅助滑轮，供猫头绳和捞砂钢丝绳之用。捞砂钢丝绳是小直径钢丝绳，提升或下放质量轻的工具，如测井工具之类。猫头绳缠绕在猫头上用来提升较重的设备，目前，猫头绳已完全被更安全的气绞车取代。

NOV公司的1320-UE型钻机的天车型号为760-FA。最大负荷583t，有7个直径60in（Φ1524mm）的滑轮，滑轮槽内可穿直径1⅜in（Φ34.925mm）的钻井钢丝绳。天车总质量为6350kg，固定安放在井架天车台的正中间。

2. 游车

游车是由金属护罩及包含其中的一组滑轮构成的一个单独的可移动装置，如图2-5所示。在游车上下运动时，游车护罩保护其内部的各部件不受外物的碰撞。护罩内滑轮被安放在滚子轴承外，轴承由一个心轴支撑，两端有供给润滑脂用的黄油嘴。

游车在设计时必须考虑三个因素：游车质量分布、载重量、轴承负荷。设计游车应使游车的重心尽可能地低，以使游车在不带负载时能平稳而垂直地下落，否则可能会偏向一侧，从而加速磨损。游车载重量表明游车总的提升能力，轴承负荷表明轴承允许的提升能力。

为了防止游动滑车在井架内摇晃，在井架内从上到下竖立两根游车导轨，游车两旁有滚轮限制游车只能上下移动，而不允许左右摆动。

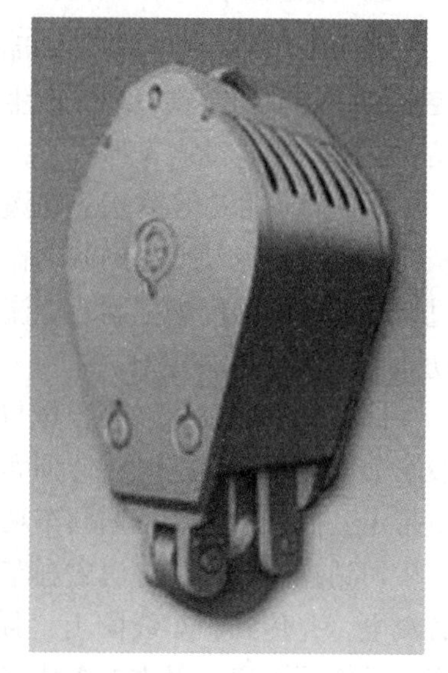
图2-5　游车

3. 游动滑轮

滑轮是由一种经热处理的钢材或特殊合金钢制成的高强度金属盘，轮槽两边侧板起限制、引导钢丝绳的作用。滑轮内装有锥形滚柱轴承，轴承能围绕中心轴旋转。中心轴一侧或两侧有用来注润滑油的黄油嘴。滑轮槽半径即为轮槽圆弧的半径，槽底直径是滑轮槽底在对角180°方向上的长度。在使用过程中，轮槽逐渐被磨损，一旦超过其许可磨损量，就会严重影响钢丝绳的使用寿命。

现场应定期检查轮槽半径。用一种专用量规去测量轮槽的磨损是否超过允许范围，若超过这一范围就应修理滑轮。槽底直径是一个很重要的参数，槽底直径大小决定绕过滑轮的钢丝绳弯曲程度的大小。钢丝绳弯曲程度越大，受应力越严重，越易磨损。钢丝绳直径越大、弹性越差。当钢丝绳绕过滑轮时，钢丝与钢丝间、绳股与绳股间磨损越严重。

2.4 海洋石油钻机旋转系统

2.4.1 钻井顶驱装置

钻井顶驱装置(Top Drive Drilling System)是一个悬挂在井架上，像动力水龙头一样工作的系统。顶驱把吊卡、大钳、水龙头和大钩结合在一起，形成一个整体。一个顶驱可以同时做几方面的工作：旋转钻具；作为钻井液通道；支撑井眼中的钻具。

1. 顶驱功能

顶驱代替了转盘总成的方钻杆、方补芯及普通水龙头的旋转功能。另外，应用顶驱后，能减少钻台的操作人员，可在开钻前就接好立柱，为后续钻井节约了大量时间。

驱动顶驱主动轴的马达也同时给扭矩钳提供动力。顶驱能同时起到外钳、内钳旋扣的作用，也更安全。顶驱也能起到大钳的作用，操作人员可以直接上、卸扣。因为不需要通过猫头来拉链条或钢丝绳，所以减少了不安全因素。

顶驱可以使司钻一次划眼划得更长，在某种程度上，减少了钻具粘卡的发生。因为划眼意味着旋转钻头和钻杆、循环泥浆、上下活动钻具，所以在钻具发生粘卡趋势时，划眼是有帮助的。在没有顶驱的情况下，司钻一次划眼的长度只是一根方钻杆的长度。有了顶驱，划眼长度只受到井架高度的影响，通常超过30m。

钻柱直接与顶驱的马达驱动轴相连，顶驱的钻井马达驱动钻柱旋转。

顶驱中装有内防喷器，相当于普通的方钻杆上、下考克阀。在钻井过程中，如果发生井涌，司钻可以通过遥控关掉内防喷器。顶驱把多个系统集合成一个整体。每个系统完成它自己的工作并有自己的子系统。

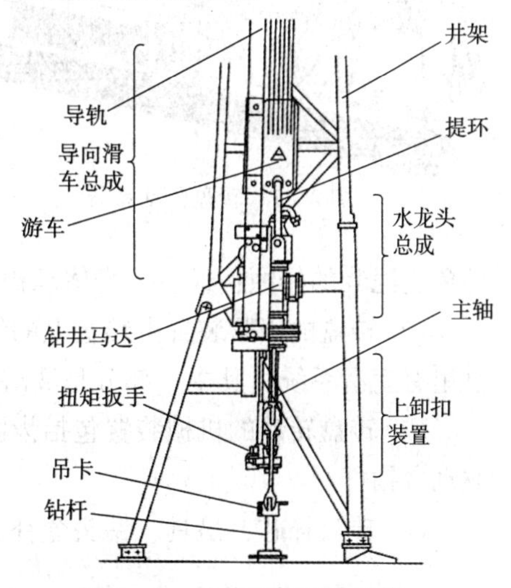

图2-6 钻井顶部驱动系统

2. 顶驱结构组成

一个标准顶驱由钻井马达和变速箱总成、导轨和框架总成、水龙头和鹅颈管、管子操作装置、平衡系统、钻井马达冷却系统、控制系统等几部分组成，主体结构如图2-6所示。

3. 顶驱特性

顶驱设备内置一套大扭矩电机(或电机组)，即为钻井马达。它向旋转接头提供动力。旋转头的一端与水龙头相接，另一端通过驱动轴与钻柱相连。驱动轴通过旋转头内部的齿轮传递扭矩带动钻杆旋转。

顶驱的导轨和托架也是主要组成部分。导轨固定在井架上，顶驱沿导轨上下滑动。导轨能够很好地稳定顶驱，当顶驱向钻柱施加扭矩时，自身不会因反力作用而发生位置扭转。托架在顶驱运动时起支持作用。

水龙带通过一种特殊的S形管总成与顶驱水龙头连接在一起。旋转头和顶驱的钻杆装卸部件之间安装了倾斜装置。启动时，倾斜装置将吊卡定位以便打开吊卡碰锁将钻杆放进鼠洞。该装置由压缩空气提供动力推动吊环向外以便钻工锁扣吊卡。

平衡系统能减弱顶驱与钻具接头的冲击，从而使钻具接头螺纹免受损坏。

顶驱润滑系统起冷却电机的作用。信号采集与控制系统通过线缆将顶驱操控连接到司钻房，以便于对顶驱的远程控制。

2.4.2 钻井转盘

1. 转盘功能

(1)钻进时输出转矩，把旋转运动传递给方钻杆，驱动钻柱与钻头旋转。

(2)在起下钻具和下套管时，悬持钻柱或套管柱的重力。

(3)在打捞作业时，转动钻柱使打捞工具下端丝扣与落井钻具丝扣进行对扣，或使公锥在落井钻具水眼中造扣，从而打捞落井钻具。

(4)在使用井底旋转钻具时，转盘承受上部钻柱的反扭矩。

2. 转盘系统组成

转盘驱动系统如图2-7所示，动力源可以是电动机或柴油机。通过电动机、齿轮箱和液力耦合器，将动力传到转盘。转盘的主要部件包括：底座、转盘和转盘补芯。转盘典型尺寸为17½~49½in(444.5~1257.3mm)。转盘承载能力范围为100~600t。通常钻机越大，转盘越大，承载能力也就越大。

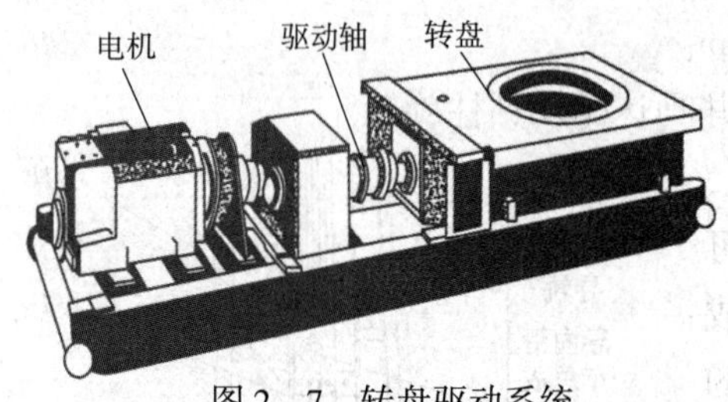

图2-7　转盘驱动系统

3. 转盘部件

(1)壳体把驱动轴末端的小齿轮和转盘封闭，具有以下优点：首先，使转动设备成为一个整体，便于移运和安装；其次，壳体可使内部的部件免受泥浆的侵蚀；最后，壳体承担了钻柱和其他井下工具的重量。

(2)转盘的锁紧装置由转盘上的锁销和锁槽组成，可以根据需要停止转盘的转动。转盘里有润滑系统，其中一部分是油浴池。转盘上设有黄油嘴用来定时保养设备。

(3)转盘转动的机械装置包括齿圈、密封件、滚珠轴承，其中心部有个方形开口用于驱动方钻杆。

(4)转盘补芯、吊具、钻头盒补芯等。

2.5　泥浆泵及循环系统

2.5.1　钻井泥浆泵

1. 钻井泥浆泵作用

泥浆泵是钻井循环系统中最基本的设备，是泥浆循环系统的心脏，如图 2－8 所示。它的作用是以压力和流量的形式将动力传递给流体，把流体从泥浆池内抽出，加压输入钻柱内达到钻头，完成高压喷射消耗掉大量能量，再携带岩屑经环形空间返回地面。泥浆通过泥浆筛和净化系统时，将携带的大量岩屑分离出来，最后，干净泥浆重新回到泥浆池。泥浆泵可由电动机或柴油机联合驱动。钻井平台的泥浆泵多为三缸单作用泥浆泵。当用空气、天然气循环钻井时，泥浆泵由空气压缩机代替。

图 2－8　钻井泥浆泵

2. 钻井泥浆泵结构组成

泥浆泵是通过电机带动链条、传动曲轴、连杆，在导板和十字头的约束下转换成非匀速直线运动；活塞杆与十字头末端的中心拉杆相连，从而实现活塞的往复运动，完成吸、排液体。泥浆泵从结构上分为动力端和液力端两大部分，分界线是活塞杆与中心拉杆的接合处。动力端基本上没有易损件。液力端易损件较多，其寿命的长短与泥浆性能有关，与使用方法是否正确有关，与本身质量有关。泥浆泵维护保养应该根据技术手册指导进行。

泥浆泵活塞的运动为非匀速运动，故排出压力是变化的。为了减小三缸单作用泥浆泵排出泥浆时的压力波动，每台泥浆泵都安装有排出空气包。空气包是一个密闭容器，底部直接与泵的排出管线相通，上部为胶囊，充满氮气，注氮气的压力应保持在泥浆泵最大工作压力的三分之一左右，以起到缓冲作用。

由于三缸单作用泵运转速度高、波动小，通常在配备吸入空气包和排出空气包的同时，采用 2 台离心泵向三缸泵的吸入端进行灌注，以提高其容积效率。灌注离心泵多用单独电机驱动。

此外，每台泥浆泵都装有安全保护装置。在排出管线压力超过某极限值时，泥浆泵上的安全阀自动打开，泥浆经过旁通管流回泥浆地，保护管汇安全。

3. 泥浆泵安全阀

泥浆泵安全阀是保证泥浆高压循环系统设备安全和人身安全的重要装置，所以，必须保证安全阀在泵输出压力达到所设定的工作压力时，准确无误地工作。安全阀应该定期保养，定期活动，定期进行试压检查，从而保障安全阀的使用寿命。

安全阀的压力调定要根据说明书给定的当前在用缸套的最大压力稍低点调定，或以泥浆沿程的最低压力限制调定。安全阀的限定压力指示装置在使用几次后会有误差，要在试验台上试验后挂牌说明实际的开启压力。

4. 泥浆泵日常维护

泥浆泵的工作压力较高，凡尔座、凡尔压盖、密封圈、凡尔箱、缸套冷却润滑装置等液力端主要零部件的拆卸、安装和调试必须按规范实施，否则，严重影响其工作寿命。

泥浆泵动力端的链条箱、齿轮箱的润滑油室，需要定期更换润滑油，并用磁铁在油池底部探测检查有无金属屑。泥浆泵齿轮箱换油，必须将泥浆泵运转一段时间，使润滑油将沉淀的物质全部带起来后，再停泵放油。活塞喷淋冷却润滑液可用柴油和机油配制组成，也可以用水加抗腐剂调配组成。

2.5.2 泥浆池及附件

1. 泥浆池

泥浆池的功用是向泥浆泵提供泥浆和回收井内返出的泥浆，总容积应不少于250m^3，分为4～6个小池，以满足不同需要。各泥浆池内都刻有标尺，便于计量。泥浆池配有搅拌机、泥浆枪、配料斗和输送泥浆的大容量离心泵。泥浆池底部应安装排渣阀孔，便于淘洗泥浆池。

泥浆池上面的护罩要有足够的强度，而且要固定牢靠。舱内要设有防爆安全装置，保持良好的通风、照明，便于特殊作业施工。各种管汇、闸阀都应标明开关方向和流体运行方向，注明流体种类。

2. 泥浆池搅拌器

钻井液从振动筛、沉砂池到泥浆泵吸入端的过程中，大部分泥浆可看作一个动态的泥浆流在管中循环，但仍有部分钻井液保持相对静止不动。这种情况持续下去，在泥浆池中不循环的部分将沉积形成固相物质。对于大密度泥浆体系来说，这将导致浪费和效率降低。泥浆搅拌器就是使泥浆处于动态中，实现循环利用。常用的搅拌器有泥浆枪、机械搅拌器。

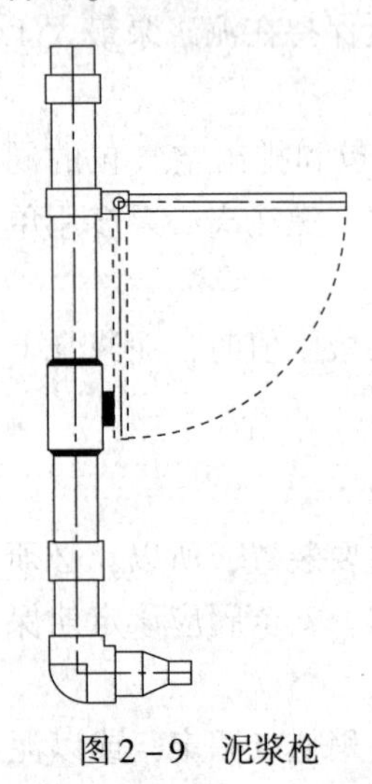

图2-9　泥浆枪

3. 泥浆枪

泥浆枪如图2-9所示，用来清扫泥浆池底，也可用来搅动泥浆，起到搅拌机的作用，还可防止泥浆中的固相在角落里沉降。泥浆枪和混合泵相连，有操控手柄和活络头，边冲边旋转。

4. 机械搅拌器

机械搅拌器比泥浆枪更有效。最常用的机械搅拌器在靠近泥浆池的底部有一个涡轮，它由电动机或液压马达驱动。一个泥浆池可配备多个机械搅拌器。

5. 混合漏斗

泥浆混合漏斗是处理泥浆的主要设备之一。泥浆混合漏斗工作原理是通过混合泵泵送一定压力和排量的泥浆，通过混合漏斗的喷嘴喷射，增大流速，在漏斗锥口产生一个负压(吸力)，将泥浆处理剂吸入、混合、带走，经管线进入泥浆池。

2.5.3 立管和水龙带

立管、水龙带是泥浆循环系统的组成部分。高压管汇从立管开始，向上爬升，配合水龙带，满足起下方钻杆的要求。立管和水龙带都有规定的标准。

钻台上的水龙带接在立管上处于悬挂状态而不与钻台相接触，这种情况允许钻柱以水龙带两倍长度竖直上下活动。立管也是泥浆从泥浆泵管线到水龙带的通路。在立管合适的高度位置安装了闸阀和长寿命的压力表，立管上还装有可减少压力表振动的缓冲元件。

水龙带通过特殊的附件连接在立管上，并与水龙头的鹅颈管相连接。水龙带有不同的尺寸和压力等级。

1. 水龙带与立管长度的计算

(1)水龙带长度的计算公式：

$$L = L_r/2 + \pi R + S \tag{2-1}$$

式中 L——水龙带长度，m；

L_r——水龙带的行程，m；

R——水龙带最小弯曲半径，m，内径2in(50.8mm)水龙带，弯曲半径为0.9m；$2\frac{1}{2}$~3in(63.5~76.2mm)水龙带，弯曲半径为1.4m。

S——因最大压力引起水龙带长度缩短的余量，对各种尺寸的水龙带均为0.3m。

(2)立管的垂直高度的计算公式：

$$H_s = L_r/2 + Z \tag{2-2}$$

式中 H_s——立管的垂直高度，m；

Z——当水龙头位于最低处时，由钻台面到与水龙头连接的水龙带顶端的距离，m。

2. 水龙带的合理使用与维护保养

(1)吊装水龙带时，防止水龙带打扭，钢丝绳吊点与水龙带之间应加垫衬布或木板，以免钢丝绳磨坏胶皮。

(2)安装水龙带时，注意上面的白色标志线应在一个平面内，避免打扭。

(3)避免水龙带与锋利的金属摩擦碰撞，可用棕绳缠在水龙带外表面起保护作用。保持水龙带清洁，防止腐蚀性油、酸、碱侵蚀橡胶。

(4)水龙头两端的接头要拧紧，并用螺丝固定。两端的保险卡和保险链要固定牢靠，保险链要系在水龙带接头部位软硬交接处的偏软管处，防止胶管崩脱。

(5)经常保持泥浆泵的上水效率良好，排净空气，减少水龙带摆动。

(6)当使用油基泥浆钻井时，建议油基泥浆的苯胺点应保持在65℃的最低值。水龙带的工作温度不应超过82℃。

(7)当水龙带处于高压状态时，人们应尽量离开。对于其他有压力的高压管汇和闸阀，操作时也应注意。

(8)禁止通过水龙带打高固相流体，如防砂作业。

(9)每口井在开钻前都应对水龙带，冲管，水龙头，方钻杆上、下考克阀，立管管汇进行水压试验，试验压力按照满负荷试验，以不漏为合格。

2.5.4 泥浆循环

1. 泥浆循环流程

泥浆泵将泥浆吸入并加压泵出，泥浆通过泵出口管线到立管，再进入水龙带，而后进入水龙头(或顶驱设备)；向下通过方钻杆、钻杆和钻铤，从钻头流出；然后携带钻屑沿环空向上返出，经泥浆回流管线和泥浆槽流至振动筛；返出的岩屑及有害物质被泥浆固控设备清除。泥浆通过沉砂池回流到泥浆罐(池)，或进行再处理，被吸入泥浆泵进行再循环。

2. 泥浆循环管线

钻井平台泥浆循环系统分为三大部分。

(1)高压部分

泥浆泵+4in(101.6mm)泥浆高压管线+4in(101.6mm)短水龙带+4in(101.6mm)立管管汇+4in(101.6mm)长水龙带+水龙头5000psi(34.5MPa)压力系统；

固井泵+3in固井管线+2in固井管线10000psi(69MPa)压力系统；

压井管线+井口装置+防喷器组+放喷管线+阻流管汇+泥浆分离器10000psi(69MPa)压力系统。

高压部分既能独立成为一个系统，又能相互连通。

(2)低压部分

灌注泵+管线+泥浆泵+上水管线；

混合泵+管线+混合漏斗+去各泥浆池管线；

泥浆净化系统的离心泵及管线。

(3)常压部分

泥浆池、高架槽、沉砂池等。

2.6 泥浆固控设备

泥浆固控设备用于清除泥浆中不需要的物质、有害的固体颗粒和气体。这些固体颗粒和气体存在于泥浆中，使泥浆性能很难控制，会威胁到钻井的安全、设备的安全、人身的安全，使钻井成本大大提高，因此，应根据钻井需要清除它们。主要的泥浆固控设备有振动筛、除砂器、除泥器、泥浆清洁器、离心机等。

除砂器、除泥器、泥浆清洁器、离心机是继振动筛之后二级、三级的泥浆固控设备。泥浆中的部分固体颗粒是有害的，将含有粉砂和砂粒的泥浆循环到井下会使泥浆密度和黏度增加，并且冲蚀钻柱和其他设备，应根据钻井对泥浆性能的要求，有针对性地使用不同的泥浆固控设备。

1. 振动筛

振动筛一般是马达带动偏心轴产生振动，振动频率决定于马达转速和传动皮带轮的尺寸，振幅决定于偏心距，一般为3mm。

对返出泥浆的第一级处理，是通过机械振动将流过筛面的泥浆中的部分岩屑颗粒清除。振动筛清除岩屑颗粒的大小、振动筛工作效率的高低和工作状态的好坏，与选用筛布的目数和上下筛布目数的配比有直接的关系。由于是第一级处理，它应该承担着90%以上岩屑的清除，通过调整振动筛筛布的目数，在这一级尽可能多地清除泥浆中的岩屑。振动筛的工作原理基本相同，但结构差异则很大，不同结构的振动筛，厂家都规定了使用、维护、保养规范。

振动筛的作用是清除74 μm以上的颗粒。

颗粒分类：粗(砂)颗粒250～2000 μm；中(砂)颗粒74～250 μm；细(泥)颗粒44～74 μm；特细(淤泥)颗粒2～44 μm；胶体0～2 μm。

“目”：从一条钢丝的中心算起，水平或垂直方向上每英寸孔的数量。如：筛布API规格80×80(178×178，31.4)表示：该筛布是正方形80×80目，纵横两方向的开孔大小为178 μm，开孔面积为31.4%。

2. 除砂器

除砂器根据旋流作用，将泥浆中较大的岩屑颗粒清除，如图2－10所示。12in(304.8mm)水力旋流器，用以清除40～45 μm以上的颗粒，用于非加重泥浆，每个12in旋流器处理量500GPM(1GPM＝4.546L/min)，给定压力[45psi＋5psi(310kPa＋34kPa)]下，整个除砂器能处理125%的循环量。排砂口正常时呈扇形喷射，如果泥浆进流的含砂量小于6%，则溢流的含砂量为微量。

图2－10 除砂器

3. 除泥器

除泥器根据旋流作用，将泥浆中比较大的岩屑颗粒清除。4in(101.6mm)水力旋流器清除20～25 μm以上的颗粒，用于非加重泥浆，每个旋流器处理75GPM(415.95L/min)，150%的循环量，排砂口正常时呈扇形喷射。

4. 泥浆清洁器

泥浆清洁器是在旋流器下方放置一小型振动筛，它所使用的筛布的目数更细，以回收重晶石(当然与重晶石颗粒相当的或更小的颗粒仍遗留在泥浆内)。由2in(50.8mm)水力旋流器和120～200目的筛布组成，目的是回收液相，除去钻井液的固相，用于加重泥浆。

5. 除气器

如果遇到的地层含有少量的气体，通常要安装一个除气器，在泥浆被再循环到井下前除去泥浆中的气体。泥浆中含有气体(泥浆气侵)会使泥浆的密度降低甚至导致井喷，所以不能直接被用来进行再循环。

除气器能够除去泥浆中少量的气体。当泥浆循环通过含有气体的地层时，气体可能进入泥浆。司钻不能再把气侵的泥浆循环入井内，因为侵入的气体使泥浆变轻，密度降低。如果泥浆太轻，地层压力流体可能会进入井内，造成井涌。

除气器大部分是真空除气器，是利用真空泵造成负压[3.4～5.9psi(23.4～

40.7kPa)]，使融在钻井液里的气体分离出来，然后通过排气管路和天车排气管线相连排到空气中。

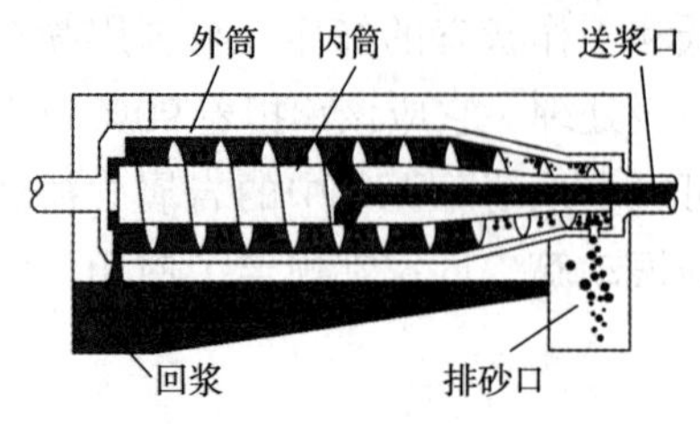

图2-11　离心机工作示意图

6. 离心机

离心机是利用离心作用将泥浆中的大部分固相颗粒清除的机械设备，如图2-11所示。内外筒转动方向一致，只是外筒比内筒旋转快一点。在使用中通过控制泥浆的喂送量，调节出泥效果达到最好，用后要用清水冲洗干净。

7. 离心泵

钻井平台上应用较多的辅助设备是离心泵，如灌注泵、混合泵、缸套润滑泵、除砂泵、除泥泵、钻井绞车冷却水泵等。

离心泵优点包括：使用范围广，只要满足其吸入和排出压头，对泵送的流体介质要求不高；体积小，结构简单，拆装方便；使用和保养方便；易损件少，价格便宜；排量比较稳定，不怕憋泵。

2.7　钻井辅助仪器仪表与设备

2.7.1　钻井辅助仪器仪表

钻井辅助仪器仪表主要用于测量钻压和悬重的变化，由死绳固定器、指重表、灵敏表、胶管、阻尼器、快速自封接头组成。对仪表而言，钻压是间接测量参数，而直接测量的是大钩负荷。

1. 死绳固定器

死绳固定器是把提升系统的死绳拉力，转换为液体压力的一种机构。它由绳轮、底座、传感器三大部分组成，采用膜片式张力-液压传感器。它将死绳的拉力，通过橡胶膜片的压缩动作，压缩液体而使之完成张力到液压力的转换，将压力信号传递给指重表，因此它又是一个能量转换器。

2. 指重表

指重表如图2-12所示，主要由指针、针轴齿轮、扇形齿轮、连杆、波登管和显示盘组成。波登管为弹簧元件，它的动作符合虎克定律，即在弹性极限内，自由端将产生与其中的流体压力成正比的运动。该运动通过放大指示机构的连杆传递给扇形齿轮，再驱动小齿轮带动指针摆动到指示位置，从而显示出大钩负荷。压力表放大指示机构如图2-13所示。

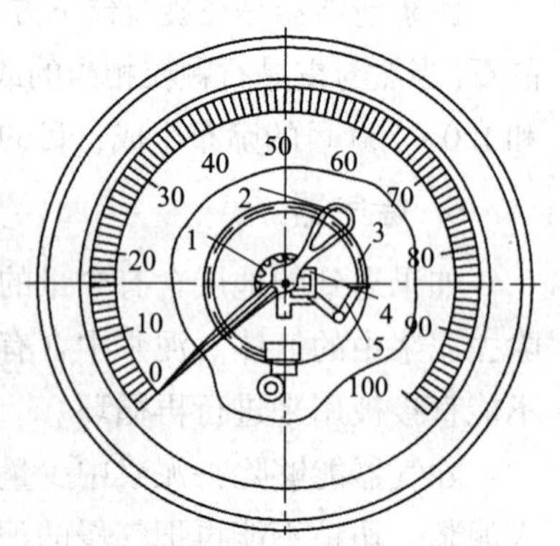

图2-12　指重表
1—针轴齿轮；2—指针；3—波登管；4—扇形齿轮；5—连杆

3. 阻尼器

作业中的载荷变化引起压力的波动和冲击，液流的脉动对仪表是一种损伤，为防止由此引起损害，在传感器和显示仪表中间还要装阻尼器，结构如图2－14所示。

阻尼器是利用丝杆上的公扣与外壳上的母扣所形成的螺纹间隙，作为流体的流阻；以波登管内部的容积形成流体的流容。当进口液体存在脉动时，流阻起着吸收压力高峰的作用；而流容起着填补压力低谷的作用。当进口压力骤增时，表读数就可以缓慢上升；当进口压力骤降时，表读数也可以缓慢下降。这样就大大地减弱了液体的脉动冲击作用。

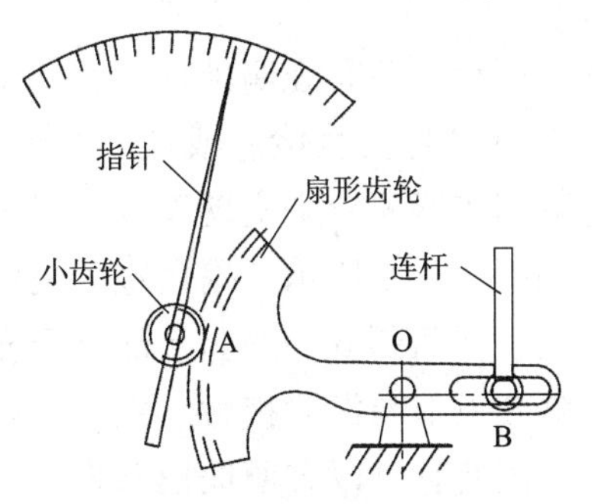

图2－13 压力表放大指示机构

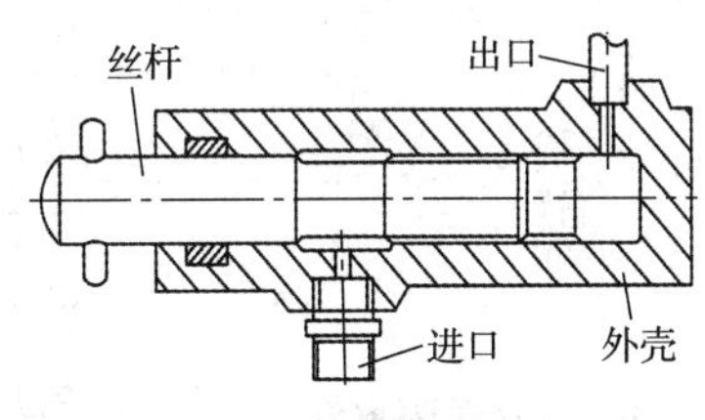

图2－14 阻尼器结构

4. 大钳扭矩仪

大钳扭矩仪用以显示钻具紧扣力矩的大小，使操作人员在连接钻具时，达到规定的紧扣力矩，以保证钻具的正常工作，避免因钻具上扣过松而引起刺漏或上扣过紧而损坏钻具丝扣。当大钳受力后，固定在大钳尾绳上的拉力液缸内的活塞运动，压迫液压油移动，通过管线将压力传递到大钳扭矩仪内的“波登管”上，经过齿轮推动指针摆动，显示出扭矩。

大钳扭矩仪有两种装置形式：一种为永久性装置，是安装在大钳尾绳的主传感器，使大钳每紧扣一次就产生一次扭矩显示；一种为便携式装置，如图2－15所示，它是附于大钳自身上的扭矩组件，可用于动力大钳的抽样检查。

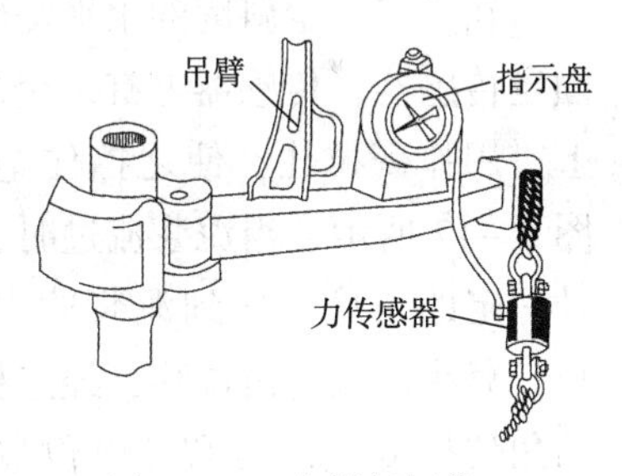

图2－15 大钳扭矩仪

大钳扭矩测量仪有两个指针：一个是指示指针，可随时指示扭矩值；一个是可调指针(红色)，用来指示即将操作的最大扭矩极限。操作时，将红色指示针固定在选定数值上，以此作为标准，指导上扣拉力。扭矩仪刻度盘的标度可采用拉力(N)的普通形式或者采用事先根据特定的大钳柄长度标定的扭矩，以扭矩(N·m)表示。

5. 泵压传感器

泵压是钻井过程中一个非常重要的参数。司钻在钻井中可通过泥浆压力、立管压力的变化判断钻具刺漏、钻头泥包、钻头水眼故障等钻具及井下故障的复杂情况。泵压又是求得钻井水力参数、计算压力损耗的重要参数。通过泵压还可及时了解泥浆泵的工作情况。泵压对于提高钻进效率具有重大的影响，因此，该参数一定要取准。成套钻井仪表中几乎都要测量泵压，有的还要测量返回泥浆的压力。

测量泵压的元件主要为机械式压力元件，主要有：波登弹簧元件、薄膜压力元件、波纹管压力敏感元件。

6. 薄膜压力元件

薄膜压力元件分为金属和非金属两种。非金属薄膜是低量程的膜片元件，对于较小的压力变化都很灵敏，经常用于薄膜两侧压差很小的低压测量场合。非金属薄膜可由各种材料制成，如皮革、聚氯乙烯、氯丁橡胶等。钻井平台现用的多是氯丁橡胶隔膜，优点是更换方便，缺点是泥浆容易进入液压管线。

7. 隔离室

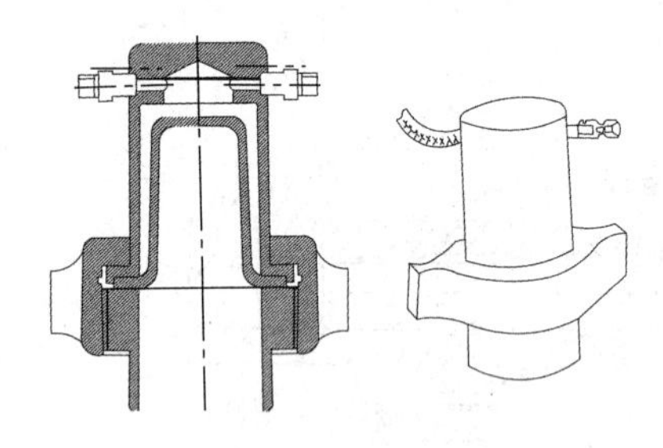

图 2－16　隔离室

钻井泥浆中含有固相，并有强腐蚀性，因此不宜直接送往液动仪表，以免引起仪表堵塞或仪表零件腐蚀。采用隔离室可通过隔离传压装置来实现液压介质工作压力的传递或变换，如图 2－16 所示。隔离室的壳体由氯丁橡胶隔套分隔成上、下两部分。隔套上部空间充满着清洁的变压器油，隔套下部与泥浆接触。由于橡胶隔套可以自由伸缩变形，因此它可以方便地把泥浆压力的变化传给隔套上部的变压器油，从而起到隔离与传压的双重作用。外壳上端有两个接头，一个用于排空和充油，另一个用以连接阻尼器。

8. 返出流量表

泥浆出口流量指示仪是衡量水平泥浆槽中泥浆充满程度的传感器。钻井过程中，流量指示仪随时监视出口泥浆在槽中的充满度，再配合地面泥浆总体积的变化，可以及时发现井涌和井漏，对预防钻井复杂情况具有突出的意义。

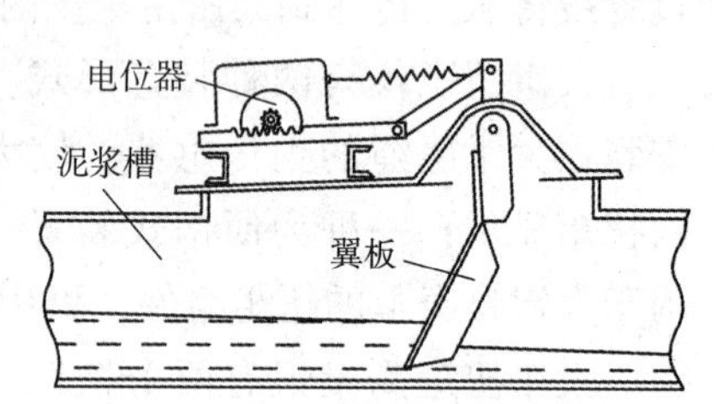

图 2－17　出口泥浆流量传感器

在具有一定斜度的水平泥浆槽上开一个方孔，用来固定传感器。传感器上有一个翼状挡板，挡板连在转轴上，用弹簧拉住，使之挡住绝大部分泥浆槽截面，如图 2－17 所示。当泥浆流过时，冲动挡板，使其绕轴转动一定的角度，直到泥浆冲力与弹簧拉力相平衡时为止。翼状挡板的角位移，经连杆和齿条转换成电位器轴的角位移或直线位移。电位器供以 10.45V 直流电压，输出与泥浆充满度成比例的电压信号。测得电位器输出的电压值，就可知泥浆在槽中的充满度。泥浆充满度是一个定性的参数，它难以用体积流量来标定，而只能给出一个相对的数值。充满度是以百分数来表示的，它说明泥浆的流动状况，即充满到整个管路截面的百分数。如果在其他钻井参数恒定的情况下，此参数长期不变，说明井下情况是正常的；如果有变化，则需认真观察泥浆总体积的变化情况，进一步核查出现了什么问题。

本表还配有声、光报警装置。当出现井漏或井涌时，出口管泥浆流量会发生变化，通过流量的变大或变小，司钻可及时发现井内出现的问题。通常把流量调整在正常值，出现异常后，除表针变化外，声、光同时报警，引起司钻注意。常见问题是泥浆返出管线沉砂太多导致误差，解决方法是清除沉砂即可。

9. 泥浆池液位计

泥浆池液面显示仪也叫泥浆池总体积仪，记录泥浆池液面高度。早期的液位计都是浮子式，现在都改为了超声波式。发生井涌后，泥浆池液面升高，表示地层有流体流入井内，应采取防喷措施。

10. 无线随钻测量系统(MWD)

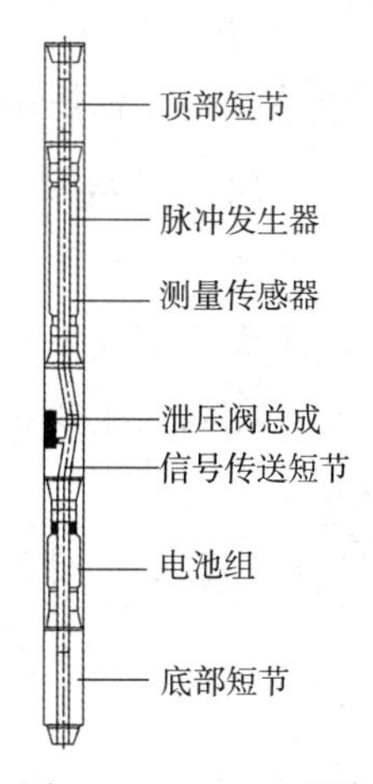

图2－18　MWD系统示意图

无线随钻测量MWD(Measurement While Drilling)系统消除了起下电缆或钢绳作业，大大方便了测量并缩短了测斜时间。下面仅以克里斯坦森公司生产的ACCU－TRAK－MWD为例进行介绍。

MWD由顶部短节、脉冲发生器/测量传感器、信号传递短节、电池组和底部短节五部分组成，如图2－18所示。采用先进的无电缆信息传递技术，根据需要将井斜和方位等资料传送给地面仪器。由于采用了负压脉冲方法，使井下仪器所需动力大为降低。测量和数据传送所需动力都来自电池组。因为方位传感器要靠磁性测井，全部井下仪器均分装在类似钻铤的非磁性厚壁钢管中，因而上、下端均可与非磁稳定器相接。

MWD系统顶部短节位于工具顶端，装有密封圈，钻井液只能流入水眼，并对脉冲发送器/测量传感器起加压作用。

脉冲发送器/测量传感器装在非磁性外筒内。该部分上、下均为母螺纹，上端与顶部短节相接，下端与泄压阀相接。实体测量传感器瞬时升温，立即将反应井斜和方位的电信号传送给模拟线路板。磁力仪可提供三个单独的电压值，每个电压值发自受地磁场影响的三个磁力仪中的一个。测斜仪可提供四个单独的电压值，其中三个电压值由受地心引力的重力加速器提供。来自测斜仪的第四个电压值是井温信号。

模拟线路板通过信号连乘器运算，最终按要求传送给测量传感器的中心处理装置(SSCPU)。SSCPU的指令模拟线路板，分别发送来自信号连乘器的原始电压数据。SSCPU将电压值译码，并以数学方法计算成十进制的井斜、方位和工具面角。然后以十进制形式的数据输入脉冲发送器中心处理装置，以便进一步处理。

TCPU接收到十进制形式的井下工具的井斜和方位资料，并将其转变为数据群送到地面。定向模式的数据群，就是一系列被校正的工具面角的测量值。

测量传感器中心处理装置(TCPU)接收到电信号，并将它们译码。如果按正确的程序接收到这些信号，TCPU则会按规定程序向测斜仪和磁力仪提供来自电池组的电力。因此，模拟线路板和测量传感器的CPU可以从传感器接收到原始数据。

井下泄压阀是一种脉冲发送装置。它与井下压力传感器和短路插销一起装入不锈钢外筒内，通过电线与脉冲发送器/测量传感器相连。环片式的阀片开关时所需的动力很小，由马达控制线路，按指令将阀片打开和关闭，从而使钻柱内的钻井液分流到井眼的环形空间，造成压力降。

井下压力传感器将液压转变为模拟电压。传感器可指示钻柱内的液压变化。如果模拟信号按特定的程序和定时计划而脉动，则TCPU即会对询问阀的询问作出回答，随即开始测量工作。

电池组的外筒结构与脉冲发送器/测量传感器的外筒相似，也是由不锈钢制成的，两端均为母扣。

底部短节是该工具的底部钻铤段，和顶部短节一样，也是一个过桥接头，有钻井液密封圈，对电池组底部施加压力。

测量时，从地面接收器面板上可以直接读得井斜角、方位角和工具面角。此外，还可以了解系统的工作情况和电池组的情况，并能连续自动记录泵压变化。

11. 双点测斜仪

双点测斜仪是用机械时钟机构控制打孔装置，在卡片上对称180°打两个小孔，将测量的井斜角大小记录下来的一种测斜仪。它是直井井斜测量仪器。

双点测斜仪主要由控制装置、测量装置和外筒等组成，如图2－19所示。

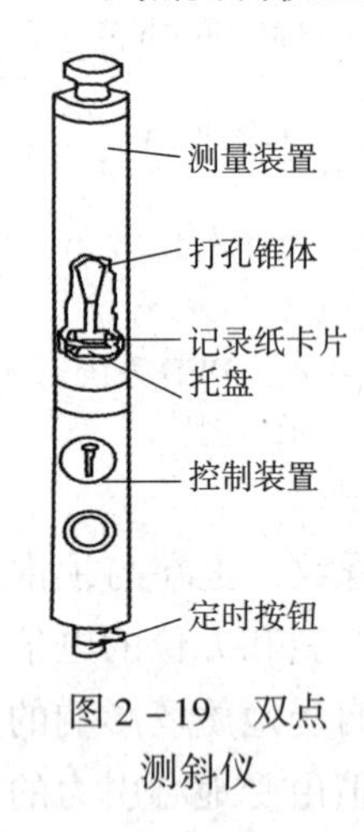

图2－19 双点测斜仪

打孔控制装置：该装置用来控制打孔动作的时间和两孔打孔间隔时间。打孔控制装置主要由机械时钟机构、控制杆、控制装置托盘、凸轮等组成。

测量装置：测量装置是用来测量井斜角的大小的。它主要由打孔锥体、万向轴节和外壳组成。

双点测斜仪工作原理：当井眼发生倾斜时，仪器在钻具中也随之倾斜。打孔锥体在重力作用下始终保持垂直。这时，仪器轴线与打孔锥体轴线之间的夹角即为井斜角。时钟机构和控制托盘上弦后，时钟机构开始计时。当凸轮旋转使控制杆下行到第一个台阶位置时，端面凸轮在发条力矩的作用下旋转180°，直至控制杆挡住第二个台肩为止。在托盘旋转的同时，托盘在销柱和滑道的作用下，向上运动一小段距离而完成第一次打孔动作。当控制杆下行到凸轮的最低位置时，同理，仪器又完成了第二次打孔动作。随着打孔动作的完成，井斜角大小便在卡片上记录下来了。

由于双点测斜仪是根据机械式摆锤原理设计的，而且只测井斜不测方位，因此不需要使用无磁钻铤。

2.7.2 其他辅助设备

1. 旋转钳(旋扣钳)

旋扣钳用于钻具等上扣和卸扣。旋扣钳通过连接井架上的钢丝绳而悬挂着，使用时，将它推到钻杆接头上，并钳入合适的地方。旋转钳有气动式和液动式。气动旋转钳可利用钻台上已有的压缩空气管线；液动式则需要提供液压动力。旋转钳和动力大钳常用于钻柱连接工作。

主要参数：SSW－40旋扣钳压缩空气工作压力为90～120psi(0.6～0.8MPa)；转速为0～120r/min，制动力矩为1490N·m。各试验数据必须达到额定数值80%。

2. 动力大钳

动力大钳同旋扣钳一样，既有气动式，也有液动式。它需要支撑物，部分动力大钳备有该部分。自动式动力大钳上扣工作开始时，输入所需扭矩，接下来的入井工具都用这一扭矩紧扣。卸扣时，动力大钳将连接的公、母扣卸松之后，旋转钳将公扣卸下。而下钻时

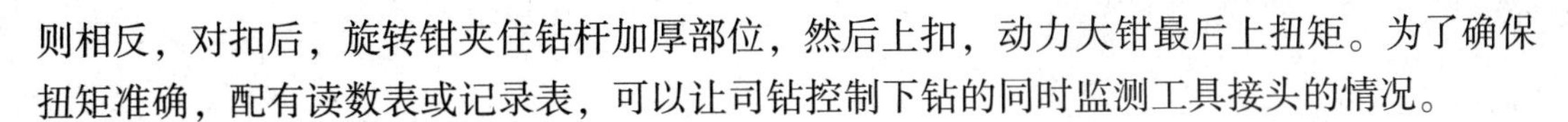

则相反，对扣后，旋转钳夹住钻杆加厚部位，然后上扣，动力大钳最后上扭矩。为了确保扭矩准确，配有读数表或记录表，可以让司钻控制下钻的同时监测工具接头的情况。

3. 气体分离器

气体分离器处于阻流管汇的下游，作用是从钻井泥浆里除去气体，并把分离出来的气体通过上部管线送到天车排掉。分离器基本上是一个大直径、内部带有隔板的容器，当泥浆通过这个装置从隔板上分散落下时速度减慢，同时将气体分离出来。底部有一个虹吸装置，可以让泥浆流到振动筛箱的同时维持一定高度的液面，以保证天然气在上部。顶部的天然气排放管内径应该足够大，以便天然气在排放时没有太多的回压作用在泥浆上，同时应有一定的高度，能将天然气排放到高出井架以上。靠近底部应有带法兰的排污孔，便于清除污物。

4. 计量罐

计量罐是有适当容积的可计量罐，标有刻度，它是在起下钻过程中记录灌入井内的泥浆量和下钻时记录从井内流出的泥浆体积的装置，一般体积为 3 ~ 5m^3 左右。操作时开启从泥浆槽到计量罐的阀门，关闭去振动筛、沉砂池、泥浆池的阀门，在计量罐、喇叭口、泥浆槽之间形成循环通路，保持时刻计量体积的变化。计量罐有溢流口通向沉砂池，防止泥浆外溢出计量罐。泥浆池的总量要控制在罐容的 2/3，这样便于观察变化量，严禁充满。

作业思考题

1. 海洋石油钻井工艺与设备与陆地上的有何异同？
2. 海洋石油钻井井身结构由哪些因素决定，如何保障？
3. 简述海洋石油钻井设备的总体要求。
4. 简述海洋石油钻机起升系统的功用、主要设备组成和特点。
5. 简述海洋石油钻机旋转系统的功用、主要设备组成和特点。
6. 简述海洋石油钻机循环系统的功用、主要设备组成和特点。
7. 简述海洋石油钻井泥浆固控系统的功用、主要设备组成和特点。
8. 简述海洋石油钻井辅助仪器的作用、类型和工作特点。

第3章 海洋石油钻井平台与装备

3.1 海洋石油钻井平台分类

1. 海洋石油钻井平台的类型

在海洋油气田的勘探开发过程中，不论是在勘探阶段钻勘探井，还是在开发阶段钻生产井，均要在海洋石油钻井装置(平台)上进行作业。

海洋石油钻井装置(平台)的类型很多，大体上可分为固定式和移动(活动)式两大类。固定式钻井装置包括：桩基(导管架)式平台和重力式平台；用于深水作业的顺应式平台，如牵索(绷绳)塔式平台、张力腿式平台、浮力塔式平台；用于浅水作业的人工岛。如图3-1所示。

(a)导管架式钻井平台

(b)重力混凝土式钻井平台

(c)绷绳塔式钻井平台

(d)张力腿式钻井平台

图3-1 固定式钻井平台

移动式钻井装置包括坐底式钻井平台、自升式钻井平台、半潜式钻井平台和浮式钻井船，如图3-2所示。

(a)坐底式钻井平台

(b)自升式钻井平台

(c)浮式钻井船

(d)半潜式钻井平台

图3－2　移动式钻井平台(船)

2. 海洋石油钻井平台的选择

海洋钻井平台的选择是一个涉及面很广的问题，需要综合考虑各种因素。概括起来有以下几方面：

(1)作业要求，是钻勘探井还是生产井，是直井还是丛式井以及完井方式等；

(2)作业海区的环境条件，包括水深、风、波、潮流等海况，海底地质条件及离岸距离等；

(3)经济因素，主要指各种装置的建造成本、租金及操作费用；

(4)供选择的钻井装置及其技术性能、使用条件。

综合上述因素，结合本国经济技术水平、政府意图，可对钻井装置做出最后选择。

一般观点是：勘探阶段和早期开发阶段，用移动式钻井平台为宜，这样可以灵活调动，重复使用；开发生产阶段，使用固定式平台较好，可以一台多井、一台多用。一般在选择钻井装置时，应首先考虑水深情况。按水深范围选择平台的基本原则如下。

钻勘探井用的钻井平台：

(1)水深小于10～15m宜选用坐底式平台；

(2)水深在15～75m宜选用自升式平台；

(3)水深在75～200m宜选用锚泊定位的半潜式平台或钻井船；

(4)水深在200m以上宜选用动力定位的半潜式平台或钻井船。

钻生产井用的钻井平台：

(1)水深小于300m，可选用桩基导管架式平台；

(2)水深300~600m，可选用绷绳塔式平台或张力腿平台；

(3)水深小于160m，如果海底地形平坦，又有可建造混凝土重力式平台的深水港湾和航道，可选用混凝土重力式平台；

(4)若选用浮式生产系统或早期生产系统，可根据水深选用钻探井的活动式平台。

总之，海洋钻井装置的选择是整个海洋油气田开发系统的一部分，要根据整个系统的经济分析来选择才是最合适的。

3.2 固定式海洋钻井平台

固定式海洋钻井平台是用桩基、沉垫基础或其他方法固定于海底指定位置并对其产生支承压力的从事钻井作业的海上结构物，一般可分为刚性固定平台和柔性固定平台。

固定式海洋钻井平台是在海里搭起构架，然后在构架上建造平台。平台可以提供钻机等机械设备安装空间，提供钻井作业场所和生活场所。海上钻井工艺与陆地钻井工艺相似。海上钻井的特点是：海水用隔水管隔开，物资需要专门船舶运送，人员上下平台需要用船舶或者直升机接送。固定式钻井装置主要包括导管架式钻井平台、重力式钻井平台、张力腿式钻井平台、绷绳塔式钻井平台。固定式钻井平台结构如图3－3所示。

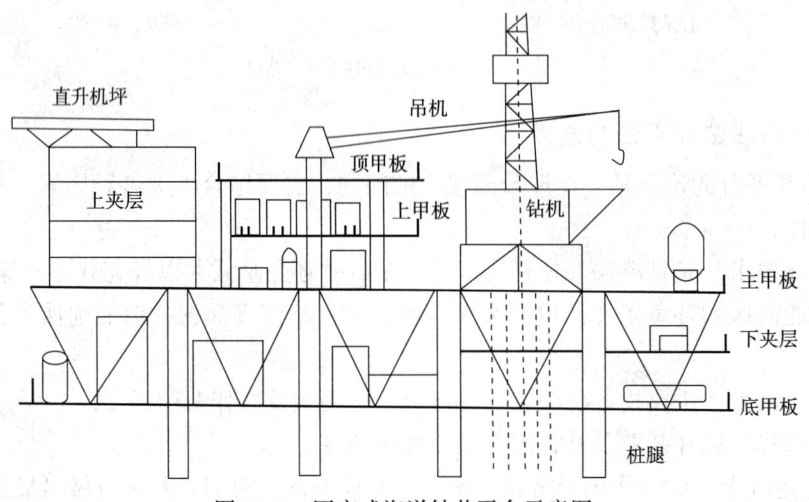

图3－3　固定式海洋钻井平台示意图

3.2.1 导管架式钻井平台

导管架式钻井平台在海上建造时，先在海底井位处安放一个导向管架；再在导向管内打桩插入海底岩层，并注水泥，把导向管和桩柱组成牢固的整体；最后在导管架上安装钻井或采油平台。这种平台的优点是抗风浪的能力较强，适应的工作水深一般小于150m。为了避免海浪打到平台底层上，平台的下表面应高出静海面6~10m，如图3－4所示。

图3-4 导管架式钻井平台

导管架式钻井平台结构组成包括：导管架、偏心节点、帽和工作平台。

1. 导管架

导管架是整个平台的支撑部分，是用钢管焊接而成的一个空间钢架结构。它的制造工艺复杂，例如两管相交处的相贯线的加工，一般的切割工艺都不能满足要求，必须用数控切割机床进行加工，这就需要先求出相贯线方程，输入机床的控制台，方可进行切割。再如管节点的焊接，必须采用焊条电弧焊，多层多道焊接，焊完后需要进行超声波无损探伤，如发现夹渣或焊不透，必须刨掉重焊，一次返工后仍不合格，则这个管节点报废。因为导管架大部分浸于海水中，受到海洋环境载荷的作用，很容易产生腐蚀疲劳破坏，所以，管节点是导管架的薄弱点，因此加工质量要求非常高。

一般导管架是在岸上焊好，然后用拖轮整体运输，到达井位后，用浮吊就位，再从导管中插入钢桩，用打桩机将其打入海底基岩，然后在导管与桩的环形空间注水泥，使两者连成一体，这样导管架就固定好了。

由两根正交的管子构成的管节点叫作T形节点。若撑杆与主管以锐角相交，该连接称为Y形节点。如果两根撑杆都在弦管的一侧，即每根撑杆的中心线与弦管的轴线形成锐角，该连接称为K形节点。如果一根撑杆与弦管垂直，另一根以锐角相交，该节点称为N形节点。当两根撑杆从弦管两侧正交并使所有三根管子处于同一平面，该连接称为X形节点或十字形节点。导管架的薄弱环节是管节点，管节点的类型有许多种，如图3-5所示。

2. 偏心节点

在一个平面节点内，在两个或多个纵向轴交叉处，从撑杆轴与弦管轴的交叉点至弦管轴的垂直距离定义为偏心距。

如果此距离在弦管轴向着撑杆的一边，则偏心距为负值；如果在背着杆的一边则为正值。负偏心距引起撑杆的搭接；正偏心距促使弦杆上撑杆的分开。对于具有静力载荷的薄壁弦管，负偏心距与零偏心距连接相比可提高承载能力。然而，具有搭接撑杆的节点与无搭接的节点相比，其节点的疲劳寿命可能降低。管节点的力学分析和计算非常复杂，其不利情况是应力集中。

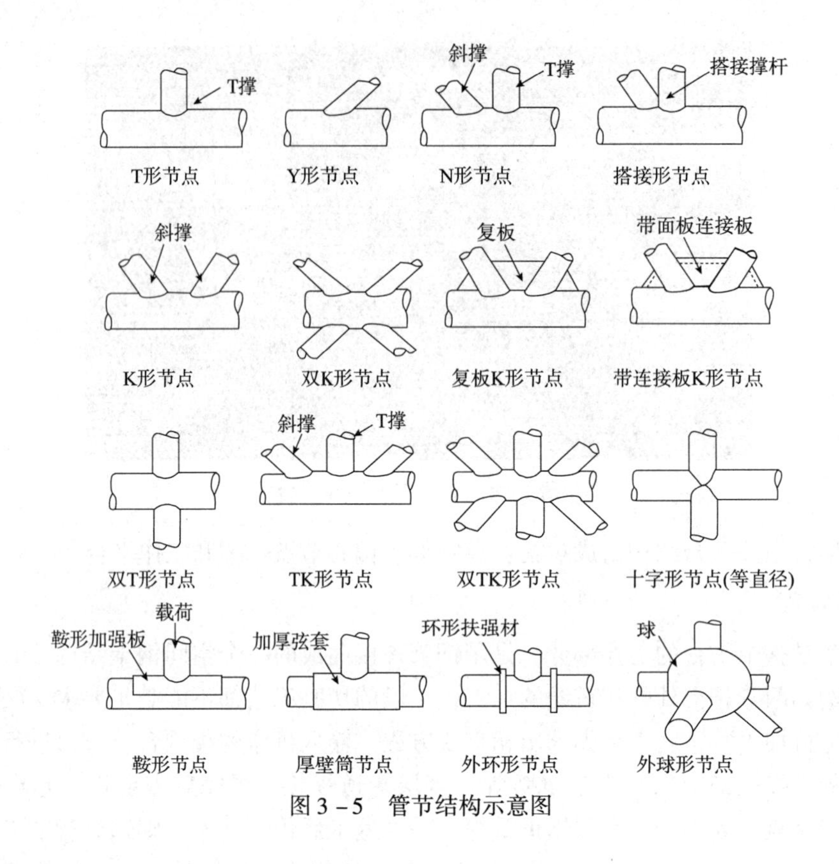

图 3 – 5　管节结构示意图

3. 帽

帽的作用是连接导管架与上部平台，也是一个空间刚架结构。其与导管架的连接处焊有销桩，就位时，先插入销桩，然后焊成一体。

4. 工作平台

工作平台用于放置钻井设备，提供作业场所，以及工作人员生活场所。

导管架式钻井平台的稳定性好，适用于浅水海域，结构简单，安全可靠。但海上安装工作量大，制造和安装周期较长，随水深增加费用显著增加，整体的搬运性较差。到目前为止，仅在我国渤海区域先后建成了几十座固定式钻井平台，现在已拆除了 3 座，报废 2 座，其余的都改装成采油平台，渤海北油田的 A、B 平台，每座设计钻井 32 口，目前已改装成采油平台。

3.2.2　重力式钻井平台

混凝土重力式钻井平台(Concrete Gravity Drilling Platform)底部通常是一个巨大的混凝土基础(沉箱)，用 3 个或 4 个空心的混凝土立柱支撑着甲板结构，在平台底部的巨大基础中被分隔为许多圆筒形的储油舱和压载舱，这种平台的重量可达数十万吨，如图 3 – 6 所示。正是依靠自身的巨大重量，平台直接置于海底。目前已有大约 20 座混凝土重力式平台用于北海。不过由于混凝土平台自重很大，对地基要求很高，使用受到限制。图中八角形处为直升机起降平台。

重力式钻井平台是由钢质甲板、立柱及混凝土储罐底座组成。混凝土储罐由十几个直径相当大的圆柱体组成，像啤酒瓶子群，然后过渡到数根支撑部分，即立柱上，如同瓶颈升出海面，从而支撑整个钢质甲板。它的底座很大，需要坐落在平坦的海底，可以作为石油储罐，150m 水深的平台其储油能力大约为13 万 t。

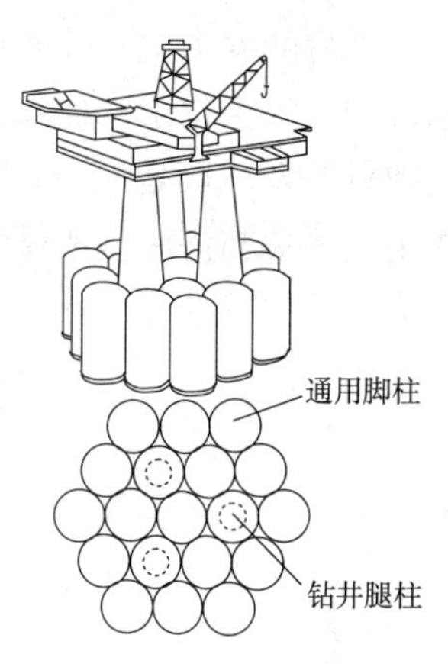

图 3－6 重力式钻井平台

平台装有喷水装置，如果需要搬迁平台，只需要通过喷水装置消除它的吸附作用就能搬迁。另外，这种平台装有专门研制的防冲刷装置。这个装置由几个钢质或混凝土的活瓣组成，活瓣铰接到底板上，并用可以松开的钢链固定到储罐壁上。拖航时这些活瓣可以容纳足够数量的岩石和沙砾，而当平台固定到海底时，活瓣就松开，这样就可以立即起到防止冲刷的作用。有了这个装置后，从安装的最初阶段起，就增加了作业的安全性。

它的优点是：不需要打桩，安装钻井与辅助设备可以在风浪较小，但海水较深的港湾或比较平静的海面上进行，这样大大缩短了在风浪条件较恶劣的海上施工时间。它不需要掌握复杂的技术，用途较为广泛，可以进行钻井、采油、储油、系泊等多种操作；大大增加了储油的能力，维修费用低，使用寿命长，对海水腐蚀具有较好的抵抗能力，能很好地适应海洋环境。

它的缺点是：对海底土质要求高。如果土质松软或者地势不平坦，承受不了巨大的重量，则不能采用该种平台。此外，出现缺陷后修复比较困难，并且水泥重力式平台会有渗水现象发生。

3.2.3 张力腿式钻井平台

1. 张力腿式钻井平台特征

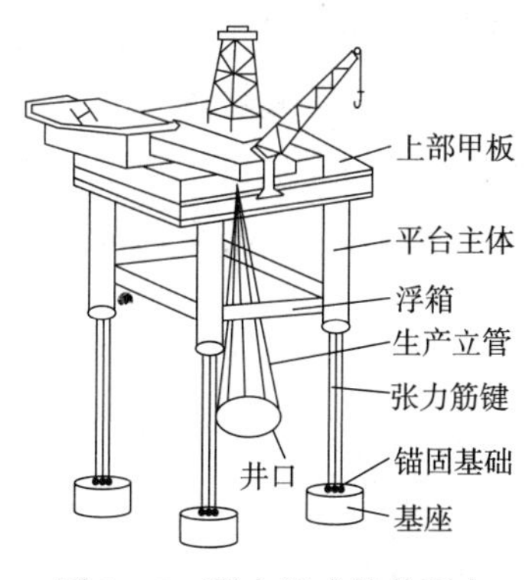

图 3－7 张力腿式钻井平台

张力腿式钻井平台(Tension Leg Drilling Platform)本身是一个浮动平台，平台的储备浮力远远大于平台的重力，靠缆绳或锚链(称作张力腿)的张力(而且此拉力应大于由波浪产生的力，使锚索上经常有向下的拉力)将平台与事先固定在海底的锚桩拉紧，平衡一部分浮力，并使平台较好地固定在海面上。如图 3－7 所示，这种非刚性的连接，不仅可减小平台的摇摆和倾斜，而且由海底地震引起的海床运动，也在到达平台之前被大大减弱了。这种平台在竖直方向上是刚性的，在水平方向是柔性的，故可以将钻井设施安装在甲板上，将套管油管从隔水管中下入就可以进行钻井作业。

2. 张力腿式钻井平台构成

张力腿式钻井平台主要由平台本体(上平台、立柱、下平台)、张力筋腱、锚固基础构成。

平台的浮力由立柱和位于水面以下的下体浮箱提供。浮箱首尾与各立柱相接，形成环状结构。由于位于水面以下较深处，因此，浮箱受表面波浪力的影响较小。张力腿与立柱的数量关系一般是一一对应的。每条张力腿由 2 ~4 根张力筋腱组成，上端固定在平台本体上，下端与海底基座模板相连，或是直接连接在桩基顶端，如图 3 －8 所示。

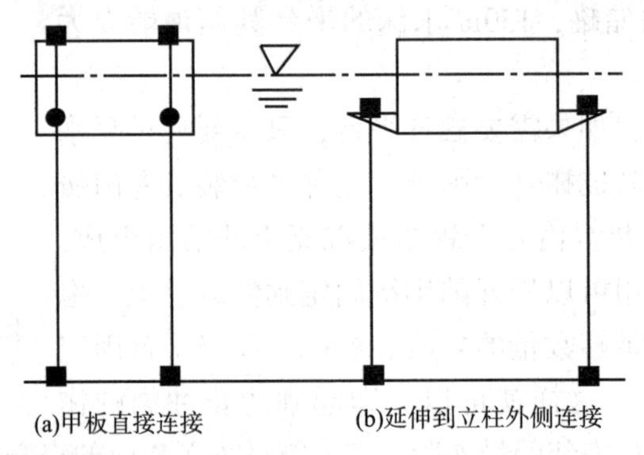
(a)甲板直接连接　(b)延伸到立柱外侧连接

图 3 －8　张力筋腱与主体连接方式

张力筋腱由等直径的钢管构成，直径较大，壁厚较薄。早期的张力筋腱通过角柱在水平面上和甲板锚固，造价相对比较昂贵，安装也比较困难，后来发展成张力腿设计在立柱外侧锚固。但是，随着水深的增加和张力筋腱长度的增加，出现了张力筋腱重力过大的问题，改变了受力状况，影响了平台的定位性能。

张力腿锚固基础指的是将张力腿固定在海底的基础系统。锚固基础可以有多方面的选择，包括桩基础、重力式基础(含吸力锚)、浅基础等，也可以是上述各种基础形式的组合。

(1)桩基础

平台承受的载荷是通过桩基础来传递到地基。载荷传递的方式有很多。张力腿可以和桩基直接相连来传递载荷，也可以通过基盘间接和桩基础连接传递载荷，如图 3 －9 所示。

(2)重力式基础

重力式基础主要依靠其自身重力抵抗在使用时所遇到的环境荷载(风、浪、流、冰等)。基础最初灌入是在自重作用下产生的，然后通过吸出裙舱内的水形成舱内负压实现进一步灌入，最终达到设计深度。混凝土基础基座上部中央和张力腿相连。由于海底并非是一个平面，所以在基础的灌入过程中通过调整对应的舱内负压来控制各基座的灌入深度，为张力腿提供一个水平面，如图 3 －10 所示。

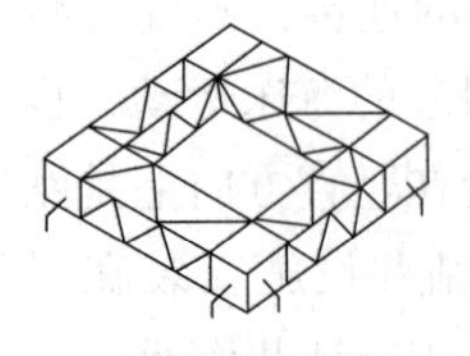
(a)整体式桩基础

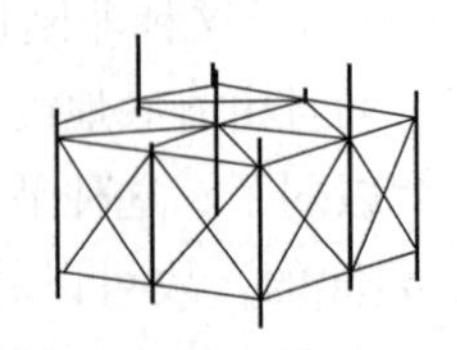
(b)独立式桩基础

图 3 －9　桩基础

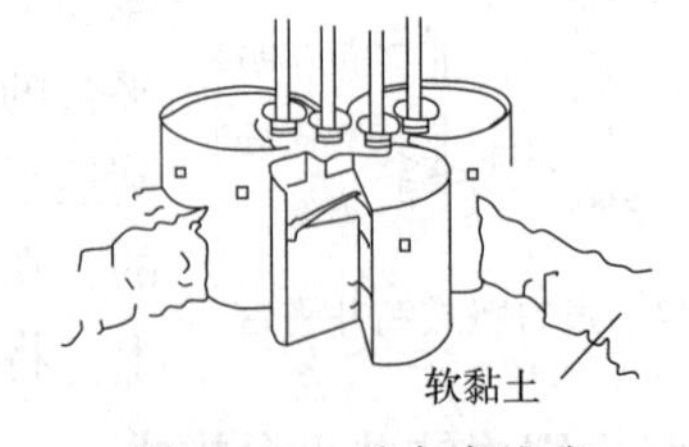

图 3 －10　重力式基础

张力腿式钻井平台相对地固定在海底，可以保持在深水中的平稳性，即使在大风浪冲击下也能保持一定的稳定性，适用于深海钻井。另外，由于张力筋腱代替大量钢材，降低了成本，同时增加了平台的可以移运性和抗震性。但是，水深过大会增加张力筋腱的自重，从而影响平台的性能。

3.2.4　绷绳塔式钻井平台

绷绳塔式钻井平台(Guyed Tower Drilling Platform)使用在较深海域，它不需要有深入海底的桩基来抵抗海上复合载荷的作用，而是依靠各方向对称的绷绳张力。绷绳张力使塔架适应海浪的轻微摆动，能随波浪力的响应稍微移动，其系泊系统能对塔架提供足够的复原力，使它始终保持垂直状态，如图3－11所示。设计时允许塔的倾斜度在2°以内，而不致影响钻井和采油的操作。这种平台结构与钢结构相比，可以大幅节约钢材。由于这种平台构件尺寸小，故所受风浪作用力也比较小，结构较简单，造价较低廉，是一种理想的深水平台。它的应用水深范围在200～650m。

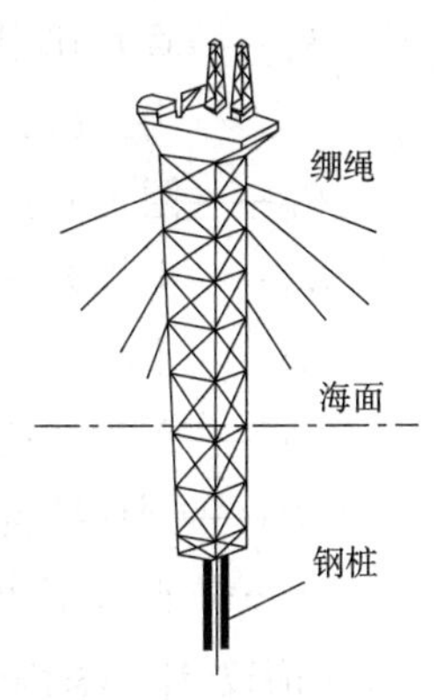

图3－11　绷绳塔式钻井平台

3.2.5　固定式海洋钻井平台的载荷计算

固定式海洋钻井平台或其他结构物主要受到风、浪、流等外力作用。

1. 海洋固定结构物受风力作用

固定式海洋钻井平台或其他结构物所受风力作用表达式为

$$F_w = 0.0473V^2C_sA \tag{3-1}$$

式中　F_w——海洋固定结构物所受风力，N；

A——结构物所受风力的投影面积，m^2；

V——风速，m/h；

C_s——形状系数，按表3－1选择。

表3－1　风垂直作用于结构物投影面积的形状系数

结构物类别/形状	C_s
梁	1.5
建筑物侧面	1.5
圆形截面	0.5
平台总投影面积	1.0

2. 海洋固定结构物受波浪力作用

固定式海洋钻井平台的结构件多为圆柱体。圆柱体上受到的波浪力为阻力和惯性力之和。阻力大小与流体的动能有关；惯性力大小与流体的加速度有关。根据莫里森(Morison)方程，波浪力的计算公式为

$$F_P = F_D + F_I = C_D(w/2g)DU|U| + C_M(w/g)(\pi/4)D^2(dU/dt) \tag{3-2}$$

式中　F_P——垂直作用于结构物轴线单位长度的水动力，N/m；

F_D——垂直作用于结构物轴线，并在结构物轴线和速度 U 平面内单位长度的阻力，N/m；

F_I——垂直作用于结构物轴线，并在结构物轴线和 dU/dt 平面内单位长度的惯性力，N/m；

C_D——阻力系数，在0.6～1.2中选取；

C_M——惯性系数，在1.3～2.0中选取；

w——水的重度，N/m^3；

g——重力加速度，m/s^2；

D——圆柱结构物直径，m；

U——垂直结构物轴线水的速度(由波浪或海流产生的)，m/s。

3. 海洋固定结构物受海流力作用

只考虑海流单独作用(即没有波浪力)于固定结构物时的海流力为

$$F_c = C_s(w/2g)AV_c^2 \quad (3-3)$$

式中 F_c——海流单独作用(即没有波浪力)于结构物时的海流力，N；

C_s——海流垂直作用于水下结构物的形状系数；

w——水的重度，N/m^3；

g——重力加速度，m/s^2；

A——水中海流作用于结构物的投影面积，m^2；

V_c——海流流速，m/s。

固定式海洋钻井平台或其他结构物在服役期间所承受的主要载荷根据所处海域自然环境不同，可以某种单一作用力为主进行计算，也可以按风、浪、流等多种作用力的适当叠加进行计算。

3.3 移动式海洋钻井平台

移动式海洋钻井平台，在作业完成后，可拖航或自航到其他地点。包括坐底式钻井平台、自升式钻井平台、半潜式钻井平台以及浮式钻井船。移动式钻井平台可按生产要求移动，特别适用于钻勘探井或丛式生产井，具有在几十年一遇的恶劣环境条件下生存的能力。

3.3.1 坐底式钻井平台

坐底式钻井平台(Bottom Supported Platform)又叫作钻驳或插桩钻驳，这是一种具有沉垫浮箱的移动式平台。坐底式钻井平台由沉垫(浮箱)、工作平台、主柱(中间支撑)三部分组成，如图3－12所示。

坐底式钻井平台工作时，先由拖轮将其拖至井位，然后灌水下沉，沉垫坐底后，打好抗滑桩，就可开始钻井作业。由于坐底式平台甲板高度固定，其工作水深较浅(一般为30m以下)，因而适宜在极浅海区钻探井。

坐底式钻井平台有沉垫坐在海底，只要海底土壤密实、平坦无严重冲刷，是比较稳定的，另外平台上设有抗滑桩，可提高平台的坐底稳定性。

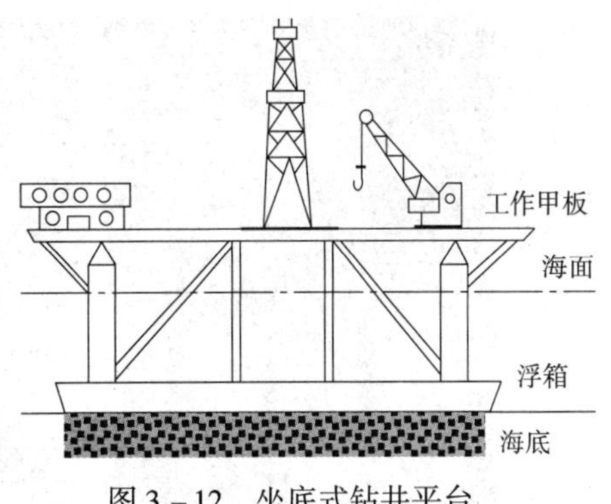

图3－12　坐底式钻井平台

1. 沉垫

沉垫是一个浮箱结构，有很多各自独立的舱室。每个舱室都装有供水泵和排水泵。沉垫用充水排气及排水充气来实现平台的升降，这样就可以按工作需要来实现固定和移动两大功能的切换。就位时，向沉垫中注水，平台就慢慢下降，控制各舱室的供水量可保持平台的平衡。比如：钻井时，向浮箱中注水，就可固定于海底；完井后，需要移动到其他地方进行钻井时，沉垫排水充气，平台升起，以便拖航。

2. 工作平台

工作平台靠管柱支撑在沉垫(浮箱)上，通过尾部开口借助悬臂结构钻井。它用于安置钻井设备和生活舱室，提供作业场所以及工作人员的生活场所。

3. 立柱

立柱用于支撑平台，连接平台与沉垫。支柱的高度可以适时调节，以便适应变化的水深。若在支柱上增加浮筒，可显著提高稳定性，而且升降速度也大大提高。

坐底式钻井平台的优点是能提供稳定的钻井场地，移动性能好；而且改装后可作为采油平台、储油平台、生活与动力平台等。

这种平台的缺点是上层平台高度固定，不能调节，工作水深有限；拖航时阻力大；当海底冲刷严重时，钻井易移位，需要采取防滑移、防冲刷及防淘空等措施。

我国现有自行设计建造的“胜利二号”“胜利三号”和从国外购进、国内改装的“胜利四号”等坐底式钻井平台已用于海上作业。

3.3.2　自升式钻井平台

1. 自升式钻井平台总体构成

自升式平台(Jac－kup Platform)是一种由驳船形船体(上层平台)和数根能够升降的桩腿(带沉垫或不带沉垫)组成的移动式平台。

自升式钻井平台，又称为桩脚式钻井平台，是目前国内外应用最为广泛的钻井平台，一般分为独立桩腿式和沉垫支撑式自升式钻井平台，如图3－13所示。自升式钻井平台是一种具有自行升降桩腿，并将桩腿插入海底而稳定地坐于海底的平台。自升式钻井平台工作时，先由拖轮拖至井位，抛锚定位，通过桩腿升降装置(机构)将桩腿插入海底，进行预压后，再用升降装置把船体上升到海面以上一定高度，便可钻井。完成一个井位的钻井作业后，船体降至海面，拔起桩腿，将其升至拖航位置，整个装置浮在海面上，整座平台便可用拖轮拖到新井位。为适应不同的工作水深，需由升降装置完成升降船和升降桩的工作。在作业时，应保持平台位置稳定；拖航时要特别注意桩腿位置的固定。

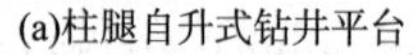

(a)柱腿自升式钻井平台

(b)桁架腿自升式钻井平台

(c)沉垫支撑自升式钻井平台

图 3－13　自升式钻井平台示意图

自升式钻井平台主要用于打探井，也可用于钻生产井和作为早期生产中的钻采平台，而且可进行修井作业。世界各国正在使用中的自升式平台约占移动式钻井装置总数的60%以上。我国海上钻井作业大多数也是使用自升式平台，如："渤海四号""渤海五号""渤海七号""渤海八号""渤海十号""南海三号""南海四号""勘探二号""胜利六号"等自升式钻井平台。其中"渤海五号""渤海七号"是我国自行设计建造的自升式钻井平台。

自升式钻井平台一般由桩腿、工作平台和升降机构三部分组成。

(1)桩腿

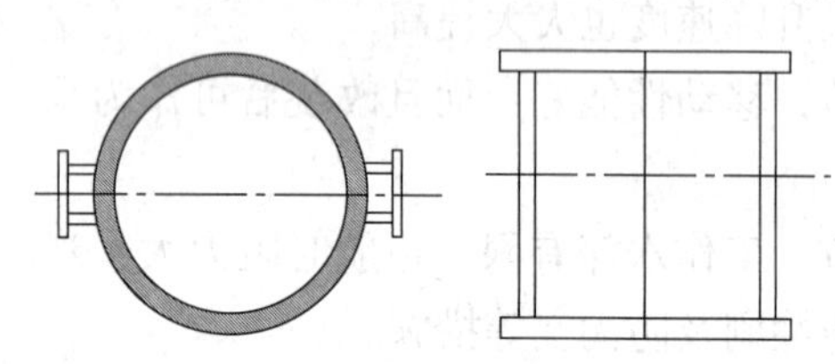

图 3－14　水密箱式桩腿断面图

桩腿可分为水密箱式(包括圆柱形和方形)和桁架式。水密箱式桩腿如图 3－14 所示，造价便宜，可靠性高，但刚性比较差，不适应大型自升式平台。桁架式桩腿的桁架结构刚性较大，但它会引起更大的波浪载荷，拉筋也更多，造价较高。因此，在风力载荷大、水域深、波浪小、流速较低的工况下采用桁架式桩腿比较好。

一般作业水深 50m 以内采用水密箱式桩腿，个别也达到作业水深约 70m；作业水深超过 70m 大都采用桁架式桩腿。

早期的自升式钻井平台桩腿数目有三、四、五、六、十二、十四、十八等几种。这主要是桩腿材料的强度低和升降装置容量小的原因，其结果是升降装置套数多，升降作业复杂，受风、浪等力大，拖航时重心提高等。随着高强度合金钢的采用和升降装置容量加大，至今，六桩腿以上的自升式平台已被淘汰，而广泛采用三腿式和四腿式。

(2)工作平台

工作平台本身是一个驳船甲板，用以安放钻井设备，并为工作人员提供工作和休息的场所。工作平台的形状有三角形、四边形、五角形等多种形状；搬迁时，靠它的浮力使平台浮在水面上。

(3)升降装置

升降装置系统包括动力系统、船体升降机械、桩腿的升降结构和固桩结构。升降装置目前常用的有气动、液压和电动齿轮齿条 3 种传动方式。通常桁架桩腿采用电动齿轮齿条传动方式，圆形或方形管柱桩腿采用气动或液压方式。

2. 自升式钻井平台桩腿升降装置

对于自升式钻井平台，升降装置的好坏直接影响到平台的成功与失败。升降装置的作用有两个：其一是在载荷很高的情况下，完成桩腿和船体之间的相对运动；其二是在工作状态时保持船体的固定位置。

升降装置的形式主要有销孔型、齿轮齿条型和齿爪型三种，它们各有其不同的特点。

(1)销孔型

销孔型升降装置适用于水密箱式桩腿，一般应用于小型的自升式平台中。

(2)齿轮齿条型

齿轮齿条型升降装置被广泛地采用，主要是它们的操作性能良好，并有平稳连续运动的能力，且操控灵活。只要加大装置的动力，升降的速度就能提高。常用齿轮齿条型升降装置的传动原理如图3-15所示。

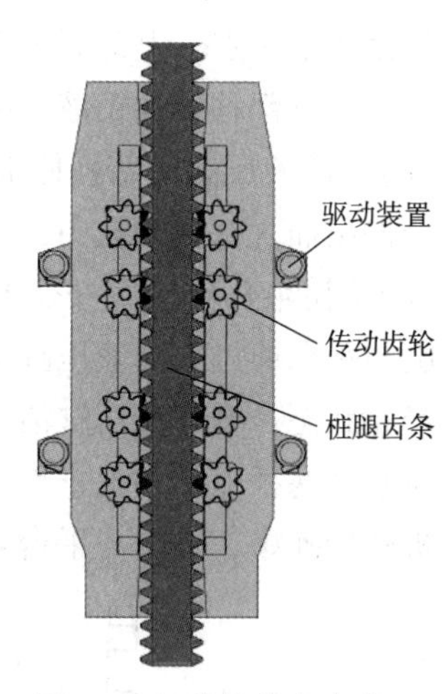

图3-15 齿轮齿条自升系统传动原理图

这种齿轮齿条型升降装置系统可使每个支柱在控制速度为28m/h的条件下升降。提升系统是由电动机、主齿轮箱以及与主柱的齿条上的齿相啮合的二挡减速齿轮和小齿轮组成，具有可靠的防止破坏的能力。但这种形式的传动机构体积大，占用甲板面积大，而且，当动作停止时，必须啮合刹车来支撑住整个桩腿重力。全部载荷由几个齿轮来分担。这就要求任何一个齿轮都不会由于载荷分配的不均匀，在相应桩腿的齿条上产生超载荷。在刹车状态下，齿轮始终处于受力状态，而且要求配合公差极小，因此，制造困难，材料强度要求高。

(3)齿爪型

齿爪型升降装置不是采用旋转方式驱动的，而是通过液压实现直线驱动。它的升降动作是不连续的，而且升降速度比较慢，但装置体积小，传动效率高，控制较灵活，对桩腿的制造公差要求较低。

由于深水平台要求升降速度快，并且平台重量比较大，升降装置的负荷较大，而液压阀件目前又难满足要求。鉴于这两方面原因，作业水深在40~50m以上时，基本上都采用齿轮齿条式升降装置。

自升式钻井平台优点是可以使用固定平台，钻井工艺与陆地相似，钻井时平台固定，所以不需要张力器、升沉补偿器来补偿调节垂直方向的距离；不需要调平装置，可移性较大，灵活性强，造价低，维修方便。

自升式钻井平台的缺点是拖航较困难，在拖航时抵御风暴袭击的能力差，平台定位或离位时操作复杂，且对波浪很敏感；由于带沉垫的自升式平台受海底水流冲刷，会使基础破坏，容易造成少量的滑移；当工作水深加大时，桩腿的长度、截面尺寸、质量均迅速增大，同时使平台在拖航状态和工作状态的稳定性变差，因而不适于在水深大的海区工作(一般工作水深在120m以下)；大型自升式平台的桩腿还可能存在振动问题。

3. 液压驱动插销式桩腿升降系统

(1)自升式平台液压驱动桩腿升降系统组成

自升式平台液压驱动桩腿升降系统主要由桩腿升降液压缸、上部固定插销液压缸、下部移动插销液压缸、上部环梁、下部环梁、桩腿销孔等结构组成。

(2)自升式平台桩腿升降工作原理

自升式平台插桩腿操作过程如图 3－16 所示。按图示，假设平台浮在海中，操作步骤说明如下：(a)升降液压缸活塞杆缩回到上止点，上部固定插销液压缸与下部移动插销液压缸的锁销全伸出插入桩腿销孔中，桩腿与平台处于相对静止状态；(b)升降液压缸活塞杆处于上止点，上部固定插销液压缸锁销缩回从桩腿销孔中拔出，桩腿与平台通过升降液压缸与下部移动插销液压缸的锁销连接在一起，可由升降液压缸驱动带动桩腿向下移动；(c)升降液压缸活塞杆伸出到下止点，上部固定插销液压缸与下部移动插销液压缸的锁销全伸出插入桩腿销孔中，桩腿与平台处于相对静止状态，此时，桩腿下移一个工作行程；(d)升降液压缸活塞杆处于下止点，下部移动插销液压缸锁销缩回从桩腿销孔中拔出，桩腿与平台通过升降液压缸与上部固定插销液压缸的锁销连接在一起，平台与桩腿处于相对静止状态；升降液压缸活塞杆可以缩回带动下部移动插销液压缸回到上止点；(e)升降液压缸活塞杆缩回到上止点，上部固定插销液压缸与下部移动插销液压缸的锁销全伸出插入桩腿销孔中，桩腿与平台处于相对静止状态，准备开始下一个工作循环。

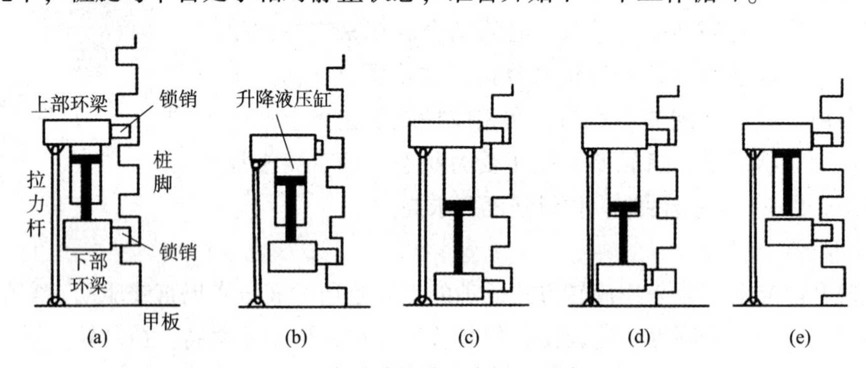

图 3－16　自升式钻井平台桩腿升降示意图

3.3.3　半潜式钻井平台

图 3－17　半潜式钻井平台

1. 半潜式钻井平台功能

半潜式钻井平台(Semi submersible Platform)是根据坐底式钻井平台发展演化而来的，平台示意图如图 3－17 所示，工作原理与坐底式钻井平台相似。在半潜式钻井平台自航或拖航到井位时，先锚泊定位，然后向下船体和立柱内灌水，待平台下沉到一定设计深度呈半潜状态后，就可进行钻井作业准备。钻井时，由于平台在风浪作用下产生升沉、摇摆、飘移等运动，影响钻井作业，因此，半潜式钻井平台在钻井作业前需要先下水下器具，并采用升沉补偿装置、减摇设施和动力定位系统等多种措施来保持平台在海面上的位置，方可进行钻井作业。

半潜式钻井平台主要用于钻勘探井，也可以钻生产井，并且可作生产平台用于油田的早期开发。在钻探出石油之后，即可迅速转入采油，此时半潜式钻井平台可作为浮式生产系统的主体。

2. 半潜式钻井平台构成

半潜式钻井平台主要由上部平台、下浮体(沉垫浮箱)、中部立柱、锚泊系统四部分组成。上部平台提供作业场地以及生产和生活设施；立柱连接上部平台和下船体，提供浮力，保证平台的浮性和稳性，立柱间由撑杆结构互相连接；下船体(浮箱)能提供浮力，内设压载水舱，控制平台的升降。锚泊系统的作用是使钻井装置保持在井位上。普通锚系一般由辐射状的八只锚组成，在用八锚系锚泊定位时，钻井平台要受到侧向风力和波浪力的作用，平台首尾会发生摆动，这样整个锚泊系统就会发生偏扭。因此，在转台的下方设一个可转的环，把锚泊上的索锭末端都系到这个转环上。由于转台与转环之间可发生相对转动，因此在钻井平台因风浪方向发生改变时，它也能随之改变方向，即相对转环做转动，而整个锚泊定位系统并不发生偏扭，这种措施被称为中心锚泊定位系统。

半潜式钻井平台的类型繁多，一般按它潜水部分的形式和船体形状来分。

(1)孤立沉垫式

每根立柱下部带一个沉垫(桩靴)，其形状可以为圆柱体、椭圆柱体、菱形和船形等。立柱根数为三、四或五根，这些立柱中心在一个圆周线上，相互间隔基本相同，如图 3－18 所示。

(2)连续下船身式

半潜式下部潜体为若干个平行的瘦长船身，每一船身上连接两根立柱。下船身、立柱的组合体成左右、前后各方向对称。经过优化设计，基本定型为两个下船身，每一船身各连接二根或四根立柱，如图 3－19 所示。

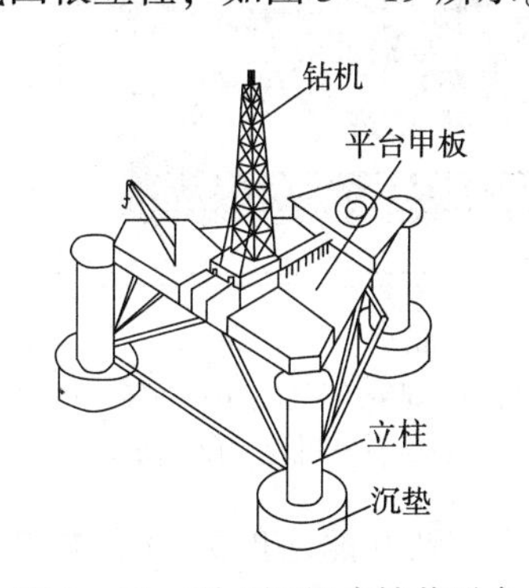

图 3－18　孤立沉垫式钻井平台

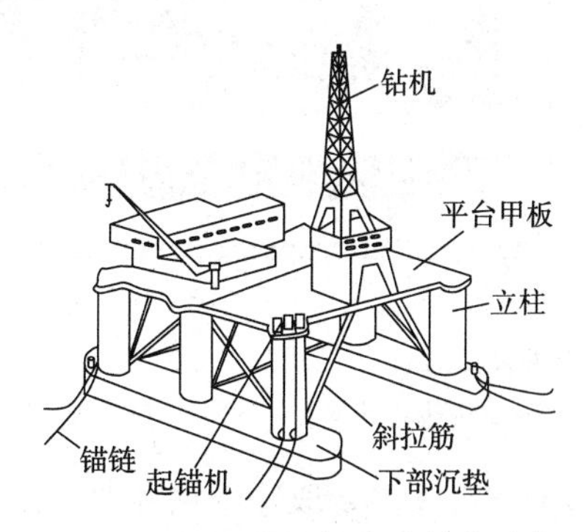

图 3－19　连续下船身式钻井平台

3. 半潜式钻井平台特点

半潜式钻井平台的主要优点是：工作时吃水深，用锚泊定位稳定性好，能适应恶劣的海况条件；工作水深范围大，用锚泊定位时，工作水深在 200～300m；甲板面积大，有利于钻井作业，移运灵活，移动性能好。

这种平台的缺点是：平台水下器具比较复杂；平台对于负荷敏感，承载能力有限；造价较高(与自升式平台比)，维修贵。

由于半潜式钻井平台既能满足水深多变的要求，又能解决稳定性及移运问题，因此，它比其他平台更有发展前景。尤其从海洋石油开发向更深、海况更恶劣的海区发展来看，建造半潜式平台应是主要的发展方向。我国现有自行设计建造的“勘探三号”“海洋石油981”“中海油服兴旺号”和从国外购进的“南海二号”“南海五号”“南海六号”等半潜式钻井平台正用于海上作业。

3.3.4 钻井船

1. 钻井船功能

钻井船(Drilling Vessel)，如图3－20所示，是利用普通船型的单体船、双体船、三体船或驳船的船体作为钻井工作平台的一种海上移动式钻井装置。钻井作业时，船体呈漂浮状态，适宜于深水区域作业。钻井船可以通过改装的普通轮船或专门设计的船体作为工作平台，其船体可以是一个或两个，前者必须在海底完井，否则船移运时会撞坏井口装置，后者可在海面完井。钻井船按其航行方式可以分为自航和拖航两类。自航者称为钻井船，拖航者称为钻井驳船。钻井船适宜在深水中钻勘探井，也可用于钻生产井和作为浮式生产系统中的主体。

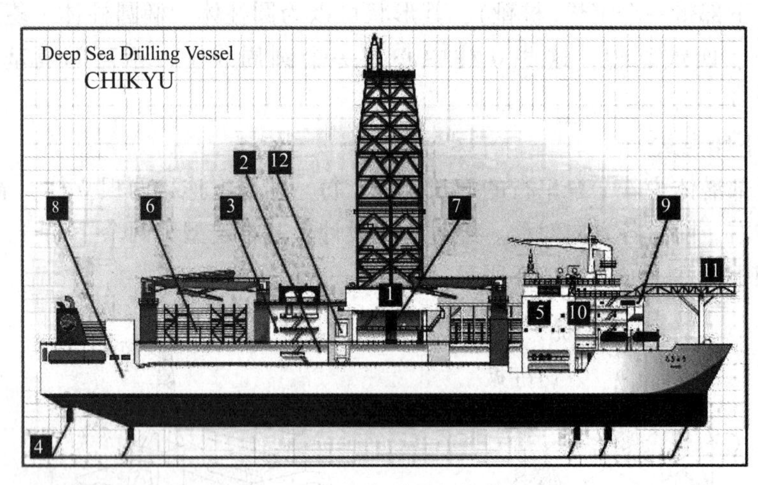

图3－20　日本世界级钻井船

1—自动钻井设备；2、3—泥浆循环系统；4—动力定位系统；5—研究实验室；6—钻杆；7—张紧器；8—发电机组以及配电室；9—控制室；10—生活区；11—直升机坪；12—防喷器

钻井船的工作水深主要取决于钻井船的定位方法，钻井船一般采用锚泊定位，但现在已经开始逐步采用动力定位。用锚泊定位，工作水深在200～300m；采用动力定位，工作水深可达6000m。

浮式钻井船到达井位后要定位，定位设备使钻井船保持在一定的位置内。钻井时特别是在风浪作用下，浮式钻井船船身产生上下升沉及前后、左右摆动，因此，在钻井船上，应合理布置机械设备，增设升沉补偿装置、减摇设施、自动动力定位设备等来保持船体定位。

2. 钻井船构成

浮式钻井船一般由船体、锚泊系统和自航系统组成。

(1)船体

船体相当于平台的工作平台，用以安装钻井和航行动力设备，为工作人员提供工作和生活场所。船体主要用钢材制成，也有用钢筋混凝土制成的。后者节约金属且耐腐蚀，但要用预应力钢筋混凝土，以保证其强度、抗冲击及抗震能力。

(2)锚泊系统

锚泊系统用于给平台定位，通过锚和锚链来控制平台的水平位置，把它限制在一定的范围内，以满足钻井工作的要求。

(3)自航系统

自航系统是浮式钻井船区别于其他钻井船的特点，其他钻井平台的搬迁要依靠拖轮，而浮式钻井船具有自航能力，所以其运移性能最好。

3. 钻井船特点

浮式钻井船的优点是机动性好，调速灵活，移运迅速，而且船速较快，停泊较简单，适应水深范围大，特别适应深水作业；水线面积较大，船上可变载荷大，船上装载物资器材的变化对钻井船的吃水影响比较小；存储能力大，海上自持能力强。此外，钻井船还可以利用旧船改造，节省投资和降低成本。

浮式钻井船缺点是受风浪影响较大，对波浪运动敏感，稳定性差，只适宜在海况比较平稳的海区进行钻井作业，作业海况限制了钻井的作业效率。

总而言之，由于浮式钻井船具有自航能力，机动灵活，能够在深水中钻井，正适应钻井深水化的大格局，因而钻井船仍然是海上移动式钻井装置中不可缺少的重要类型。移动式钻井装置的性能数据如表3－2所示。

表3－2 移动式钻井装置的性能数据表

种类 性能指标			着底式		漂浮式	
			坐底式	自升式	半潜式	钻井船
用途			勘探、开采	勘探、开采、修井	勘探、开采、修井	勘探、开采
工作水深/m			5～30	10～100	30～3000	30～6000
钻井能力/m			1500以上	1500以上	1500以上	1500以上
海底土质的限制条件			①黏土、沙质黏土 ②海底坡度较小	根据海底土质状况改变接地部分形式	适用于各种海底，如用锚泊定位，应注意锚的抓力	适用于各种海底，如用锚泊定位，应注意锚的抓力
海底限制条件	正常	风速/$(m \cdot s^{-1})$	20	20	20	10
		潮流/kn	4	4	4	3
		波高/m	约7	约7	约7	约3
	极限	风速/$(m \cdot s^{-1})$	60	60	60	60
		潮流/kn	4	4	4	4
		波高/m	约10	约15	15以上	约10

续表

性能指标＼种类		着底式		漂浮式	
		坐底式	自升式	半潜式	钻井船
风浪中运动的情况	接地时	运动小，无问题	运动小，无问题	运动小，无问题	—
	漂浮时	相当大	相当大	小	小
移动性能	拖航阻力	相当大	相当大	相当大	小
	波浪中强度	易出问题	大腿振动	若增加吃水无问题	强度无问题
船体定位方法		锚泊、压载舱	桩腿、压载沉垫	动力定位、锚泊、压载舱	动力定位、锚泊
储藏能力/t		约 3000	800 ~ 1500	4000 以上	2000 以上
备注		—	—	—	动力定位已可钻井 5000m，进行取芯

3.3.5 移动式海洋钻井平台的载荷计算

移动式海洋钻井平台以半潜式平台为主，主要受到风、浪、流等外力作用。

1. 海洋水面结构物受风力作用

海洋水面结构物受风力作用参照美国船级社（The American Bureau of Shipping，简称“ABS”）公布的计算方法为

$$F_w = 0.00338 A V_k^2 C_h C_s \tag{3-4}$$

式中 F_w——海洋水面结构物所受风力，lbf；

A——海洋水面结构物所受风力的投影面积，ft²；

V_k——风速，kt；

$$V_k = 0.6 V_a + 0.4 V_g \tag{3-5}$$

V_a——平均风速，kt；

V_g——最大阵风风速，kt；

C_h——高度系数，由表 3-3 确定；

C_s——形状系数，按表 3-4 选择。

表 3-3 ABS 计算风力的高度系数

从设计水面至受风面积的垂直高度/(m/ft)	C_h
0 ~ 15.2/0 ~ 50	1.0
15.2 ~ 30.5/50 ~ 100	1.1
30.5 ~ 45.7/100 ~ 150	1.2
45.7 ~ 61.0/150 ~ 200	1.3
61.0 ~ 76.2/200 ~ 250	1.4

表3-4 ABS计算风力的形状系数

形状	C_s
圆柱形	0.5
船壳(水面船舰形)	1.0
甲板上的居住舱	1.0
孤立结构物(如吊机、观察台、桅杆等)	1.5
上甲板平滑的表面	1.0
上甲板裸露的梁、柱、横斜拉筋	1.3
钻井井架各表面	1.25

2. 海洋结构物受波浪力作用

海浪作用力随着平台船体与波浪的作用方向不同，有不同的计算公式。处于300m以上水深的浮船型船，ABS推荐了船艏受浪和船横向受浪的计算表达式。

船艏受浪，当 $T \geqslant 0.332L^{0.5}$ 时，海浪作用力为

$$F_{sa} = (0.273H^2B^2L)/T^4 \tag{3-6}$$

当 $T < 0.332L^{0.5}$ 时

$$F_{sa} = (0.273H^2B^2L)/(0.664L^{0.5} - T)^4 \tag{3-7}$$

船横向受浪，当 $T \geqslant 0.642(B+2D)^{0.5}$ 时，海浪作用力为

$$F_{sb} = (2.10H^2B^2L)/T^4 \tag{3-8}$$

当 $T < 0.642(B+2D)^{0.5}$ 时，海浪作用力为

$$F_{sb} = (2.10H^2B^2L)/[1.28(B+2D)^{0.5} - T]^4 \tag{3-9}$$

式中 F_{sa}——船艏受浪的海洋作用力，lbf；

F_{sb}——船横向受浪的海洋作用力，lbf；

T——波浪周期，s；

H——有效浪高，ft；

L——船长，ft；

B——船横向宽，ft；

D——船吃水深度，ft。

3. 海洋结构物受海流力计算

作用于浮动式平台的海流力是作用在船体、立管、锚绳上的海流力之和，即

$$F_c = F_v + F_r + F_m \tag{3-10}$$

式中 F_c——海流总作用力，lbf；

F_v——海流作用于船体上的力，lbf；

F_r——海流作用于立管(隔水管)上的力，lbf；

F_m——海流作用于锚绳(缆、链)上的力，lbf。

海流作用力随着平台船体类型、与海流的作用方向不同，可以分为四种情况，对应了不同的计算公式。

(1)对于浮船型船体

船横向受流时，作用于船体的海流力为

$$F_{vb}=0.30AV_c^2 \tag{3-11}$$

船艏向受流时，作用于船体的海流力为

$$F_{va}=0.016AV_c^2 \tag{3-12}$$

式中 F_{va}——船横向受流时作用于船体的海流力，lbf；

F_{vb}——船艏向受流时作用于船体的海流力，lbf；

A——船浸入水的表面投影面积，ft^2；

V_c——海流速度，kt。

(2)对于半潜式平台

船横向或艏向受流时，作用于船体的海流力为

$$F_v=(2.4A_c+5.7A_f)V_c^2 \tag{3-13}$$

式中 F_v——作用于半潜式船体的海流力，lbf；

A_c——水线以下圆形或矩形立柱的总投影面积，ft^2；

A_f——水线以下其余的总投影面积，ft^2。

(3)海流作用于锚绳(缆、链)上的力

海流作用于锚绳(缆、链)上的力为

$$F_m=1.4A_wV_c^2 \tag{3-14}$$

式中 F_m——海流作用于锚绳(缆、链)上的力，lbf；

A_w——锚绳(缆、链)的总投影面积，ft^2。

(4)海流作用于立管(隔水管)上的力

海流作用于立管(隔水管)上的力为

$$F_r=0.01AV_c^2 \tag{3-15}$$

式中 F_r——海流作用于立管(隔水管)上的力，lbf；

A——立管暴露于水中的面积，ft^2。

4. 海洋水面结构物受风、浪、流的总力

假设在最坏环境条件，风、浪、流在同一个方向叠加时，移动式海洋平台所受载荷可分为两种情况进行计算。

(1)半潜式平台受风、浪、流的总力

对于半潜式平台受风、浪、流的总力，计算表达式为

$$F_S=F_w+F_{sb}+F_v+F_m+F_r \tag{3-16}$$

式中 F_S——半潜式平台受风、浪、流的总力，lbf。

(2)钻井或采油浮船受风、浪、流的总力

对于钻井或采油浮船受风、浪、流的总力，计算表达式为

$$F_F=F_w+F_{sb}+F_{vb}+F_m+F_r \tag{3-17}$$

式中 F_F——对于钻井或采油浮船受风、浪、流的总力，lbf。

3.4　海洋钻井平台的总体布置

3.4.1　海洋钻井平台总体布置的内容

海洋钻井平台的总体布置是解决工艺布置与结构布置的总体问题。海洋钻井平台作为海上钻井的场地，所安装的各种机械设备和堆放的器材物资，不能像陆地井场那样比较随意地改换位置。每座平台在设计和建造时，是按一定的工艺设施分布条件来确定平台各部分的结构形式和尺寸的。改变平台的工艺布置，对平台的强度和稳性都会产生不同程度的影响，所以平台在设计和建造时，是按工艺要求选定设备，并根据这些设备在平台上的布置位置，确定平台的结构尺寸。通常，为了使工艺设备的分布和平台结构之间配置合理，需经过反复研究比较才能相应地确定平台的结构形式、轮廓尺寸以及构件的大小和材料。

对已经建成使用的平台，如要变更它的设备或设备位置，必须首先考虑平台的结构强度和稳性是否允许。

通常在钻井平台的总体布置中，要选择确定的主要设施有以下几个方面。

(1)钻井机械设备，包括井架、绞车、转盘、泥浆泵、制浆设备、泥浆净化设备，固井泵、气动下灰装置等固井设备和空压机等。

(2)动力设备，包括柴油机、发电机、电动机、晶闸管整流装置等钻井用动力设备和航行、动力定位、桩腿升降等专用动力设备，锚泊、起重等辅助动力设备及应急发电机组等。

(3)器材物资，包括钻头、钻杆、钻铤、方钻杆等钻具，套管、重晶石、泥浆、化学处理剂、水泥、燃油、润滑油及生活给养物资等。

(4)测井、试油设备，包括测井仪、测斜仪、综合录井仪等测井设备和分离器、加热器、试油罐、燃烧器等成套试油设备。

(5)起重设备、锚泊和靠船设施，包括起重机和锚机、锚缆、大抓力锚等锚泊设备及护舷材等靠船设施。

(6)安全消防和防污染设施，包括耐火救生艇或救生球、工作艇、救生圈、救生衣等救生设施和水灭火系统、化学灭火系统以及废油、污水、废气的回收处理装置。

(7)供水、供电、供气设备，包括锅炉房、水泵房、海水淡化装置、配电室、空调设备、通风设备等。

(8)通信联络设备和直升机降落台，包括电报、电话、广播等各种对内对外通信联络设备、无线电导航定位系统和直升机平台。

(9)各种工作用房和生活设施，主要有钻井值班房、泥浆化验室、库房、机修间、医务室、厨房、餐厅、食品库、娱乐室、更衣室、浴室、厕所、居住生活舱室等设施。

(10)其他特殊设施，如坐底式平台的抗滑桩设施、防吸附设施、防冲刷和防淘空设施；自升式平台的桩腿升降装置、防吸附设施；半潜式平台和钻井船的水下器具、升沉补偿装置、潜水装置和钻杆排放装置等。

3.4.2 海上钻井工艺布置的基本原则

海上钻井工艺布置的基本原则有以下几方面。

(1)保证平台工作时安全可靠

海上钻井工艺设施的布置要适合钻井作业工艺的要求，各组成系统要相对集中，便于操作和维修；配置的设备要能力够大、性能可靠、使用寿命长，能在预定的工作环境条件下可靠工作；平台钻机主要工作机组必须配备应急设备。

(2)适应平台的结构强度和稳性

各种工艺设施工作时的载荷要和平台的承载能力相适应。载荷大的设备应有局部加强结构，而且尽量对称布置，以使平台承载均匀。分层布置时，层数不宜过多，以防止平台稳性降低。

(3)合理利用平台的面积空间

海上平台的面积和空间十分有限，因此要尽可能选用技术先进、体积小、重量轻、功率大、效率高的机械设备，尽量采用先进的工艺程序，提高机械化、自动化程度。所选定的设备，可按照设备功能和工艺流程安装在若干个组合模块中，以便平台的组装和改造。组成模块时要考虑模块的外形尺寸和质量能够满足现有起重船的起吊能力。

(4)必须有完备的安全消防和防污染设施

它包括可燃气体和火灾的探测与报警系统，通风和灭火系统，应急进、出口设施，各种救生器具等。在敞露的甲板上要设栏杆、扶手和安全网，上、下平台要有安全的移乘设备。平台上含油、含化学药剂的物品和各种污油、污水要经处理设备处理后再排放。

(5)要有良好的通信、靠船和直升机起降设施及生活设施

平台上需设置先进的对内对外通信联络设施，安全可靠的靠船设施；生活区要和作业区严格地分隔开，而且要离振动和噪声大的设备远些或有减振隔音的措施；另外还应有直升机起降设施。

(6)满足有关建造规范的要求

要满足《海上移动式钻井船入级与建造规范》中的有关要求，设备的选择和布置要尽量采用国际上通用的规范和标准，以提高平台的竞争力。

3.4.3 海洋钻井平台总体布置的一般程序及形式

1. 总体布置的一般程序

移动式钻井平台的总体布置，大致可以按下面的程序进行：

(1)根据平台建造基地至平台工作海区的海洋水文、气象、地质、地貌等环境条件，初步确定平台能满足浮性、稳性的主尺度；

(2)根据钻井工艺对钻探能力、海上自持能力和驱动方式等要求，选定钻井机械设备和动力设备的型号、数量，确定人员定额、应储备的物资量和应具备的设施种类；

(3)在所给出的平台主尺度范围，确定钻井主要机械设备和动力设备的位置；

(4)按工艺布置的各项基本原则，分别布置其他各项工艺设施、物资储库和生活设施；

(5)按照平台在不同工作状态的需要，确定各部位的工艺载荷；

(6)综合在不同工作状态时平台所承受的各方面载荷，确定平台结构的尺寸及其构件的规格型号。

这样的程序可能要反复几次，才能使平台的工艺设施布置和结构间的配置取得比较合理的结果，并且达到在经济上合理、技术上可行。

一般总体布置包括4个连续的步骤，即确定主要设备的位置和区域，调整各区域的边界，在各区域内安排设备，规定相互间的通道。总体布置时要兼顾各方面的需要，如工艺流程的连续性、辅助设施使用的方便性等。要分清主次，采取措施，尽量使各区域间的相互关系达到最佳状态。对于人员正常上、下通道和紧急情况时的撤离通道，危险区域的分类及安排均应予以重视，这是规范中的重要内容。

2. 月池(船井)及钻机的布置形式

(1)月池的布置形式

在考虑移动式钻井平台的工艺设施布置时，首先要确定月池的位置。月池就是钻井平台的井口槽，也就是布置钻台和井架的位置。月池位置与平台或船体的形状有关系，主要有两种布置形式。

①月池布置在尾端部。为了便于安装水上井口设备和退场，坐底式钻井平台和自升式钻井平台通常是在浮体的尾端开一矩形槽，也有的悬臂在平台外侧；还有少数半潜式平台和双体钻井船的月池布置在艉部。这样的月池位置对平台或船体的结构强度影响不会太大，但平台或船体的承载可能不均匀，在钻井及航行时不方便。

②月池布置在中央。半潜式平台和钻井船多数把月池设在中央。这样布置月池的优点是平台及船体的承载比较均匀，风浪条件下工作及航行均有利；缺点是平台及船体的强度减弱，完井后不能直接安装水上井口装置。

(2)钻井设备的布置形式

归纳目前海上钻井平台钻井设备的布置形式主要有以下3种。

①单层统一驱动的布置。这种布置形式是将全套钻机设备都布置在一层甲板上。由于绞车、转盘、泥浆泵组、动力机组都布置在同一层甲板上，故采用统一驱动方案。采用这种布置形式，钻井机械设备、动力设备布置集中，管理比较方便，而且钻机的各工作机组的动力还可互相调剂。由于只用单层结构，所以这种平台建造简单。但是，它要求有较大的甲板面积，而甲板面积的大小影响到平台建造钢材耗量和平台造价。

②双层分组驱动的布置。这种布置形式是将全套钻机设备分别布置在主甲板及下层舱室内，分组驱动。绞车、转盘和它们的动力机组布置在主甲板上，而泥浆泵和它的动力机组布置在下层甲板或下面浮体的舱室内。这样分组驱动，钻井机械设备在主甲板上所占面积小，井场的工作面积相对就大些，便于操作。分组传动的机构简单，平台建造所用钢材相对较少，造价低。泵房与钻台分组驱动的动力不能互相调剂，管理不够方便，平台结构也比较复杂。

③三层分组驱动的布置。全套钻机设备分三层布置，分组驱动。上层主甲板布置井架及钻台的绞车、转盘；中间甲板布置电力控制室及机械控制室、泥浆净化设备和制浆设备等；下层为机械甲板，布置动力机房、泥浆泵房、固井设备等。这样布置只把井场放在主

甲板上，因而钻井工作面积大，使用方便；泵房与机房分别集中管理，操作方便。这种布置的缺点是：由于层数多，平台稳性降低；钻台上的绞车、转盘和泵房、机房分开，管理不便，动力也不能互相调剂；平台结构复杂，造价较高。

确定了钻机设备和动力设备的布置后，其他钻井材料的存放位置，测井设备和试油设备的位置，起重设备和锚泊、靠船设施，直升机平台，以及平台上其他设备、管线和各种公用设施、生活设施的面积和位置，就可按工艺要求分别进行布置。例如，生活居住区设置在平台首部，钻井作业区设置在尾部。这样布置有利于安全，既可满足危险区域分类的划分要求，又可避开噪声。直升机降落平台应布置在生活区上方，这样布置既远离井架，又充分利用生活区楼顶空间。钻杆堆场、套管堆场设在钻台附近，以便能通过钻杆滑道和跳板把钻杆、套管吊上钻台。系泊设施设在平台首尾两端的四个角上。靠船设施一般设置在平台两侧、平行于涨落潮方向。起重机布置在井场附近船舶停靠的一侧，以便吊放器材、物资、设备和人员上、下，满足平台内外的使用要求。

3.4.4 钻井机械设备的布置

通常把井架、绞车、转盘、泥浆泵、固井泵及其附属设备作为钻井机械设备主体。在平台上布置这些设备时主要应考虑：

(1)这些设备的外形尺寸，即本身及附属设备所要占据的空间；

(2)使用面积，即这些设备在操作和维修时所需的工作场地面积；

(3)载荷，即这些设备的自重和运转时的动载荷，以及受外界环境的作用力，如风载荷等。

海洋石油钻机的井架高度一般是40m多，天车台的尺寸大多是2m×2m，也有矩形的。钻台的尺寸至少是9m×9m，大的十几米见方或呈矩形。井架内一般可立放几千米的钻杆，即钻杆盒(立根盒)要承载1~2MN。井架自身的质量有30~80t。井架工作时的最大承载能力或大钩的最大钩载可以达到2~4MN，甚至达到6.5MN以上。井架内装设天车、游车、大钩、水龙头等设备的质量也由井架承受。

海洋钻机井架在不同状态能承受的风载荷是其动力特性之一，在选择井架时也应注意。

井架的各种载荷是通过井架底座作用到平台上。海洋钻机的井架底座为了适应在一个平台上钻多口井和完钻退场时避开井口设备的障碍，常用双层并能前后左右移动的底座。底座的移动采用液压机构，上底座在下底座的滑轨上左右移动，下底座在平台的滑轨上前后移动。上底座的长、宽面积一般比井架底面积大一些，下底座又比上底座大些，上底座高度为1~2m，下底座高度为2~5m。底座除本身几十吨的质量外，井架的各种载荷通过井架腿也作用在底座上。如果绞车的变速联动机构和动力机的底座与井架底座是一体，则它们的载荷也由井架底座承受。

海洋钻机的绞车一般采用直流电机驱动，总功率大约在1500~2200kW之间，功率均较大。钻探能力一般在4000~5000m以上，最深能钻8000~10000m。绞车质量一般是20~40t。

绞车用直流电机驱动，易于调速，传动挡数较少，传动效率较高。通常绞车控制台设在司钻操作室，可同时控制转盘、泵和动力机的工作。绞车制动以手刹车为主，水刹车为辅。绞车滚筒上有螺旋槽，防止钢丝绳错层缠绕。

钻井用的泵包括泥浆泵和固井泵。现代海洋钻井多采用三缸单作用泵，这种泵体积小，约5m×3m×2m，质量约19t，压力高，排量大。泥浆泵的布置，在单层统一驱动时，常和动力设备布置在一起；分组驱动时，则设有泵舱。泵舱内布置泥浆泵组2~3台，还包括造浆池，储浆池及配制泥浆的清水、黏土、加重剂、化学药品的储舱和泥浆管汇。

固井泵也大多用三缸单作用泵，其外形尺寸长6~7m，宽1.2m，与电动机组装后质量为10~20t。固井泵组可以和泥浆泵布置在一起或专设固井泵舱，舱内布置2台固井泵、几百立方米容积的灰罐、气动下灰用的压风机和几百平方米的袋装水泥储存场地。

泥浆净化设备通常布置在钻台下的一侧，包括泥浆振动筛、泥浆罐、搅拌器、除气器、除泥器、除沙器、泥沙泵、泥浆清洁器和离心机等。整个净化系统的外形尺寸约8m×3m×3m，总质量约为10~15t。

井架大门前的场地为钻杆、套管等的堆场，面积约为20m×12m，能排放钻杆及套管等钻具各100~200t。如果平台拖航时也排放钻杆及套管，则在排放架上应有固紧钻杆、套管的安全装置。

3.4.5　动力设备的布置

海洋钻机的动力机组很少用柴油机直接驱动。在钻探上多用柴油机-直流发电机组的驱动方式，即由柴油机驱动直流发电机发出的直流电供给直流电动机，驱动钻机的绞车、转盘和泥浆泵。这一形式称为DC-DC系统。这种动力设备的主机组是2~4组柴油机-直流发电机，供直流电动机用电，分别带动绞车、转盘和泥浆泵。辅机机组则是1或2组柴油机-交流发电机，供平台照明和其他交流电动机的用电。还设有应急发电机组，为蓄电池启动的交流发电机组，供平台应急照明和生活用电。

动力机组的技术规格，要按钻井设备的绞车、转盘和泥浆泵的技术规格选用，使两者的功率相匹配。柴油机、发电机和电动机的转速也要相适应，从而确定动力机组的型号、规格和数量等。

这种具有交、直流两种电源的动力设备，可以满足钻井及平台照明、生活、消防和其他辅助设备等方面的需要，但动力设备的类型规格多，管理不便。在布置动力设备时，除主、辅机组外，还要布置它们各自的配电和控制设备。

也有一些移动式平台采用柴油机-交流发电机机组的动力设备，用所发的交流电驱动交流电动机来带动钻机的绞车、转盘和泥浆泵。这种形式称为AC-AC系统。此形式因交流电动机不可调速，使钻机的工作转速不能随钻井工艺需要进行调节，目前各国均已不采用。可通过晶闸管装置进行整流输出直流电供给直流电动机驱动钻井装置进行钻井，而交流电则供照明及其他交流电设备使用。这一形式称为SCR传动系统(也可称为AC-SCR-DC系统)。

使用晶闸管整流的特点是：对机械运转速度的反应快、无级调速、容易控制、传动效率高、重量轻、维护费用低；但工作时的温度高，交流电源的波形畸变，当用大电流时电功率会降低。国外已生产出用微处理器直接监控的新产品，提高了系统稳定性和可靠性，克服了上述缺点。

采用晶闸管整流的动力机房要布置柴油机－交流发电机组、晶闸管装置、变压器、配电及保护装置。

近年来在海洋石油开发的动力设备中，开始应用燃气轮机－直流发电机机组。这种动力设备和柴油机－发电机机组相比，质量要轻得多，燃气轮机每马力的机重只有1.1kg。燃气轮机的维修周期长、维修费用低、起动快、工作平稳、结构简单、燃料来源广(可以用原油、天然气、废油)等，但热效率低，燃料耗量大。为了充分利用热能，常回收废气的热量供给保温和海水淡化设备运行。另外，燃气轮机的速度高，需要用较复杂的调速、减速以及燃料控制装置。

在钻井平台上用燃气轮机－发电机机组的动力机房一般布置4台燃气轮机，其中3台经二级减速后，各带2台直流发电机，所发直流电供驱动绞车、转盘、泥浆泵的直流电动机使用；一台燃气轮机经二级减速带2台交流发电机，所发交流电供平台照明和其他交流电动机使用。燃气轮机由气动启动器起动，或由钻机的气动系统供气。燃气轮机机组的自动停车控制系统在转速超过预定值或废气温度、润滑油温度过高时，均能自动控制停车。平台设有利用废气热量的海水淡化装置。每组燃气轮机－发电机机组装在一个橇座上，包括燃气轮机、发电机、减速器。橇座长约2m、宽和高均为1.2m，质量是0.5～0.6t。整个动力机房长约17m，宽约7m，高约6m。机房总质量不超过250t。这种动力设备转速调节是在司钻控制台用液压调速器控制。

移动式钻井平台的动力设备总功率一般为4～6MW。半潜式平台、钻井船的总功率大一些，采用动力定位的移动式钻井平台所需功率更大一些。

为了保证钻井平台安全作业，保证钻井船的航行机动性和钻井平台的准确定位，以及保证主机和各种辅助机械的正常工作，移动式钻井平台上选用的动力设备及电气设备必须能适应海上恶劣的环境，具有耐高温、防爆、防火、防腐、耐油、耐海水侵蚀、耐冲击、耐振动、防潮等性能。另外，设备还必须具备操作简单灵活、维护方便，发生事故时能迅速排除及减轻劳动强度；必须具有质量轻、体积小、效率高、使用寿命长、通用性强、互换性好等特点。

3.4.6 浮式钻井装置总体布置的特点

浮式钻井装置大都在深海、远海及海况条件恶劣的海区钻探。由于远航和频繁地转移井位，要求浮式钻井装置具有自航能力，需要装设推进器。同时，为了有较高的航速和减小航行阻力，船体在外形、结构强度和稳性等方面也有相应的要求。有时还要求有助航的推进装置，这不仅是为了适应拖航时的需要，在海上有风暴时，也要开动助航的推进装置，以减小锚链的拉力。

锚泊定位时，随着工作水深的加大，因锚链舱容积和锚机能力有限，工作水深受到限制，所以逐渐改用动力定位。这不但要求装设足够功率的横向推进器或不同组合的推进系统，还要装设各种水声仪器、电子仪器以及电子计算机等一系列精密的仪器设备。

考虑到海上钻井的安全性和钻井效率，浮式钻井装置大都安装钻探能力大的钻井机械。目前多选用钻深为 6～8km 的钻机，有的甚至超过万米。为了便于操作、易于调速，同时提高钻井机械设备的效率，钻井的绞车、转盘、泥浆泵等都采用直流电动机驱动，而且大都是多层分组驱动。一方面是为了充分利用船体各部的空间；另一方面由于要布置的设备系统多，集中起来不大可能，况且设备的机械化、自动化程度又较高，控制管理还是较方便的。

对钻井平台作业有直接影响的主要机组，如柴油机组及泥浆泵等必须配备应急设备。在主机组出现故障停机时，应急设备可以马上投入运转，保证钻井作业及全平台的生活和照明用电不中断，避免发生安全事故。

在海况恶劣的海区，钻井所需的器材、物资，如泥浆、水泥、燃油、淡水以及生活用品的补给相当困难，甚至影响工作。因此，提高浮式钻井装置本身的海上自持能力，增加本身的物资储备量十分必要。为此，需要增加船体舱容，提高船体排水量，增大外形尺寸和推进器的功率。

浮式钻井装置必须应用水下器具才能在漂浮状态下钻井，而这套器具不但所占空间大，而且重量也大，需要有运载设备。为了消除漂浮状态时的升沉和摇摆所带来的不利因素，需要有升沉补偿装置及减摇设施。浮式钻井装置在漂浮状态的各种运动条件下工作是较困难的，因此要尽量使一些繁重的操作实现机械化、自动化。一般浮式钻井装置上的钻具卸扣和排放、水下器具的起送和连接等都采用机械化、自动化的设备。

为了监控在漂浮状态下的钻井装置各部分的情况，除一般海洋水文、气象的仪器仪表外，还要装设测定船体吃水、锚链张力、井口位置以及升沉、摇摆、漂移等情况的仪器仪表。

3.5　水下钻井设备

使用各种固定在海底的钻井平台时，海底井口与平台井口是相对固定的，只要把海底井口的导管延伸到平台井口，隔离海水并造成泥浆返回平台的通道，防喷器组等各种井口装置便可像陆地上一样，装在钻台下面。这些装置称为水上井口装置。

使用浮式钻井平台时，由于风浪潮流的运动，整个平台都将发生升沉、平移和摇摆，使平台井口与海底井口之间产生相对运动。这时防喷器组等井口装置只能安装在海底，其上再连接能够适应平台升沉、平移和摇摆的相应补偿装置。这套装置统称为水下装置。

浮式钻井平台到达工作海区，用锚泊或动力定位后，要在预定井位将水下器具下入海底。水下器具的主要作用有：隔开海水，形成泥浆循环通道，提供钻具下入和提出的通道；封闭井口，控制井喷，实现放喷和压井；补偿由于风、浪、潮、流所引起的浮式钻井装置的漂移、升沉和摇摆；承托海底各类套管并保持密封；保持浮式钻井装置在升沉状态中各种水下张紧绳的恒定张力；便于下入和起出钻井工艺所要求的各种井下器具；紧急情况下，使浮式钻井装置迅速脱离与井口之间的连接，撤离到安全地方，需要时还可以帮助平台寻找井口，重返井位；连接和脱开井口，给下一步采油作业打下基础。

水下器具是浮式钻井装置在海上正常钻井作业和保证平台本身安全的必不可少的关键设备，也是与固定平台、坐底式平台在海上钻井作业时的不同之处。虽然水下器具根据各个浮式钻井装置的设计要求而略有不同，但主要设备基本相同。水下器具主要包括海底井口装置、防喷器组、隔水管组、控制系统和辅助设备等五大部分。图3－21所示是“南海二号”钻井平台水下器具组成框图。

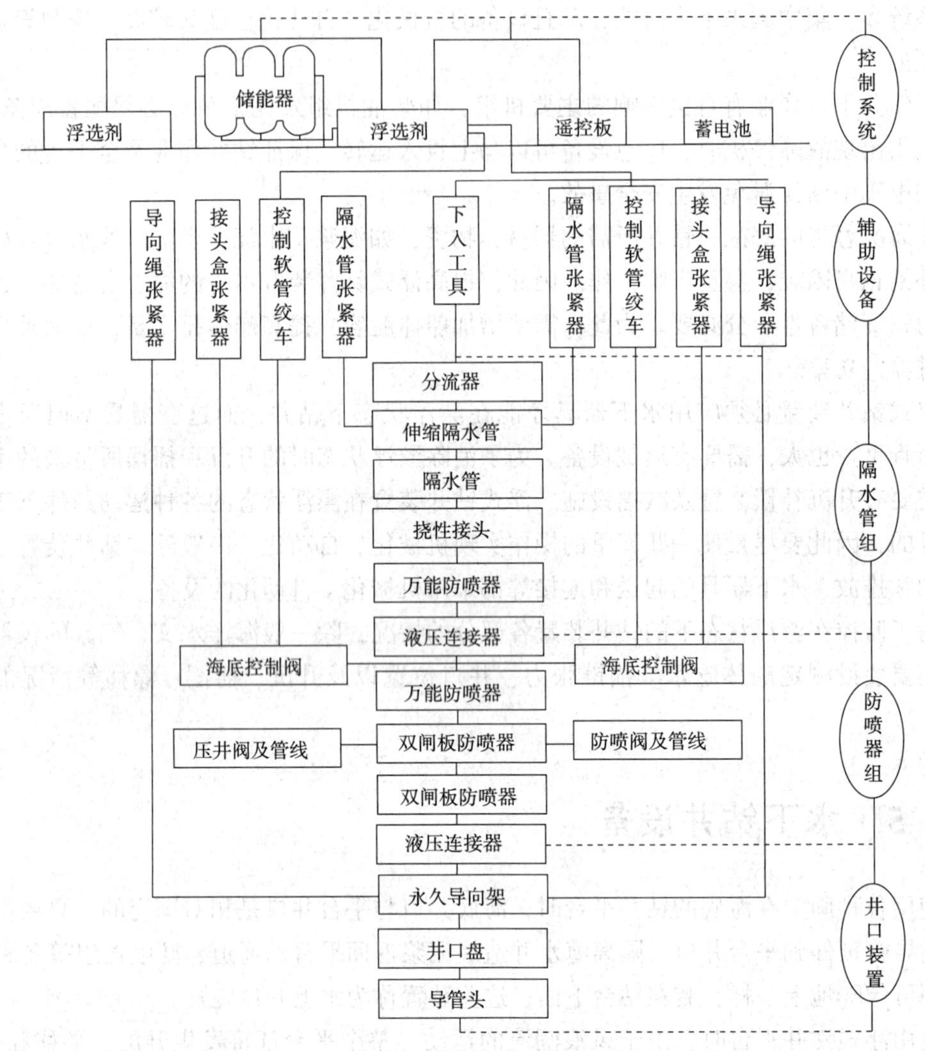

图3－21 “南海二号”钻井平台水下器具组成框图

1. 海底井口装置

海底井口装置(Subsea Wellhead Assembly)的作用是固定海底井位、悬挂套管、导引钻具及其他水下设备，主要包括井口盘、永久导向架、套管头组、专用连接器等。

井口盘通常是由3m见方或直径3m左右、高1m左右的钢板和钢筋焊接而成。中心有直径约1m的通孔，孔内有钩销槽，盘上有两根临时导向绳连在月池上。井口盘的作用是确定井位，牵引临时导向绳，并支撑永久导向架。

导向架是座于井口盘上作为海底井口永久性的导向装置。导向架的四个主支柱上各固定一根导向绳，导向绳上部与张紧机构相接。另有两根支柱用来接液压管线和多芯电缆。引导系统的主要作用是在拆装水下井口装置和下套管时起引导对正作用，如图3－22所示。

导向架是由钢板焊成的四边形的架子，四角有四根高约9m的立柱，柱顶各有一根导向绳和月池的张紧器相连接。导向架的侧面有电视架，通过电视导向绳可使水下电视监视器就位。

2. 水下防喷器组

水下防喷器组(Underwater Blowout Preventer Stack)的作用是封闭井口、防止井喷，以及在紧急情况下切断钻杆，还可以放喷和压井。它由几个防喷器串联组成，还有放喷阀、压井阀及其管汇、专用液压连接器、海底电液控制阀及其控制软管插接器(接头盒)、框架以及安全阀、卡箍、接头等。各种防喷器适应井眼内各种不同钻具的情况，以保证任何时候都能有效地使用防喷器组，如图3－23所示。

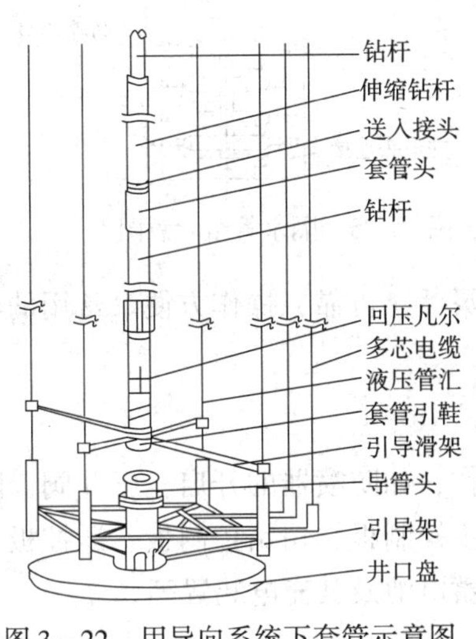

图3－22 用导向系统下套管示意图

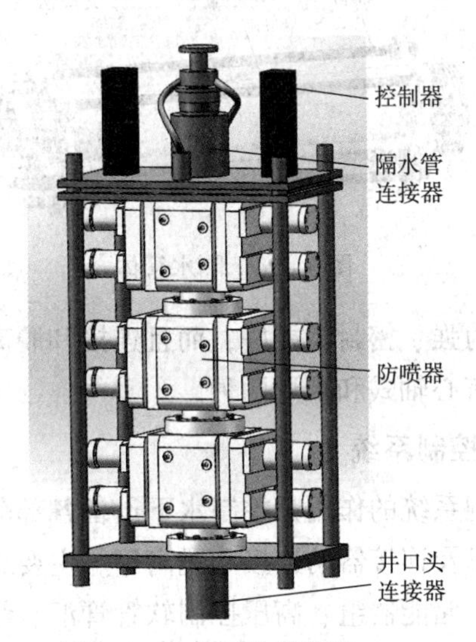

图3－23 水下防喷器组

3. 水下隔水管组

隔水管(Riser)的作用是隔离海水、引入钻具、导出泥浆、适应浮式钻井装置升沉和摇摆。主要包括分流器(转喷器)、伸缩隔水管、浮性隔水管、挠性接头、液压连接器等，还包括一个万能防喷器，其作用是当隔水管组与防喷器组脱离时，能保持隔水管内的泥浆柱。图3－24所示为隔水管体，管体直径大约为762～850mm。图3－25为隔水管组示意图。

伸缩隔水管用于隔水管与钻井平台之间的连接。它的内管与钻井平台连接，并随之运动，外管与隔水管柱连接，靠内、外管的滑动来补偿钻井平台的升沉运动。

分流器安装在隔水管顶部。它的作用是对井眼具有少量回压的油流进行分流，让油流向钻井装置的两侧。这是在钻井初期遇到井喷时，封住钻具、保护井口的一种措施。

浮性隔水管是外层为浮室或浮性物质的隔水管，以减轻重量和减少张紧绳的拉力。

挠性接头的作用是在防喷器组和隔水管组之间提供一定的转角(通常为10°)，以保证井口和防喷器组的稳定性，以适应浮式钻井装置的漂移和摇摆。

挠性接头有球形接头、万向接头等。挠性接头装在隔水管柱的下部，允许隔水管在任意方向转动约7°～12°，以使隔水管柱适应浮式钻井平台的摇摆、平移等运动。

液压连接器用于隔水管组与防喷器组连接和防喷器组与井口装置的连接。连接器不仅

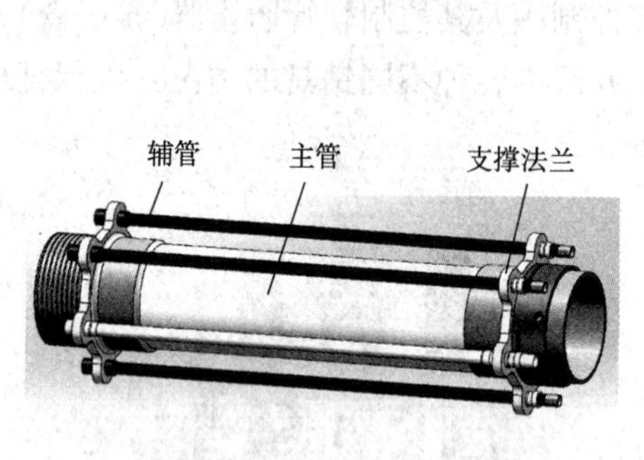

图3－24　隔水管体

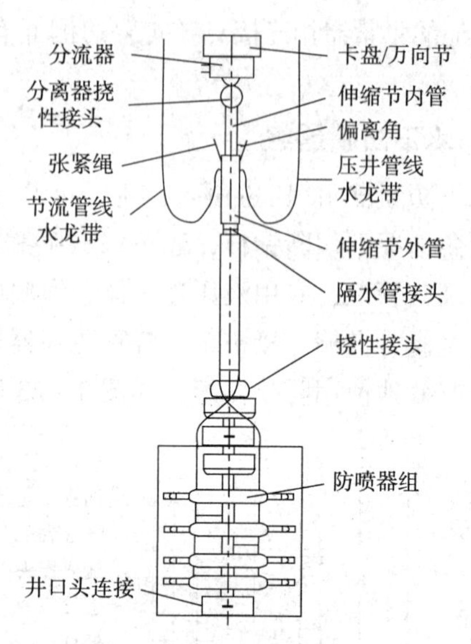

图3－25　隔水管组示意图

承压能力强、密封性能好，而且连接和脱离动作灵活、可靠，操作方便。常用的液压连接器主要有心轴式和爪形两种。

4. 控制系统

控制系统的作用是控制水下设备各部分的动作，如防喷器的开启，压井阀、防喷阀的开启，以及连接器的连接和脱离等。主要组成是主控制板、司钻控制板、遥控板、液压动力装置、储能器组、高压控制软管管汇、绞车、蓄电池及其充电装置等。

5. 辅助设备

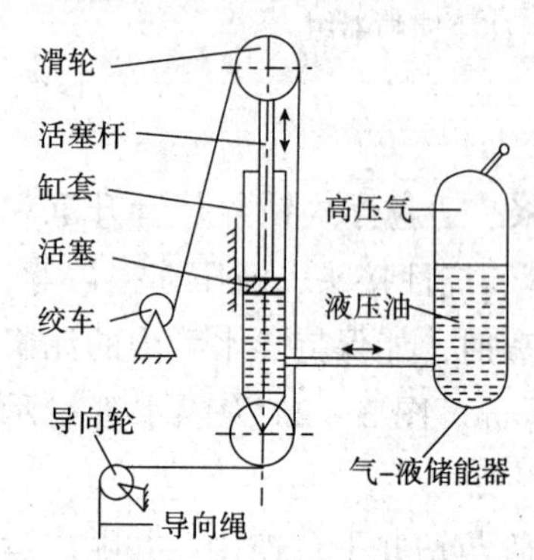

图3－26　导向绳张紧器示意图

辅助设备主要有导向绳张紧器、接头盒张紧器、隔水管张紧器等。导向绳从海底经月池的导向轮、张紧器的滑轮，缠在绞车上。张紧器的作用是使导向绳保持拉直状态。目前隔水管及导向绳张紧系统普遍采用的是带储能器的气压－液压缸式张紧器。其组成和工作原理如图3－26所示。

张紧器由缸套、活塞、拉杆、滑轮等组成。缸套下腔通气－液储能器，储能器中的油液在高压气的作用下对活塞产生一定的推力，使滑轮上顶拉紧导向绳。当浮式钻井装置做升沉运动时，张紧器也随着上下运动，使导向绳的拉力发生变化，拉力大时滑轮压活塞下行，拉力小时滑轮被活塞顶起，使导向绳处于恒定的拉紧状态。

浮式钻井装置使用水下器具的钻井工艺程序如下：

(1)下井口盘。当浮式钻井装置准备工作完成之后，就把井口盘从月池下到海底。井口盘用钻杆(钻杆下端有送入接头)送下，达到海底后钻杆右旋上提，从井口盘退出，如图3－27所示。井口盘坐到海底后，还需向其内空隙处填压重物或灌注混凝土。钻几十米后冲洗井孔起钻，带上导向滑臂。

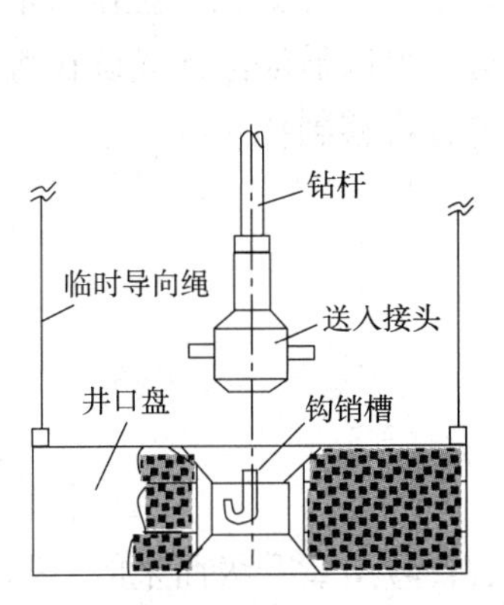

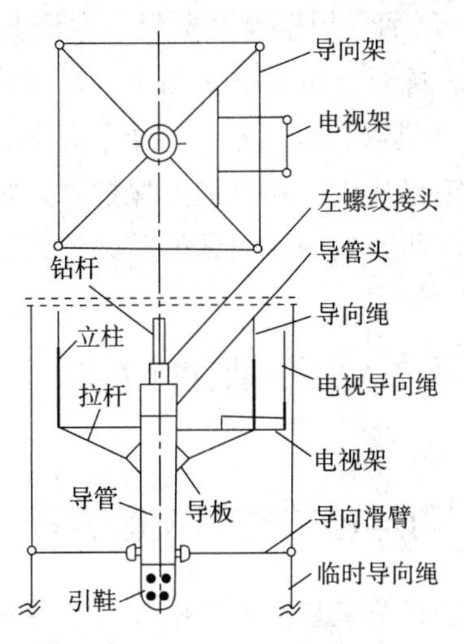

图3-27 下井口盘

(2)钻导管段。用临时导向绳穿在导向滑臂的两端，导向滑臂中间抱住钻头，顺着临时导向绳将钻头下入井口盘中。钻进时，导向滑臂停在井口盘上。

(3)下导管及导向架。导管引鞋用临时导向滑臂抱住，导管头内有左旋螺纹同钻杆下端的接头相连。导管和导向架用钻杆随导向滑臂送入井口盘。导向架坐到井口盘上后，从钻杆内注入水泥浆，水泥浆返出井口盘进行固井，右旋钻杆螺纹接头与导管头脱开，提出钻杆。临时导向绳上的导向滑臂永久留在海底，临时导向绳也可拔掉。

(4)下隔水管组、钻表层。用导向滑架将隔水管组下到海底井口，用连接器和导管头连接。下好隔水管组，开始从隔水管内下钻，钻表土层，一般钻几百米，钻进时泥浆顺着隔水管组返回到钻台下。钻穿表土层后起钻，再起出隔水管组。

(5)下表层套管、固井。用钻杆及左旋螺纹接头将表层套管送入井孔。送入时，用导向滑架抱着套管引鞋导引。下完表层套管，套管头坐在导管头上。套管头下面有两个水泥塞，上塞的内孔比下塞的内孔大，两塞用销钉固定在套管内。循环洗井后，从钻杆顶部连接的水泥头投球，将套管的下塞堵死，同时从水泥头注入水泥。下塞销钉被剪断，下塞被推下行，注完水泥后再投一个塞，将上塞堵死，同时改注泥浆，将上塞销钉剪断推上塞下行，挤水泥将下塞上的球从内孔挤下，水泥从套管底向四周上返，直到上塞被挤到下塞上。最后，提出钻杆，等候水泥凝固。

(6)下水下器具、继续钻进。防喷器组和隔水管组可依次接好，同时下入，也可先用钻杆下防喷器组，再下隔水管组。这两组水下器具要用液压连接器连接，原因是有时风浪太大，为避免隔水管损坏，就要把隔水管组和防喷器组脱开，将隔水管组提起悬挂在海中。装好水下器具，就可继续钻进，钻到预定深度进行电测，下技术套管、固井。之后，从水下器具内下套管，套管头坐在表层套管头内的台阶上。以后每继续钻进一段，下的套管都坐在前一段套管头内的台阶上，除非改换钻杆尺寸要重换防喷器。水下器具一直要到下完油层套管完井时才起出。

(7)钻开目的层、测井、下油层套管。当钻井达到预定深度后，进行测井，然后下油层套管，固井。

(8)完井、试油。根据录井资料、电测数据决定试油层。射孔后，在套管里下钻杆试油。海上试油设备通常由水下采油树、水下防喷阀、地面试油树、数据头管汇、节流管汇(油嘴管汇)、加热器、油气水分离器、计量罐、输送泵、燃烧器、控制管汇等组成。根据试油结果，决定弃井或在井口加上保护罩。需要时，可以借助浮标或设在海底井口上的声学装置找到井口并回接油井。试油后，浮式钻井装置可移到新井位。

3.6 海洋钻井辅助设备

3.6.1 海洋钻井辅助设备的特点

海洋钻机及其系统基本上是由陆地石油钻井装备转型或升级而来的，基本组成和工作原理基本相似，只是由于受到海洋环境的影响，无论是制造工艺还是制造材料都比陆地要求严格。因此，海洋钻机有别于陆地钻机及其辅助系统。

(1)驱动形式不同

陆地钻机基本上采用柴油机联合机械驱动，而海洋钻机基本上采用SCR电驱动，即采用柴油机－交流发电机＋可控硅整流输出直流电－直流电动机驱动各工作机。

(2)井架及底座

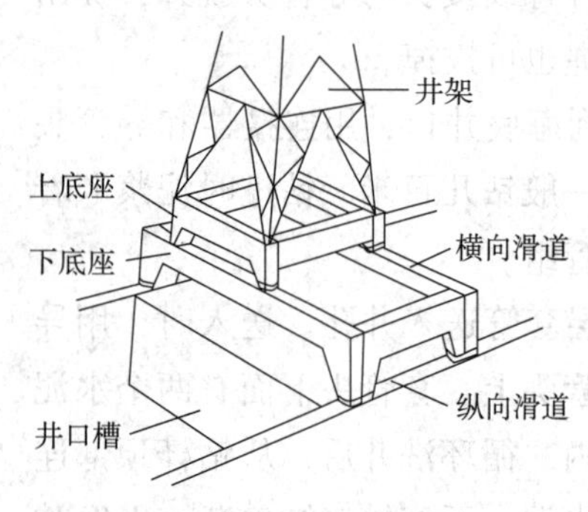

图3－28　双层井架示意图

海洋钻机大多采用塔式井架，井架不用绷绳固定，底面积宽。在半潜式钻井平台和浮式钻井船上，为了安装升沉补偿装置及防止游车大钩摆动，井架上装有导轨。为适应拖航过程中的摇摆(周期为10s，单面摇摆不超过20°)，要求井架结构强度高；为适应作业海域大风条件，要求井架抗风载能力强；为满足钻丛式井的要求，底座具有x、y方向移动的装置，如图3－28所示。

(3)转盘开口直径不同

因为要装大直径的水下器具，所以海洋钻机转盘的开口直径比陆上钻机的大，转盘的开口直径大多数选用Φ1257mm，最小也不小于Φ953mm。

(4)绞车功率大

海洋钻井绞车采用电驱动，可实现无级调速，绞车驱动功率较大，最大功率可达2200kW，比陆上同级别钻机绞车的功率约高1倍。为了节省空间，减少设备重量，绞车与转盘实现联合驱动。

(5)机组由司钻集中控制

由于海上作业人员精干，对钻机的自动监控和集中控制程度要求高。海上钻机的主工作机组采用分组或单独驱动，为了操作方便，由司钻集中控制。司钻控制台上除装有一般的控制手柄外，还装有指示、记录、报警等各种仪表。

(6)泥浆泵

海洋钻井平台上的泥浆泵一般采用3缸单作用泵，单泵功率为950～1180kW。以前我国钻井平台大多选用10 - P - 130型3缸单作用泥浆泵，而现在大多选用两台或三台12 - P - 160型或F - 160型泥浆泵。

(7)采用五级泥浆净化设备

海上钻井作业的泥浆成本和弃置成本很高，泥浆经净化处理循环使用可节省大量成本。海上钻井作业采用成套的泥浆净化设备，配有振动筛、除气器、除砂器、除泥器、离心机等泥浆净化设备，以便减少泥浆中的固相颗粒，保持泥浆稳定的性能。

(8)井口机械化设备

为了提高起下钻速度，减轻钻井工人的体力劳动，各类海洋钻井平台上都安装有井口机械化设备，并且在浮式钻井船及半潜式钻井平台上还装有自动化钻杆摆放装置。现在的海洋钻机要求配备顶部驱动装置及钻具排放系统。

(9)升沉补偿等装置

海上钻机比陆地钻机多了隔水管系统、张紧系统、升沉补偿等装置。隔水管系统是海上钻井装置不可缺少的，它的完善与否直接关系到深海钻井的成败。隔水管系统的功用主要是提供从海底井口到海上钻井装置上的泥浆循环和起下钻具的通道。在海上钻井装置进行钻井作业时，为了减弱波浪引起的钻井装置上下起伏，必须设置升沉补偿器，可使钻压基本保持均衡，提高机械钻速，延长钻头寿命。在海上钻井作业中，张紧系统控制着隔水管系统的应力大小，并影响着隔水管系统的弯曲度。合理设计的张紧器运动行程，必须超过钻井装置的升沉，还要考虑到潮汐作用、连接件的调整和钻井装置吃水深度的变化。

(10)辅助系统的配备

海洋钻井需要额外配备：固井/灰罐系统、钻井水系统、钻井污水处理及排放系统等。钻井平台要有固井能力，配备的物料和设备有：水泥、灰罐、下灰器、漏斗、混合器、泥浆罐、灌注泵、水泥泵等。固井系统的排出管路是钻井平台各系统中工作压力最高的，因此管系在制造安装时对质量要求最高，接头焊缝要100%探伤检验和压力试验。海上钻井的排污受到海洋钻井环境的限制，需要专门的分离、输送、储存装置。可直接排放的物体要有专门的通道和位置进行排放。

3.6.2 升沉补偿装置

为了在浮式钻井装置升沉运动时保持井底钻压，并按岩层性质随时调节钻压，现代浮式钻井装置大都装设不同的升沉补偿装置。概括起来，升沉补偿装置可分为3种。

1. 死绳或快绳恒张力升沉补偿装置

所谓死绳就是天车和游车上所穿的钢丝绳固定在井架底座的一段；快绳是绕在绞车滚筒上的一段。这种恒张力升沉补偿装置的特点是通过调节这两段钢丝绳的直线长度来补偿在波浪作用下游车与大钩随船体升沉的位移，从而保持和调节井底钻压。该装置是将死绳或快绳先通过一套恒张力滑轮系统固定到井架底座或缠在滚筒上。恒张力滑轮系统与导向绳张紧器的原理一样，可以保持和调节钢丝绳上的拉力。在船体上升时，拉力上升，补偿装置放松钢丝绳，使拉力恒定；船体下沉时，则相反。这样，就使井下钻具不随平台升沉而上下移动，保证正常作业。调节储能器内的压力，推动活塞产生位移，带动滑轮运动，以此调节钢丝绳的拉力，进而可随时调节钻压。这种补偿装置有一套电动自控系统传递钢丝绳拉力的变化和调节储能器内的压力，比较复杂，而且对钢丝绳的磨损也比较严重，故实际应用不多。

2. 天车上的升沉补偿装置

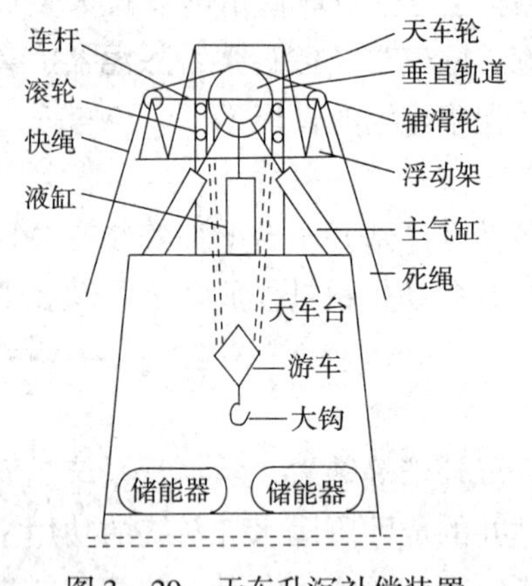

图 3－29　天车升沉补偿装置

天车升沉补偿装置的特点是具有可移动式的浮动天车，结构组成如图 3－29 所示。天车装在一个能浮动的框架内，有垂直轨道，天车可通过滚轮在轨道内上下移动。天车上绕的钢丝绳一端通过辅滑轮缠到绞车滚筒上，另一端通过另一辅滑轮固定到井架底座上。两个辅滑轮轴与天车滑轮轴有连杆连接，一同上下，钢丝绳与轮间无相对运动，可提高钢丝绳使用寿命。天车由 4 个斜放的主气缸支撑，主气缸的气体由储能器供给。储能器装在井架上。储能器的气体由甲板上的压气机供给。主气缸可看作支撑天车的 4 个大型气动弹簧。2 个直立的液缸虽与天车直接接触，但不起主要支撑作用，只作为液力缓冲用的安全液缸，也用来克服大钩上载荷的惯性影响，使天车在液力推动下做很小的位移。液缸由甲板上的油泵供油。储能器压力的调节阀和液缸压力调节阀都装在甲板上，便于调节。

天车升沉补偿装置的工作原理是：当船体上升时，天车相对于井架沿轨道向下运动，压缩主气缸气体；船体下沉时，主气缸气体膨胀推动天车向上运动；起下钻时，天车被锁紧装置锁住，不随起下钻而上下运动；正常钻进时，通过气动调节阀控制储能器内气体压力，以保持井底钻压或调节钻压。天车上有行程指示器检测位置。当天车位于最低点时，可放松滚筒的钢丝绳使游车下放，继续钻进；当大钩载荷突变时，液缸则支撑天车，使其缓慢移动，以保证安全。在主气缸失效时，可由液缸支撑天车；正常状况下，可通过控制阀停止液缸的工作。应用这种天车上的升沉补偿装置，船体甲板上只有压气机、油泵、调节控制阀组和不太长的管线。因主要机构都在天车台和井架上，需要有强度大、结构复杂的特制天车和井架。另外，升沉补偿装置在天车上，维修保养也不方便，故目前应用得较少。

3. 游车大钩间的升沉补偿装置

目前，游车大钩升沉补偿装置应用最多，主要组成如图 3－30 所示。

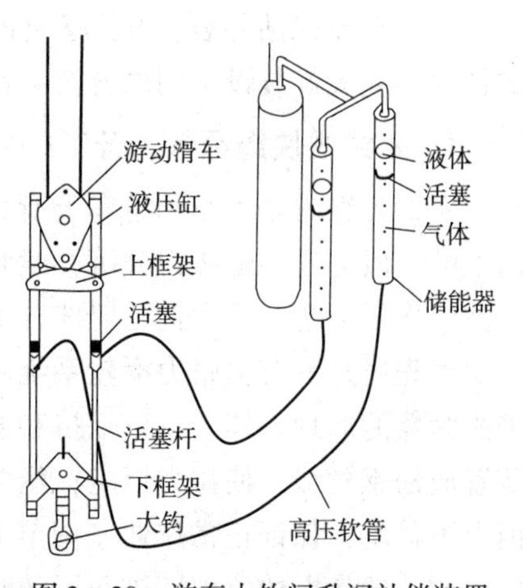

图 3－30　游车大钩间升沉补偿装置

两个液缸上框架与游车相连，船体升沉时游车和液缸也随着上下运动。液缸中的活塞杆与固定在大钩上的下框架连接。当大钩上的载荷变化时，活塞杆将使活塞在缸内上下移动，而大钩载荷就是通过活塞由液缸下腔内的液体支撑。两个储能器通过软管各与一个液缸下腔相连。储能器上部为气体，下部为液体，气、液间有一活塞。储能器上部与储气罐相通，调节储气罐压力即可改变液缸内的液体压力。游车上框架和大钩下框架还可锁紧成一体，使大钩和游车一同起下。在起下钻时，不使用升沉补偿装置。

工作原理是：当船体上升时，游车框架带动液压缸体也随船体上升，这时液缸内液体压力并没有变化，对活塞的上推力也没变化，因此大钩不可能提着钻具跟随平台一起上升，只能停留在原来位置，也就是说，大钩在空间的位置不受平台上升的影响。不过，这时液缸下腔的体积变小，其中的液体就被压向储能器，使储能器中气体体积压缩。当船体下降时，情况正好相反，游车框架带动液压缸体随船体下降，储能器中气体膨胀，油又被压回到液缸。

正常钻进时，一般使钻杆柱的悬重略大于液缸中活塞下面的液体压力，活塞杆稍伸出液缸外一段。这时的静力分析如图3－31(a)所示。液缸内液体压力为 p，活塞面积为 A，钻具总重力为 W，井底钻头的钻压为 $P_{钻压}$，则大钩上的载荷关系为：$2pA+P_{钻压}=W$。

钻具总重不变时，改变缸内液体压力 p 值，就可以调节钻压，达到适应地层变化，实现正常钻进；保持 p 值不变，就可以使钻压不变，即可以补偿升沉对钻压的影响。在测井或试井等绳索作业时，因所用工具重量太轻，大钩悬重不易平衡液缸中液体的压力，会使大钩随游车的升降而上下运动，无法补偿升沉的影响。为了增加大钩悬重，可以将水下隔水管的张紧绳通过大钩下的滑轮来平衡液缸中的液体压力，如图3－31(b)所示。

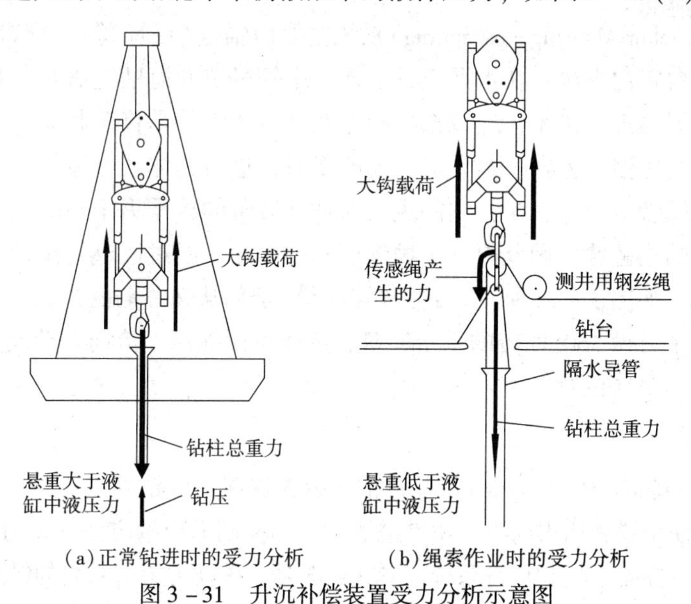

(a)正常钻进时的受力分析　(b)绳索作业时的受力分析

图3－31　升沉补偿装置受力分析示意图

井下器具的总重力为 W，隔水管张紧绳的拉力为 T，这时大钩上的载荷关系为：

$$W+T=2pA$$

当船体升沉使大钩上的 W、T 变化时，液缸中活塞对液体的压力也改变，液面也随之升降，以补偿船体升沉的影响。

游车大钩间的升沉补偿装置不需特制井架、天车、游车和大钩，只要把游车上的框架和大钩上的框架分别装上并连接起来就可使用。这种装置的储能器、储气罐、管线等都装在甲板上，占用甲板面积较大。另外，油缸的密封件多，漏失的液量较大，管线也较长，液体流动的压力损失也大。

4. 伸缩钻杆

在浮式钻井船上钻井时，为了避免因船体随波浪升沉时将钻头提离井底，时而将钻头蹾向井底，压弯钻杆，损坏钻头，可在钻铤上接伸缩钻杆，使伸缩钻杆以下的钻柱不产生上下运动，保持钻头上的钻压。伸缩钻杆由内筒和外筒组成。内、外筒可以沿轴向相对滑动，内、外筒的间隙用密封件密封。由于钻柱要传递扭矩，因此将内筒的外表面和外筒的内表面做成棱柱面，相互配合在一起。用伸缩钻杆后不能根据岩性直接调节钻压，只能靠下部钻铤重量改变钻井速度，另外，这种方式也增加了操作的困难，因此，许多情况下采用专用的升沉补偿装置。

3.6.3 平台定位系统

船体的漂移也使钻具弯曲，特别是在起下钻具时，会使钻具不能重新进入原井孔。浮式钻井装置的漂移用各种定位系统来限制。为了控制住井口和水下通道器具，要求浮式钻井装置的漂移不超过水深的3% ~6% 。如能把漂移量限制在水深的3%，钻井效率就能大大提高。目前采用的方法主要有两个。

1. 锚泊定位

锚泊定位(Anchor Mooring Positioning)系统主要由锚链(或锚缆)、导链轮、锚等组成，是一种常用的平台定位方法，在水深三百多米、中等风浪的海区能满足定位要求。从船体固定点向四周扩展出去的锚系，应该选择船艏在顶风顶流的最稳定状态，但不能保证任何时候船艏都能对着风浪的方向。当风浪方向改变时，这对船体就可能很不利。锚链(缆)长者达千米以上，短者也有几百米，它的重力在钻井装置的载重力中占相当大的比例，而且要求具备大容量的锚链舱，因此限制了抛锚处水的深度。经过改进，出现了一种中央系留转盘式锚泊类型，如图3－32所示。它的锚链(缆)全部从钻井船的月池抛出并向四周扩展出去。由于设置了可做360°回转的系留转盘，船体可以随风、流而自动调整方位，使船艏总处在顶风顶流的最佳位置。

2. 动力定位

动力定位(Dynamic Positioning)是浮式钻井装置在深水区钻井需要采用的定位方式。动力定位是一种不使用锚和锚索而直接用推进器来自动控制船位的方法。动力定位有三个主要系统：传感系统、控制系统和推进系统。图3－33是一种动力定位系统的组成示意图。

(1)传感系统

传感系统是测定船体对海底井口位置变化的系统。目前大多采用的方法是声波传感系统，也叫声呐系统，即在海底设定参考位置放几个水听器或应答器，从船上的声波信号发生器向海底发出声波脉冲，海底的水听器或应答器收到声波脉冲后又以电信号发回，由船上的电台或水听器接收。因为声波传到海底水听器或应答器的时间和船体发出声波脉冲点与海底水听器或应答器的垂直距离成正比，所以根据各参考位置发回信号的时间可以测出船体与各点所成的角度，从而算出船体位置的变化。另一种方法是在海底井口处设置固定的声呐信标(声波信号发生器)，在船上安装询问器和3~4个接收式水听器。海底信标被询问器激活后，每2μs发射25kHz的脉冲。这种脉冲由船上的水听器接收，脉冲到达时差与水听器和信标间的距离成比例，这样就能精确地测定船位。还有一种方法是采用紧索测斜仪，它是在船体底部和海底某一固定重物间拉紧一根绳索，当船体位置变化时，绳索的角度也改变，这个改变量可通过电路传输给控制系统。

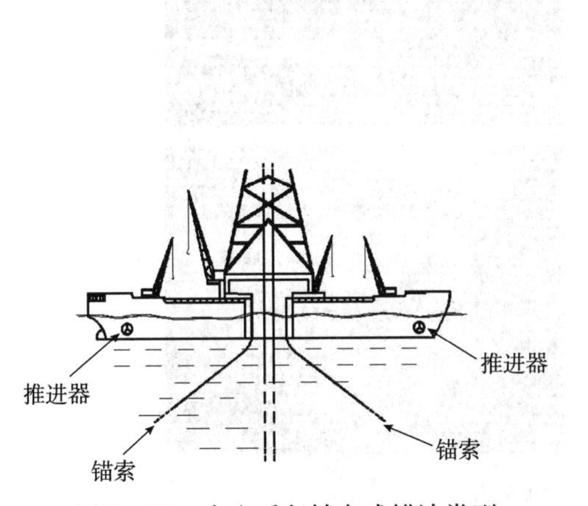

图 3 – 32　中央系留转盘式锚泊类型

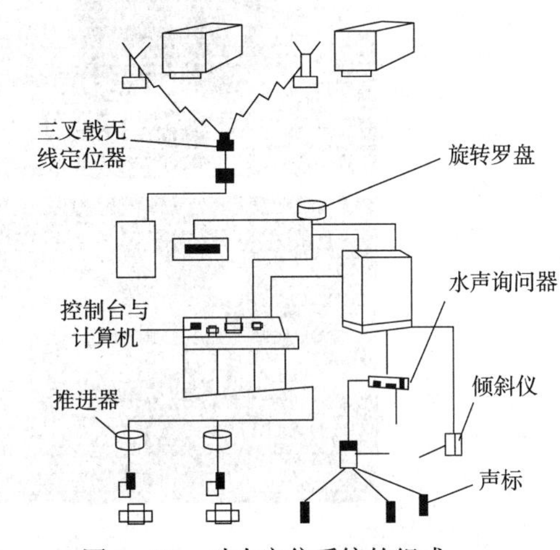

图 3 – 33　动力定位系统的组成

(2)控制系统

控制系统的主要部件是电子计算机。它不间断地完成以下各项动作：触发声波脉冲；根据声呐测量或紧索测量的数据计算船位；算出要保持预定船位所需要的各方向推力；向每个推进器发出相应的指令，同时在控制台的荧光屏上显示出船位。它还可以根据需要执行其他控制操作。

(3)推进系统

推进系统除了装有固定的纵向推进器和船体两侧的横向推进器外，还可有各种能改变方向或位置的推进器，它们的推力可由改变转数或改变推进器本身的参数实现。目前，在浮式钻井装置上已经使用了可变螺距推进器。

动力定位的优点是调整时间短、工作水深大；缺点是设备成本高、消耗燃料多。动力定位最大工作水深取决于声波发生器的功率噪声干扰情况。目前，采用动力定位的钻井船工作水深已达到 3000m。

3.7　水下机器人

3.7.1　水下机器人概述

在海洋钻井作业中，离不开潜水作业。在海洋石油作业早期，一般都是利用潜水员进行水下作业工作，比如连接管线、检查线头、排除故障、水下焊接、摄像等。潜水对人身有一定的危害，会引起减压病等。水下情况复杂，潜水员生命会受到威胁，一般工作不会超过半个小时，降低了工作效率。随着科技的快速进步，以及对人员安全的进一步重视，水下机器人出现了，如图 3 – 34 所示。

图3－34　水下机器人

水下机器人是一种可在水下移动、具有视觉和感知系统、通过遥控或自主操作方式、使用机械手或其他工具代替或辅助人去完成水下作业任务的装置。

水下机器人具有四个基本特点：

(1)可移动性；

(2)能够感知机器人的外部和内部环境特性；

(3)拥有完成使命所需的执行机构；

(4)能自主地或在人的参与下完成水下作业。

水下机器人(无人遥控潜水器)主要有：有缆水下机器人－遥控潜器ROV(Remotely Operated Vehicle)、无缆水下机器人－自主式水下潜器AUV(Autonomous Underwater Vehicle)。ROV和AUV的控制机理是相同的。从控制系统结构的角度来看，它们的底层控制相同，只是上层控制有所不同。

ROV系统可分为水中自航式、拖航式和能在海底结构物上爬行式三种。ROV系统前部带有机械手，可以从事摄像、照明、检查、拧螺丝、拆卸接头、排除故障等工作。它的工作方式是由水面母船上的工作人员通过连接潜水器的脐带缆提供动力，操纵或控制潜水器通过水下电视、声呐等专用设备进行观察，还能通过机械手进行水下作业。

3.7.2　水下机器人系统组成

水下机器人ROV系统组成包括：水下机器人本体、控制系统、传感器系统、动力及通信传输系统、中继器系统、吊放及绞车系统、作业工具系统。

1. 水下机器人本体

水下机器人本体包括潜水器、中继器、吊放系统、系缆、铠装主缆、观察作业设备和控制间等单元。

(1)潜水器

潜水器是携带观察和作业工具设备的运动载体，在水平、侧向和垂直方向都装有推进器，从而可实现三维空间的运动。框架前部或必要的地方安置云台，在其上装有电视摄像机和照明灯。

(2)中继器

为了能迅速、准确地将潜水器送到预定工作水深和较快地收回到水面，同时为了减弱母船摇摆及脐带缆所受海流阻力给潜水器运动和作业带来的附加阻力、干扰和影响，一般有缆遥控水下机器人配置中继器。中继器内储存系缆，并装有系缆驱动收放机构，潜水器非工作状态时将与中继器联锁在一起。

(3)吊放系统

吊放系统用以投放、回收中继器和潜水器。吊放系统通常采用门形结构、液压驱动，并设有消摆机构和脐带缆的储存。

(4)系缆

系缆用于潜水器和中继器之间机械软连接及能源馈送和信息传输。系缆套穿浮力材料以使其在水中为零载重力，从而减小水流阻力对本体的干扰。

(5)铠装主缆

铠装主缆在吊放架与中继器之间完成机械软连接、能源输送、信息传输的作用。它是钢丝铠装结构，以便同时起到吊放钢缆的作用。

(6)观察作业设备

在运动载体上安装摄像机、成像声呐，构成观察作业载体的基本系统。在需要作业时，可再加装1~2套水下机械手和多种水下作业工具。

(7)控制间

控制间内放置控制台及供电设备，简单维修设备等。它是水下载体的驾驶、监视、操作、指挥中心。

2. 控制系统

ROV控制系统由航行控制系统、导航定位系统、信息采集系统、观察系统、作业设备控制系统、水面支持设备控制系统、电缆等构成。实现水下监测的主要有监视系统和监控系统。

(1)监视系统

监视系统主要指用于水下机器人进行水下搜索和水下观察的设备，一般包括水下摄像机、云台及照明、成像声呐、声学和磁学定位系统等。

(2)监控系统

监控系统主要指介入水下机器人运动控制和保障系统正常运行所需要的传感设备，一般包括有深度计、高度计、方向罗盘以及温度、压力、电压、电流等参数的监控仪表。

3. 传感器系统

水下传感器包括：成像声呐、罗盘、深度压力传感器、高度计等。

水下电子单元包括：水下计算机、驱动器、控制模块，安装在常压的密封舱内。

系统监视的参量包括：动力、压力、温度、漏水等。

4. 动力及通信传输系统

(1)动力系统

动力系统为水下机器人水上设备(水面控制单元、控制间、维修间、水面设备)和水下设备(中继器、水下机器人本体)提供动力分配及保护措施。动力系统的电气设备都需满足船用电气设备的规范要求。

(2)通信系统

通信系统为水下机器人系统的各个工作站点(控制间、水面设备、船长室)提供有线或无线的通信联系。

5. 中继器系统

中继器(Tether Management System, TMS)是有缆遥控水下机器人系统的重要设备之一。为保持水下机器人本体在水下具有良好的动作灵活性、运动平稳性和可操作控制性,在本体与吊放系统之间设置中继器。

中继器直接由铠装主缆吊放,在中继器与潜水器之间由具有中性浮力的系缆连接,这样既消除铠装主缆、母船的升沉、纵倾和横摇等对它的影响,也减少了本体推进系统所需功率,充分地发挥其本身的最大效率。

6. 吊放及绞车系统

吊放系统是将中继器与水下机器人本体安全、迅速地施放和回收的必配设备,同时承担连接母船控制台与机器人本体之间的电力控制和数据信息的传输。

吊放系统由底架、U形门架(悬臂吊架)、滑轮、锁栓机构、铠缆绞车、导电滑环以及液压动力系统组成。

对吊放系统的要求:具有良好的工作可靠性、足够的结构强度、收放时铠装主缆锁紧的可靠性、施放过程中的制动能力和缓冲能力。

7. 作业工具系统

ROV在救助打捞作业中可完成的具体任务为水下搜索、水下观察、清除水下障碍、带缆挂钩、水下切割、水下清洗、水下打孔和水下连接等。

水下搜索和水下观察主要由ROV所携带的水下摄像机和声呐设备完成。具体的水下作业工具系统由通用水下工具和专用水下工具组成。包括:水下机械手、剪切器、水下清洗刷、砂轮锯、冲击扳手、破碎锤等。

(1)水下机械手

水下机械手为了有效地进行多样的水下作业,一般应具有4或5个自由度并外加一个夹持功能。为减少水下机器人的体积和重量,水下机械手应采取轻量化设计,大量采用铝合金材料。机械手各关节需要可靠的密封,运转灵活。

通常的作业型潜水器的前端一般都装有两个机械手:一只手较灵活,作业精度高,自由度相对多些;而另一只手较简单,但臂力大,能可靠地实施机器人水下悬浮作业的定位功能,并可兼顾部分作业任务。

水下机械手按操作方式一般可分成主从式和开关式。主从式机械手是把水下机械手当作从动手,另设一个与从动手自由度配置相同、尺寸成一定比例关系的主动手。操作者操控主动手指挥从动手进行作业。

(2)剪切器

剪切器是直线运动型水下工具的代表，其工作原理是借助动力驱动系统产生足够大的推力，推动平行移动的剪切刀片来剪断各种水下电缆和钢丝绳。剪切器一般应能剪断直径25.4mm以内的各种电缆和钢缆。剪切器切断钢缆的能力除受液压油缸的缸径和液压油源的压力限制外，还与切割刀的刃口尺寸、切割刀的材料及材料的热处理状态有关。

剪切器主要由液压油缸、固定刀、切割刀、安装座等组成。剪切器通过安装座安装在水下机械手上或潜水器底架上。切割刀在油缸的活塞杆带动下做伸出运动时，必须保证切割刀与固定刀平行，为此在剪切器上设有导轨结构。

(3)水下清洗刷

由于水下设施的表面很容易生长海生物或产生锈蚀，所以在进行大部分水下施工作业之前，都需要对其表面预先进行清洁处理。例如在进行水下喷漆、焊接等作业之前，需要将作业部分的表面清洁干净；特别是在安装、更换牺牲阳极的作业前，要求水下设施的金属结构与牺牲阳极间接触良好，这就需要将该处金属结构的表面彻底清刷干净。

(4)砂轮锯

砂轮锯属于旋转运动型水下工具，既可用于切割金属链、金属棒，也可用于切割混凝土、橡胶、塑料等非金属。砂轮锯也可以对水下构件表面进行打磨。在切割混合材料时，砂轮锯尤其具有很大的价值，例如对于钢芯橡胶，它能一次完成对两种材料的切割。

(5)冲击扳手

冲击扳手也称为液压套筒扳手，属于旋转运动型水下工具。冲击扳手的工作原理是采用小而稳定的转矩或反作用力，并在短距离的冲击中把它们施加到输出轴上。在冲击扳手上装有可快速更换的卡盘，以适应不同外形尺寸的螺栓和螺母。

(6)破碎锤

破碎锤属于旋转运动型水下工具，具有直线冲击的性能。破碎锤通过装在旋转马达上的凸轮去顶起带有负载锤头的弹簧，然后再放松，这样能量就集中在每一次冲击之中。因破碎机构靠一凸轮操纵，液压马达只能顺时针转动，为防止液压马达反转，液压回路安装有止回阀。驱动破碎锤的动力执行元件与冲击扳手使用的相同。

3.7.3 我国载人深潜器发展水平

1.“蛟龙”号载人深潜器

“蛟龙”号载人深潜器如图3-35所示，是我国首台自主设计、自主集成研制的作业型深海载人潜水器，是863计划中的一个重大研究专项，设计最大下潜深度为7000m级。2010年5~7月，蛟龙号载人潜水器在中国南海中进行了多次下潜任务，最大下潜深度达到了7020m。

蛟龙号技术指标：

长、宽、高分别是8.2m、3.0m、3.4m；

空重不超过22t，最大荷载是240kg；

最大速度为25kt，巡航速度为1kt；

最大工作设计深度为7000m，理论上它的工作范围可覆盖全球99.8%的海洋区域。

2012年6月，“蛟龙”号在马里亚纳海沟创造了下潜7062.68m的中国载人深潜纪录，也是世界同类作业型潜水器最大下潜深度纪录。

近底自动航行和悬停定位、高速水声通信、充油银锌蓄电池容量被誉为“蛟龙”号的三大技术突破。

“蛟龙”号可实现三种自动航行：自动定向航行，驾驶员设定方向后，“蛟龙”号可以自动航行，而不用担心跑偏；自动定高航行，这一功能可以让潜水器与海底保持一定高度，尽管海底山形起伏，自动定高功能可以让“蛟龙”号轻而易举地在复杂环境中航行，避免出现碰撞；自动定深功能，可以让“蛟龙”号保持与海面固定距离。

2. “深海勇士”号载人潜水器

“深海勇士”号载人潜水器如图3-36所示，是“十二五”863计划的重大研制任务，由中国船舶重工集团702所牵头、国内94家单位共同参与，作业能力达到水下4500m。“深海勇士”是中国第二台深海载人潜水器，研发团队历经八年持续艰苦攻关，在“蛟龙”号研制与应用的基础上，进一步提升中国载人深潜核心技术及关键部件自主创新能力，降低运维成本，有力推动深海装备功能化、谱系化建设。“深海勇士”号的浮力材料、深海锂电池、机械手全是中国自己研制的，国产化达到95%以上。这不仅使潜水器的成本大大降低，也让国内很多生产和制造潜水器相关配件的厂商升级产品水平。2017年8月16日到10月3日，“深海勇士”号载人潜水器在海试的过程当中，完成了从50~4500m，不同深度的总计28次下潜。

3. “奋斗者”号全海深载人潜水器

“奋斗者”号全海深载人潜水器如图3-37所示，是中国“十三五”国家重点研发计划“深海关键技术与装备”重点专项的核心科研任务。“奋斗者”号是中国研发的万米载人潜水器，于2016年立项，由蛟龙号、深海勇士号载人潜水器的研发力量为主的科研团队承担。“奋斗者”号符合时代精神，充分反映了当代科技工作者接续奋斗、勇攀高峰的精神风貌；符合中国载人深潜团队“最美奋斗者”的形象。2020年11月，在西太平洋马里亚纳海沟海域，“奋斗者”号载人潜水器完成全部万米海试任务，并创造了10909m的中国载人深潜新纪录。

图3-35 “蛟龙”号深潜器

图3-36 “深海勇士”号深潜器

图3-37 “奋斗者”号深潜器

作业思考题

1. 选择海上石油钻井平台的依据有哪些？

2. 简述桩基式海洋钻井平台的建造安装过程与特点。
3. 说明自升式海洋钻井平台的工作原理及升降过程。
4. 简述海底井口装置的作用、组成和工作原理。
5. 简述水下防喷器的作用、组成和工作原理。
6. 简述隔水管的作用、组成和工作原理。
7. 说明导向绳张紧器的系统组成及工作原理。
8. 说明游车大钩升沉补偿装置的工作原理。
9. 简述水下机器人和水下机械手的作用和系统组成。
10. 说明我国载人深潜器发展的战略规划和技术水平。

第4章　海洋油气开采工艺与设备

随着海洋石油开发技术的飞速发展，在传统的固定平台开采石油的基础上，出现了一些新的结构形式，并已发展成为固定平台开采系统、浮式开采系统和水下自喷采油系统三种海上油田开采系统。

固定平台生产系统是当前广泛采用的开采方式。它以近海建造栈桥、浅海构筑人工岛和开阔海区建造各类固定平台为基础，用基本与陆地油田相似的工艺和设备开采海洋油气田。

浮式生产系统是近期发展较快的海洋油气开采方式。它以半潜式平台或改装的大型油轮等移动式浮体为主体，来开采海底井的油气。它的出现，不仅加快了海洋油气田的开发建设速度，形成了“早期生产系统”的概念，而且还因为开发费用低、回收投资快，使过去用固定平台开发不经济的边际油田资源也能够被开发利用。

水下自喷采油系统目前主要是水下完井系统。水下完井已在海洋油气田的早期生产系统、油田边缘卫星井、探井生产以及建造固定平台不经济的小油田开发等方面得到应用。尽管这种生产系统目前大多数适于固定平台和浮式装置结合使用，但它已经形成了独立的开采系统。

由于油气藏的构造和驱动类型、深度及流体性质等的差异，其开采方式也不相同。

通常气藏以自喷的形式开采，开发后期部分气藏采用排液采气。常用的采油方式有：自喷和人工举升方式。

4.1　海洋油气自喷开采工艺

油田开采初期，油藏往往具有较大的能量，石油依靠油层能量可由地下流至地面，这类油井称自喷井。这种采油方法称为自喷采油工艺。

自喷是由生产油井的油层本身所具有的能量来完成的，因此，自喷采油具有设备简单、管理方便、单井产量比较高以及采油成本低等优点。

4.1.1　自喷井采油及设备

自喷采油设备分为井筒设备与地面设备。井筒设备主要包括油管、套管、封隔器。地面设备主要包括井口装置。

1. 井筒设备

在一般情况下，油井各个油层的特性、压力和原油性质各不相同，为了充分利用油层能量进行合理开采，需要在井筒内下入设备。

(1)油管

油管是作为出油气用的直径较小的无缝钢管。原油从油层流到井底，再由井底到井口的过程中，油管直径的大小起着控制和调节流量的作用。对于某一油井的流动系统来说，只有某个范围的油管直径最合适。根据经验和粗略的计算，油管直径与产量存在直接关系。确定油管直径还要考虑机械因素，如为了满足测试需要，直径不能太小，否则，蜡阻过于严重，不能正常生产。在产量特高油井上，可以先用套管生产，而不必选用大直径的油管。

(2)油层套管

油井是一条上接地面、下接油层的通道。为了保证这路通道的完好与畅通，在钻完井后需下入高强度的无缝钢管(即油层套管)，使油井进入正常生产。

(3)封隔器

封隔器的作用是将套管内油、气、水层封隔起来，达到分层开采、分层注水、合理开发油田的目的。

2. 井口装置

(1)井口装置的作用

①悬挂油管，支撑全井内的部分油管柱重力；

②密封油管、套管环形空间；

③保证井上作业施工；

④控制和调节油井的生产；

⑤录取油压、套压资料和测压、清蜡等日常生产管理。

(2)套管头

井口装置的最下部是套管头，它的作用是连接各层套管，密封各层套管间的空间并承托整个井口装置。只有一层油层套管的套管头结构最简单，在油层套管上安装一只法兰，在法兰上接一个四通，其一端作为油管与油层套管环形空间的通路，另一端装有套管压力表。

(3)油管头

安装于套管四通上，用于悬挂油管、密封油管与油层套管间的环形空间。

(4)采油树

油管头以上的阀门组合部分统称为采油树，其作用是控制和调节自喷，使石油沿某一侧出油管进入集油管路和油气分离器，并在必要时关闭油井。

油管头上安装总闸门，总闸门上安装四通，四通两侧接生产闸门，闸门外油嘴套内可安装油嘴。日常生产时，使用的一侧安装油嘴，另一侧接油管压力表。在检查和更换油嘴时，可使用另一侧继续生产。

油嘴为孔径3~8mm的节流件，其作用是根据油藏能量的大小限制与调节油井的采油量。油藏开采初期，油层能量往往很大，如不进行油嘴节流，油井产量会远远超过允许产油量，其结果不仅使油层能量消耗过快，严重时还会使油层结构遭到破坏(如坍塌和大量出砂等)。

油层能量过早地衰竭，将使油井产生间歇自喷或停喷等不良后果，因此对自喷井应采用油嘴节流，以保持井底有一定的压力。

4.1.2　油气井自喷原理

打开油层投入生产后，石油就从油层流向井内。但油井能否自喷，与油层原始的能量储存及驱油能量的大小有关，同时也和油从油层流向井内所要克服的阻力大小有关。

1. 自喷井的能量来源

原油在油层中处于高压之下，当打开油层以后，油层中的原油在油层压力作用下，克服渗流阻力流向井底。原油从油层流到井底后具有的压力称为井底流压。井底流压是继续举升原油的动力。当油井流压比较高时，流压不仅能平衡井底油柱重力，而且能克服垂直流动的摩擦阻力将油流举升到井口，并进入集油管线。在这种情况下，油井自喷的能量来源是油层压力。

油井中呈单相(或油、水两相)流的情况很少。大多数的自喷井是油、气两相或油、气、水三相垂直管流。当流压低于饱和压力时，则整个油管内为气、液两相流。如果井底流压高于饱和压力而井口压力低于饱和压力时，则井中存在两个区域：下面呈单相流，上面是液、气两相流，分界面基本在饱和压力点。在高压下溶入油中的天然气分离出来后，随着油、气流沿井筒上升，压力逐渐降低，已分离出来的气体不断膨胀，气体弹性膨胀能量是自喷井能量来源的另一重要方面。

2. 自喷井的能量消耗

原油从油层流到计量站，共经过四种流动过程(图 4－1)：沿油层流入井底；从井底沿井筒升到井口；通过油嘴；经地面管线流到计量站。每一种流动过程都要消耗能量。

自喷过程中，各种阻力损失与油气在井筒中的流动状态有关，不同的流态，各种阻力损失不一样。油气在井筒中的流动状态如图 4－2 所示，从图中可见，油、气在井筒中的流态自下而上可分为纯油流、泡流、段塞流、环流、雾流等 5 种流态。

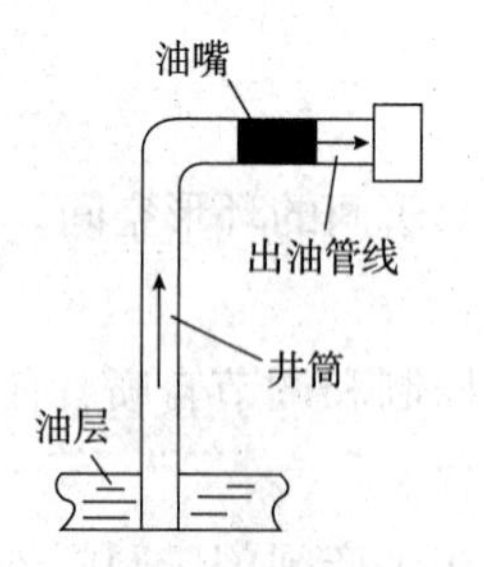

图 4－1　自喷井的四种流动过程

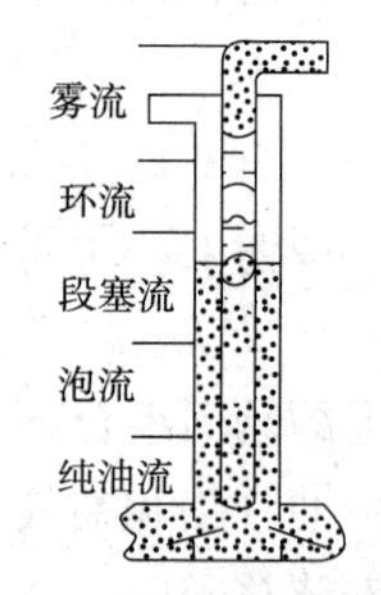

图 4－2　油气在井中流动状态

(1)纯油流。此段井底流压高于饱和压力，气体溶解在油中，油流为单相流动。在一般情况，油流速度低，摩擦损失较小。

(2)泡流。此段井筒内流压稍低于饱和压力，少部分气从油中分离出来，以小气泡状态存在于油中。因为气泡所占油管断面的比值很小，流速也不大，所以气泡从油中容易滑脱，滑脱损失很大，这时摩擦损失很小。

(3)段塞流。此段井筒内压力进一步低于饱和压力，气体进一步膨胀，小气泡合并成大气泡，使井筒内出现一段油、一段气的柱塞状态。这时气体的膨胀能量得到很好的利用(像活塞作用)，对油有很大的举升力，滑脱效应很小。

(4)环流。随着气体的继续分离和膨胀，气体的柱塞不断加长，逐渐从油管中心突破，形成中心为连续的气流，靠近管壁为液流的状态。此时气流上升速度增大，油、气之间的摩擦也同时增大，气体带油能力仍很高。

(5)雾流。当气体继续增加，中心气柱完全占据了油管断面，液流以极小的液滴分散在气体中。这时气体的膨胀能表现为以很高的流速将油带到地面，这时摩擦很大。

综上所述，井筒中自下而上滑脱损失逐渐减小，摩擦损失逐渐变大。自喷井的能量来源有两种：地层压力和气体膨胀能量。只有当地层所具有的能量足够克服4个流动过程中所遇到的阻力时，油井才能自喷。

4.2 海洋油气人工举升技术

油井开采过程中，地层能量逐渐下降，经过一个时期，油井不能自喷。有一些油田，由于原始地层能量小或是油稠，开采初期油井就不能自喷。此外，注水开发油田的中期，由于含水量上升使油井不能自喷，或虽能自喷但不能满足增大产油量的要求。在这些情况下，必须借助于机械的能量进行人工举升开采。人工举升方式包括：有杆抽油泵、螺杆泵、电潜泵、水力活塞泵、射流泵、气举、柱塞泵、腔式气举、电潜螺杆泵、海底增压泵等。

目前海上最常用的人工举升采油方式是水力活塞泵采油、电潜泵采油和气举采油。

4.2.1 水力活塞泵采油

水力活塞泵采油的方法是由地面设备提供高压动力液(水或原油都可以作动力液)，通过井下管道注入并操纵一个往复运动的活塞泵，由活塞泵的推动将原油举升到地表。工作原理与活塞泵相同。水力活塞泵采油技术在美国发展较快，我国从20世纪60年代初期开始试验，目前已研制了不同结构、不同循环方式和不同排量的多种水力活塞泵，初步形成了系列。

典型的水力活塞泵采油装置如图4-3所示，它的地面部分包括沉降罐、地面动力泵、油气分离器和各种阀件；地下部分包括同心的两层油管、水力活塞泵和密封两层油管间环形空间并带有单向进油阀的锥形座。

动力液从沉降罐抽出经地面动力泵加压后由中心油管压入井下。高压动力液推动水力活塞做往复运动，不断地从油井中抽取原油与废动力液一起经过两层油管间的环形空间(或用一根油管，废动力液和原油由油套管间的环形空间)流至设在平台的油气分离器。脱出气体后的原油返至沉降罐，一部分作为动力液重复使用，另一部分沿着出油管流向计量站。

水力活塞泵的排量调节范围大(排量大约是60~500m^3/d)、水力效率可以达到60%，适用于超深井(深度已经可达4600m)、斜井以及高黏、高含蜡原油的开采。缺点是每个井口需要有沉降罐、分离器和地面动力泵，不适用于出砂量较大的油井。而且工作油易燃，如果地面压力较高，漏失量比较大，会出现安全问题。若采用水作为工作液，水处理比较烦琐。水力活塞泵通常不能排气，对气体的影响比较敏感。

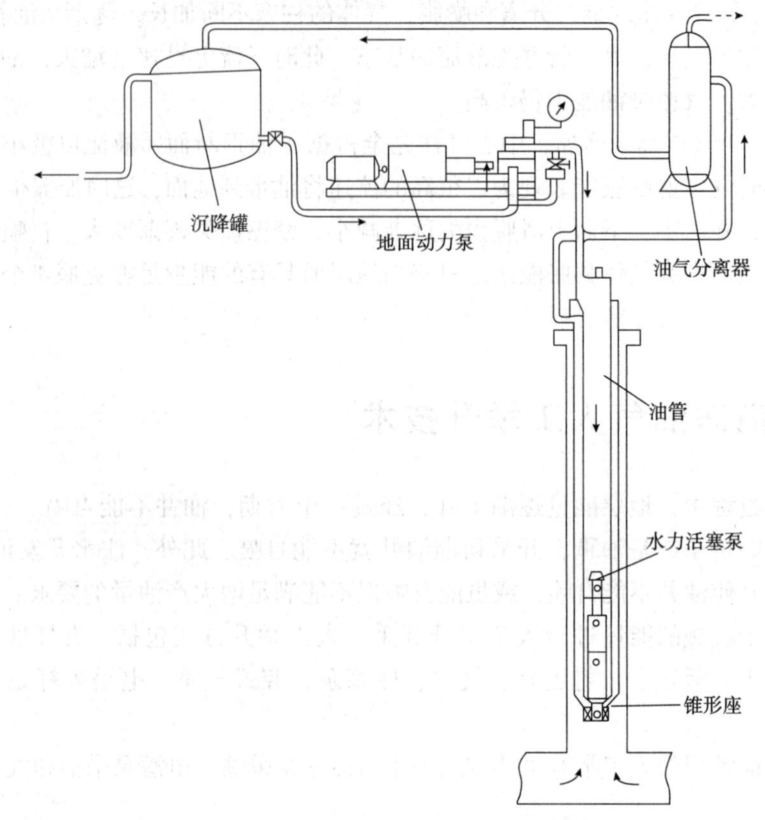

图 4－3　水力活塞泵采油装置

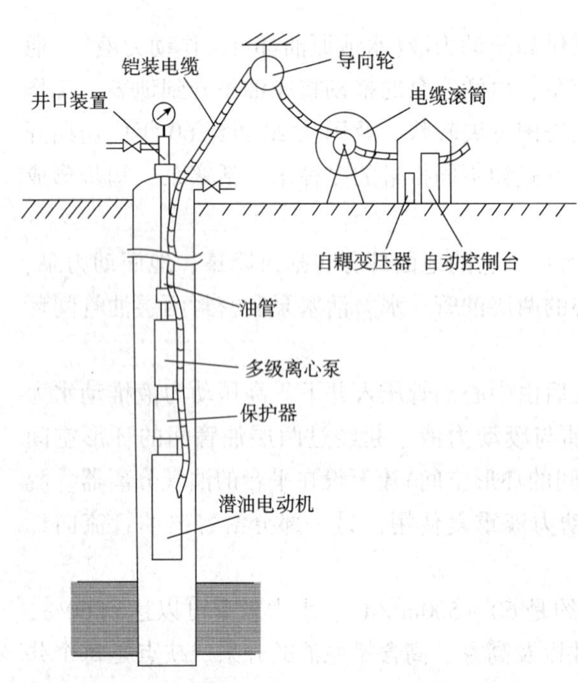

图 4－4　电动潜油泵采油装置

4.2.2　电动潜油离心泵采油

电动潜油离心泵是海上采油工艺常用的原油开采设备，是用电动机和多级离心泵一起抽油的举升设备。其工作原理是电能通过变压器和电缆输送给井下电机，电机带动离心泵叶轮旋转将井液举升到地面上。电潜泵由于其排量大、扬程范围广、功率大、生产压差大、适应性强、机组寿命较长、管理方便、经济效益显著等特点，广泛应用于海洋石油的开采。

电动潜油泵机组如图 4－4 所示，包括潜油电动机、保护器、多级离心泵、铠装电缆、电缆滚筒、自耦变压器、控制台、气体分离器等。电动潜油泵机组一般用油管下入井中，铠装电缆固定在油管上。少数机组用电缆悬吊挂入井中。

潜油电机为封闭式三相感应电机，装于充满变压器油的、外径为100～500mm的钢管内。变压器油的压力必须略高于井底流体压力，以防止地层水通过接缝处渗入电机内部破坏电机工作。根据油井的生产能力，电机的功率范围可达10～500kW，最高工作温度为95℃。电机长期处于运行状态，环境温度比较高，故设有专门的油路循环系统对电机运转部件进行润滑和散热。电动机的转子和定子各分为若干节，每节有单独的绕组，串于电动机轴上，形成细而长的电动机外形。

保护器由独立的两部分组成。上部充满润滑脂，用来对离心泵的止推轴承进行润滑；下半部充满变压器油，以便及时补充电机与钢管外壳间变压器油的消耗。有些保护器轴的两端制造有花键，用特殊的联轴器分别同潜油电动机和多级离心泵的传动轴相连；有的潜油离心泵设计成为电动机和离心泵轴直接相连。保护器的主要作用就是密封和润滑。

多级离心泵是钢管式壳体，其外径与潜油电机相仿，级数从84～332级不等，长度一般不超过5.5m，排量为40～3000m^3/d，扬程为1400～3000m液柱，泵效率为44%～52%。多级离心泵上还装有灌泵用的单流阀。当需要把电动潜油泵机组提升到地面检查时，可以通过排油阀排泄油管和离心泵壳体内的油液。

电动潜油离心泵具有排量大、扬程高、流量均衡、油管寿命长、地面设备简单、受气候变化影响较小，易于实现自动控制以及具有较好的携沙和携蜡能力等优点，但受电机耐热程度的限制，适应井深一般不超过3000m。不允许有较多的气体进入泵内，油井产量改变和开采高黏度油时会影响泵效。电动潜油离心泵设备结构复杂，制造质量要求高，造价昂贵。

随着新材料、新工艺的出现，变频驱动电潜泵、节能隔膜电潜泵、高容积气体分离器电潜泵、代替杆式泵的电潜泵等一系列能够解决专项问题、满足不同需求的电潜泵不断涌现。

4.2.3 气举采油

气举是一种利用气体来举升油井流体的方法，通常分为连续气举和间歇气举两种类型。

气举的特点之一就是安装了特殊的气举阀，如图4-5所示。这些气举阀沿着油管柱安装，用于提供气体从套管进入油管的通道。气举阀也可以设计为轴状结构，安装在油管之中，顶端系有钢丝绳，由绞车牵引下放到油管中某个位置或从某个位置起出。

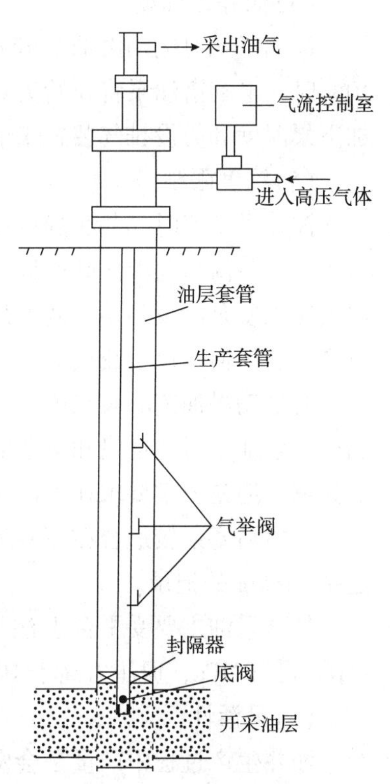

图4-5 气举采油示意图

当有一定压力的气体通过打开的气举阀不断注入油管之中，在气举阀上部油管中的液体由于混入了气体，液体密度变小，体积变大，最后伴随高压气体返回地面，这种方式称为连续气举。对于一些低产量的间歇油井，由于其油管内动液面要经历一个回升过程，因此气体注入需要预先设计好注入时间，原油产出有一定的间歇周期，这种方法被称为间歇气举。

气举采油的优点是：井下设备投资较低，采油速度可以进行地面控制，流体中的沙粒对气举设备没有影响，不受斜井的影响，气举采油活动构件少，磨损少，维修费用和操作费用较低。气举采油局限性是：要求油田本身产气，而且平台上要有配套设施，如气体压缩机、气体回收设备等。因此，气举采油适于开采有充足高压天然气作气源的油气田，目前应用较广泛，尤其是对海底完井的机械采油井多用气举采油法。

4.2.4 海洋油气开采方式的选择

基于海洋油气田的特殊情况，海洋油气开采方式的选择也把采用斜井开采和平台空间限制等因素考虑在内，应该根据以下内容进行综合选择。

(1)尽可能发挥地层的产能

对于高产能的油井，要优化自喷设计参数，充分发挥地层的产能，延长自喷周期。

(2)搞好后续替换

在开采过程中，随着采出程度、综合含水的上升和地层能量的下降，需要及时搞好后续替换，转换为更适应的采油方式。

(3)油井产液量

一般来说，电动潜油泵适合于大排量下工作，对含水油井和低油气比油井，电动潜油泵的产液量还可能更大一些。气举虽然也可以达到较大的产液量，但比电潜泵要低一些。水力活塞泵的产液量比气举又低一些。

(4)油井含气量

高油气比对电动潜油泵和水力活塞泵都是威胁。当井筒内气体体积超过泵送液量的10%时，电动潜油泵将开始失效；水力活塞泵还能工作，但是效率将大大降低，故需要增加下泵深度和另设排气装置来解决。高油气比恰恰对气举非常合适。

(5)深度限制

油井不生产时，井底静压可使井内液体存在一个静液面。油井生产时，因井底流压低于静压，井筒内动液面必然低于停产时的静液面。对电动潜油泵和水力活塞泵来说，下泵深度应该使泵沉没到动液面下足够深度，以防止气蚀作用和克服诸如通过井下气体分离器时产生的任何入口节流损失。

对电动潜油离心泵来说，较深的沉没度有助于减少游离气的影响，但下泵深度增加，温度会增加，对电动机和电缆的寿命有较大的影响。电动潜油泵虽然有过在230℃下工作的先例，但是通常要求在不高于95℃温度下工作。

水力活塞泵较适合在深井工作，常用于井深为3000～4000m的油井，国外有下泵深度达到5486m的记录。

气举采油主要受平台上注气设备所能达到的注气压力所限制。一般地面注气压力从2MPa到20MPa，但压力高于10MPa时，气举阀寿命缩短。气举采油深度已经超过3600m。

(6)灵活性

油井生产过程中产量是会发生变化的，能适合产量变化的灵活性也是采油方法的一个评价指标。气举能在广泛的范围内灵活改变气举日产液量，可从日产1m^3到几千m^3。水力活塞泵由于改变每分钟的冲次和冲程长度较容易，因此，在额定流量范围内灵活地改变产量是容易做到的。电动潜油泵的灵活性是机械采油方法中较差的，但新的电流频率转换器的问世改善了电动潜油泵的工作条件。

(7)油井出砂

油井出砂给电潜泵和水力活塞泵都带来冲蚀问题，砂子充填在井下泵的顶部会造成提泵困难。气举是唯一不畏惧含砂流体的机械采油方法。

(8)经济效益

海洋油气生产要求采油设备占用面积尽可能小、质量轻；适应地层性质要求，免修期长，维护费用低；技术安全可靠、操作方便、投资少，尽量满足环境要求。

4.3　海上采油平台的类型

由于海上采油平台固定在一个位置作业的时间较长，一般多使用固定式，如桩基导管架平台或重力式平台。实践证明，在浅水区使用固定式平台比较经济；在深水区或在早期生产中，以使用移动式平台较为经济；在极浅水区可以使用人工岛或简易平台。

4.3.1　海上采油平台的主要类型

海上采油平台主要是用来开采石油和天然气并对油气进行初步处理(如油气分离、油水分离)的海上建筑物。它是单口或多口生产井和油气处理的基础设施，故必须有相应的甲板面积和承载能力，还必须能适应各种海况条件或可能发生的作业条件。

海上采油平台的类型没有统一的规格和形式，其类型与油田的大小、产量高低、原油性质以及水深、海况、气象、腐蚀、海底地质等各种因素有关。因此，平台设计和建造的类型多种多样，各有特点。

1. 按平台的布置方式分类

(1)综合式采油平台

综合式采油平台是在一个钢质或混凝土制成的导管架上铺设平台甲板，用以布置钻井、采油、油气处理、储油、动力、生活等多种设施，完成各种作业。这种大型采油平台多用于深海，造价较高。

(2)群式采油平台

群式采油平台是在浅海油田分别建造生产平台、储油平台、生活平台(或生活、动力平台)，平台之间用栈桥相通，这种形式的平台造价较低。我国渤海的埕北油田就是采用这种形式。

2. 按平台制造的材料及在海床上的固定方式分类

(1)钢质桩基导管架式生产平台

这种平台一般是从导管架的腿内打桩，少数是从固定在导管架腿下端外部的导桩套内打桩，使平台牢固地固定在海底。

(2)混凝土重力式生产平台

重力式平台是靠巨大的自重稳定地坐在海底，一般用混凝土制造，少数也有钢质的。

目前在400m水深海区建造桩基导管架式平台和重力式平台，无论在设计、建造技术以及材料方面均能满足要求。但是随着水深的增加，导管架式和重力式平台的造价增长很快，这样势必大幅度地增加开采石油的成本。

(3)顺应式生产平台

海洋石油开发面临着不断向深水海区发展的趋势，因此就出现了顺应式平台。这类平台主要有牵索塔式平台(又称为绷绳塔式平台)、浮力塔式平台和张力腿式平台等。

4.3.2 海上采油平台的选择

与钻井平台一样，选择海上采油平台的形式也要根据采油作业的需要、作业区域的水深、海况等具体环境条件，以及平台的建造成本等经济因素进行选择。其中，要把水深作为一条重要的选择原则，如图4-6所示。

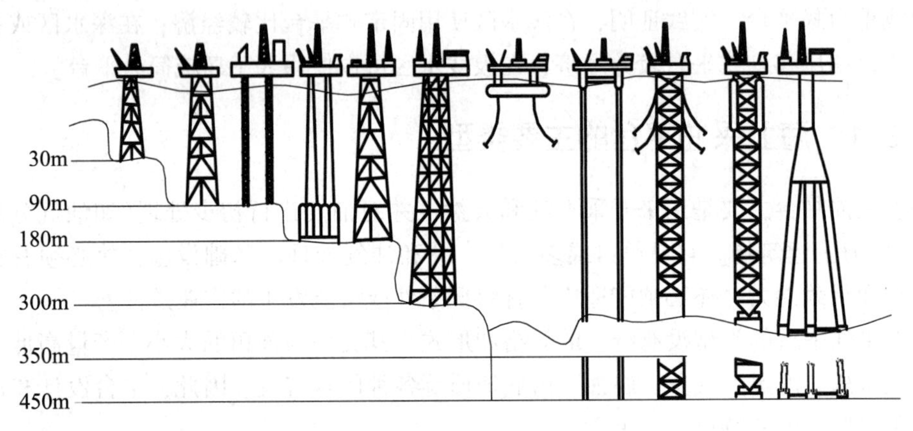

图4-6 水深和采油平台的选择形式

在浅水海区，一般选用桩基导管架式采油平台，也可以采用自升式钻井平台改装的采油平台或采用人工岛。

在较深的水域，宜选用较大型的桩基导管架式平台或混凝土重力式平台。

在更大的水深区域，宜选用顺应式平台，包括牵索塔式平台、浮力塔式平台和张力腿式平台。

在深水海区，宜选用浮式生产系统，既可选用半潜式平台改装的采油平台，也可选用生产储油轮的方式，还可采用水下(海底)采油系统。

另外，在浅海区产量不高的油田，应该使用单功能的海上平台，而不宜建造综合性的大型平台，以利于加快油田开发和降低费用。在较深海区的中、小油田，则应采用轻型自足式平台，如API标准自足式平台或微型自足式平台。开采年限很短(4～5年内即采完)的油田或在早期生产阶段，则采用移动式平台较为经济。

对于面积较大的油田，用一个固定平台难以开发，可以在平台以外控制不到的地方钻一些卫星井，采用水下完井，再连接到平台上，或建若干卫星平台，或采用两个、多个平台的生产系统。

4.4　固定式油气开采系统

所谓固定平台开采系统是指该系统中的主要设备——采油平台，固定于海底。它是世界上用得最早而且较为广泛的一种生产系统。固定平台上用来开采海洋油气田的各种工艺流程和设备基本上与陆上油田相似。固定平台生产系统包括几种主要形式：桩基(主要是导管架)式平台开采系统、重力式平台开采系统、张力腿式平台开采系统、绷绳塔式平台开采系统。

4.4.1　导管架式采油平台

导管架式采油平台是一种刚性平台，是指在海洋环境载荷作用下不发生偏移，稳坐于海底的平台。固定式海上采油平台是用桩基、沉垫基础或其他方法固定在海底指定位置并对其产生支承压力的结构物。固定式采油平台随着使用情况、海洋环境和建筑材料的不同又分为许多类型。

1. 导管架式采油平台

导管架(Jacket)式采油平台可以在建造平台的同时，进行油气田开发预先的钻井作业，待平台建造好后运移到海上，与预先钻井的海底基盘定位安装，将海底井口回接至平台上进行完井。这种方法可以将油气田开发周期缩短一年以上，故导管架式采油平台是固定式平台中数量最多的。导管架式采油平台示意图如图4－7所示。

导管架式采油平台与其他钢结构固定平台一样，其负荷均由打入地基的桩承担。

如图4－8所示，中国东海平湖油气田的导管架综合钻采平台，工作水深87.5m，导管架总重4630t，导管架的12根裙桩(钢桩)总重3300t，外径为84in(2133.6mm)，用水下打桩机打入海底长度超过100m；裙桩与导管架固定，从而确保导管架的全部负荷传递至钢桩而由地基承载。

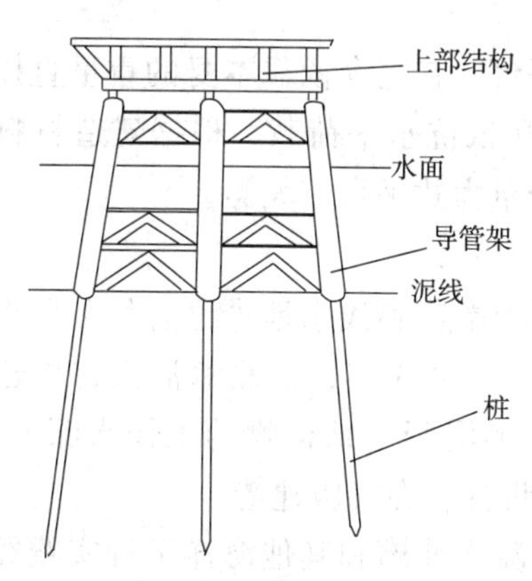

图4－7　导管架式采油平台示意图

图4－8　东海平湖油气田导管架综合钻采平台

2. 塔式平台

单腿塔式平台如图4－9所示。它是鹿特丹和多德雷赫特两家荷兰工程公司研制和设计的，用于240m左右水深的单腿塔式钢平台，它没有普通钢桁架式结构。该种平台的优点是：

(1)疲劳强度高；

(2)承载能力大(最大甲板负荷为2万t)；

(3)因导管和立管处于钢板制成的立柱内，故它们不受海况影响；

(4)投资少；

(5)使用期间检验、维护和修理的费用较低；

(6)达到使用寿命后容易拆除。

塔体最厚钢板的厚度在50mm以内，有一些垂直和水平的加强构件。桩套和圆形底座为一体，不用桩导杆，将桩插入桩套中，用海水作为钢塔的压舱水，并在内部和外部采用阴极保护。

三腿塔式平台如图4－10所示。它的优点是结构简单，节省费用，安装容易和迅速，适应各种土壤条件，可用于任何海上环境。

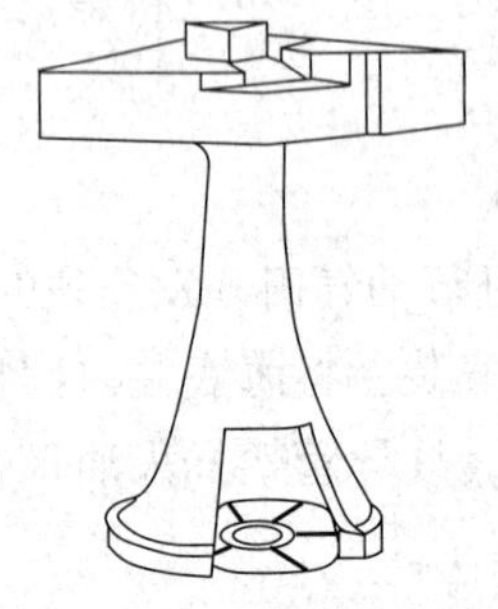

图4－9　单腿塔式平台

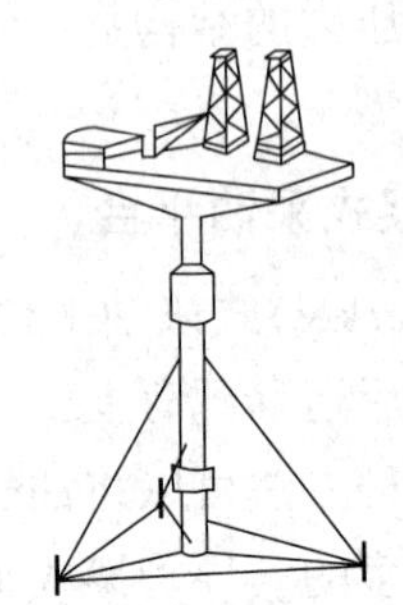

图4－10　三腿塔式平台

底座包含中心基础1个，桩腿基础3个，均通过打桩固定。底座上安装3根桩腿；桩腿之间设有水平支撑桁架；中心支柱对应海底井口。

4.4.2　重力式采油平台

重力式平台是与桩基平台不同的另一种形式的平台。它完全依靠本身的重量直接稳定在海底，不需要用插入海底的桩基去承担垂直荷载和抵抗水平荷载。根据建造材料的不同，又分为混凝土重力式平台、钢重力式平台和混合重力式平台三大类。

(1)混凝土重力式平台

把混凝土重力式结构用于岸边和浅水地带已有悠久历史，而用于外海却在1970年代以后。1973年，在北海油田首先建成了埃克菲斯克储油罐。这个巨型混凝土结构物的工作水深是70m，储油量16万m^3，由法国人设计，在挪威建造。

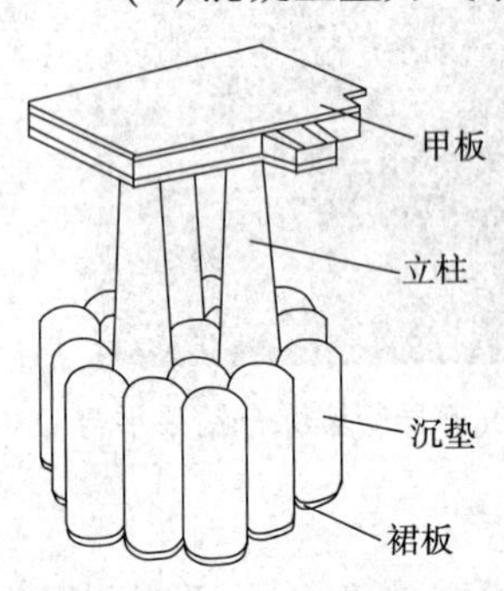

图4－11　康迪普平台

其后，挪威在总结了混凝土油罐和其他海洋工程实践经验的基础上，首创了两座混凝土重力式平台，即康迪普型平台，如图4－11所示。它们适应的水深分别为120m和140m。其后，挪威又相继建造了数座深水混凝土平台。此外，在南美的巴西也建造了水深为20～50m的浅水混凝土重力平台。由此可见，混凝土平台可以适应从浅到深的多种水深环境。

混凝土重力平台(Concrete Gravity Platform)为钢筋混凝土结构或钢筋混凝土结构与钢结构的复合体，靠自重坐于海底。它的基础部分和立柱都是中空的舱室，可以用来储存原油。它的固定是靠在基础四周安装铰链垫以及在底座下装设钢质裙板等来实现的。

混凝土重力平台的优点是节省钢材，如上述两座康迪普平台，耗钢量分别为1.2万t及1.5万t，而同样条件的桩基钢平台耗钢达2.0万~4.0万t。采用低价混凝土材料，经济效果好。在北海，用混凝土重力式平台比钢导管架平台更为经济，估计总成本可节省20%。由于混凝土重力式平台的沉垫(沉箱)可以储油，因而经济效果十分显著。由于全部结构在岸边隐蔽的深水施工水域中已经建造完毕，因而避开了海况恶劣的深水现场，海上现场安装的工作量小，安装工作施工工艺比钢结构简单，不需要在海底打桩。甲板负荷大，在立柱中钻井安全可靠。防海水腐蚀、防火、防爆性能都好。维修工作量小，费用低，使用寿命长。

混凝土重力平台的缺点是对地基的要求高。这是区别于桩基平台的显著特点之一。一座混凝土平台能否正常工作，除取决于它本身的结构强度外，另一个重要的因素就是看它能否稳坐在海底。一般情况下，基础(沉垫)稳定性的破坏主要有如图4-12所示的几种形式。

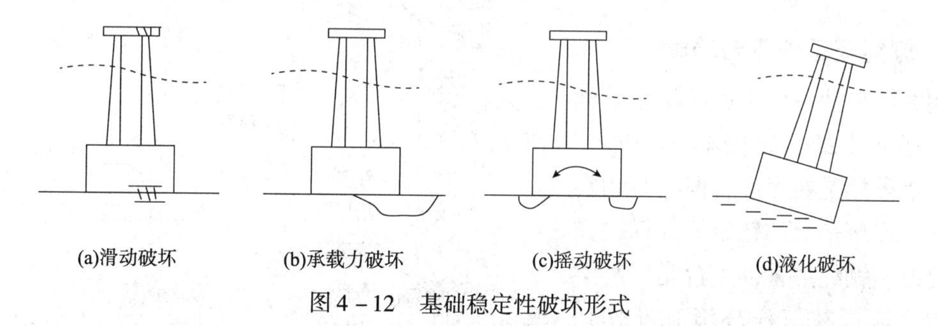

(a)滑动破坏　(b)承载力破坏　(c)摇动破坏　(d)液化破坏

图4-12　基础稳定性破坏形式

图4-12(a)所示是在风浪产生的水平推力作用下，基础与海底之间发生的滑动破坏，滑动面可能出现在基础与海底土壤之间，也可能出现在海底的土壤与土壤之间。

在黏土类地基上，可能出现如图4-12(b)所示的承载力破坏。这是由于在垂直与水平荷载共同作用下，使基础下面地基中的应力大于一端的土壤承载力，发展下去，会造成土壤的塑性挤出和平台的倾斜。

由于波浪力从两个相反的方向周期交替地作用于平台，因而可能使平台基础两个端部下面的地基同时发生破坏，即构成图4-12(c)所示的摇动破坏。

在粉砂地基上建造混凝土平台时，由于风浪、地震等产生的动力作用，可能会使地基完全失去抗剪切能力而发生液化破坏现象。这时土体的强度完全丧失，平台会陷入地基中，同时，还可能伴随有平台的倾斜，如图4-12(d)所示。

以上各种破坏情况，都是桩基平台所没有的，由此可知，混凝土重力平台对地基的要求远比桩基平台高。因而，基础设计的好坏常成为重力式平台成败的关键。

另外，该平台结构分析比较复杂，浇注混凝土时需较多的木模板，岸边需有较深的、隐蔽条件较好的施工水域，拖航时阻力大。

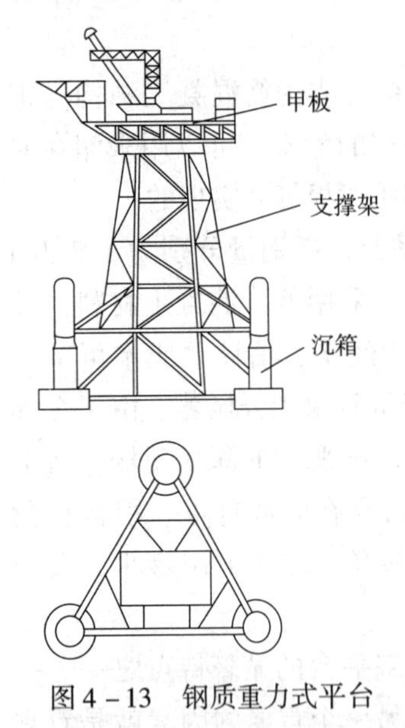

图 4－13　钢质重力式平台

(2)钢质重力式平台

除混凝土平台外，钢质重力式平台也是重力式平台的一个重要分支。1971 年，意大利首先建造了一座适用水深 90m 的钢质重力式平台，如图 4－13 所示。整个平台由沉箱、支承框架和甲板三部分组成，沉箱兼作储罐。建造时，先把各个沉箱、支撑框架、甲板分别预制，然后，在岸边组装成整体，再拖运到井位下沉安放。

钢质重力式平台与混凝土平台相比，储油量虽小，但在对储量要求不大的情况下，钢平台反而有较高的经济效益。由于它比混凝土平台轻得多，因此，预制过程中不需要较深的施工水域，拖航时要求的拖船马力小，使用中对地基承载力的要求也不高。钢平台避免了混凝土平台许多缺点，但在省钢材、耐腐蚀、储油量、隔热等方面，都不如混凝土平台，这又是它的缺点。

4.4.3　绷绳塔采油平台

1. 绷绳塔采油平台功能

绷绳塔采油平台是适应深水采油需要应运而生的，如图 4－14 所示。它的底座虽然是在海底，但它是用靠近水面处连接平台的锚定绷绳横向拉紧固定的。绷绳塔采油平台是一种柔性平台，是指在海洋环境载荷作用下，围绕支点可发生允许范围内某角度摆动的深水采油平台。这种平台是一种细长的钢制塔架结构，沿高度方向的横截面一般不变。钢制塔架每隔一定的高度有重复的结构形式，井槽在平台的中部。

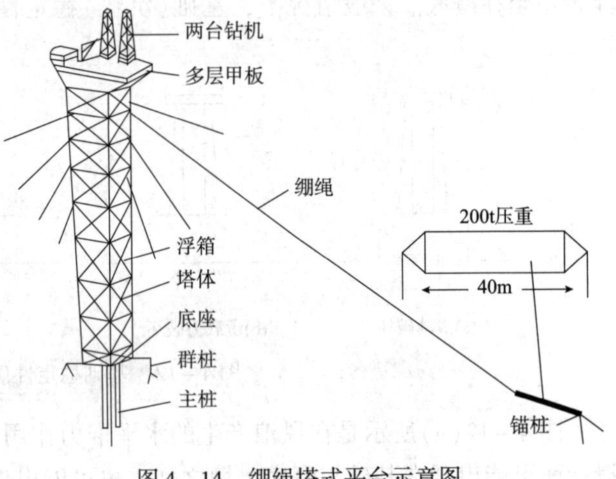

图 4－14　绷绳塔式平台示意图

由于绷绳在平均水位以下靠近环境力作用的中心处与塔架相连，因此，倾覆力矩不会经塔身向基座传递。这一特点使塔架可以沿全长设计成不变的正方形截面，从而减轻结构的重量。

有的柔性平台在每个角各有数根桩支持。桩穿过导管打入海底岩层后，桩顶部要高出泥线某一高度，桩与导管之间灌注水泥浆凝固后便组成了套管与桩腿的组合体。塔架连接在这个桩腿组合体的顶部。这样大的长度提供了足够的轴向弹性来产生柔性复原力，调整组合体的长度可得到系统适应不同环境的结构参数。

2. 绷绳塔式采油平台特点

(1)结构具有柔性，自振周期大，刚性小，会随着波浪运动而运动，而由桩腿组合体(由桩和套管组成)和导管架形成的阻尼器使其运动幅度大大减少，具有很好的抗疲劳特性，能抵抗周围环境所产生的各种作用力。

(2)可用铰接接头或大型浮筒和阻尼器，不需要安装特殊装置来限制甲板运动。

(3)重复结构和定型构件多，结构简单、构件尺寸小、重量轻，可按常规方法运输、下水和直立作业，起重安装容易。

(4)不需要打桩的绷绳塔平台，可减少施工，节约成本。

(5)经济工作水深为240~480m，最大使用水深为600m。

(6)从工作水深上比较，这种平台的建造总费用比桩基导管架式平台低，反映在钢材费用、建造和安装时间上，一般工程建造时间少于2年，在成本上占有优势。例如300m水深的柔性平台总费用为4460万美元，而同样水深的常规钢导管架平台费用为6360万美元。

4.4.4 张力腿式采油平台

张力腿式采油平台(Tension Leg Platform)的外形类似于半潜式平台，如图4-15所示。它是用若干根缆索(或钢管)将漂浮状态的平台与沉置海底的锚块(或基座)连接起来，通过收紧缆索使平台的吃水大于它静态平衡时的吃水，即平台所受到的浮力大于自身的重力，该剩余浮力与缆索的张力平衡。当平台受风、浪作用时，平台随缆索弹性变形而产生微小运动，就像有桩腿插入海底一样，所以称为张力腿。该腿是柔性的，在非张力控制方向可有一定的漂移。这种平台由于控制方向的张力对非控制方向的运动有牵制，因此漂移和摇摆比一般半潜式平台要小。由于张力腿平台具有垂直系泊的某些特征，因此，也称它为垂直锚泊式平台。为了能在较小的张力变化范围内限制平台的运动，平台本体采用半潜式，因此，又称为张紧浮力平台。

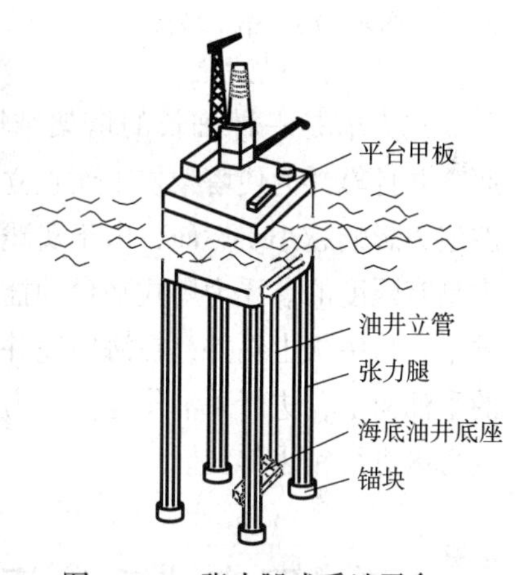

图4-15　张力腿式采油平台

世界上第一座张力腿式平台安装在英国的北海油田，于1994年11月建成并投入使用。该平台具有32口井槽的海底基座，锚固系统是由16根直径260mm的垂直钢管张力腿组成。这些钢管张力腿从平台本体伸向海底基座，并用爆炸膨胀法锁固在海底基座上。这项高难度安装作业是应用遥控深潜器完成的。

张力腿式平台的优点是：除了用于开发钻井外，还可用于勘探钻井、修井和浮式生产系统；与其他固定平台不同，有些张力腿式平台可以移动，像浮式钻井平台一样，现场建造时间比其他平台短；相对深水而言，张力腿平台建造费用比导管架平台的建造费用低，而且不会因工作水深的增加而使建造资金大幅度增加；张力腿平台的稳定性、钻井设备的适应能力以及总生产能力比浮式装置大，能够同时进行钻井和采油作业。张力腿平台可以用于水深超过600m的海区，但通常认为比较经济的作业水深范围是在450~600m之间。

张力腿平台的缺点是；锚碇系统、基座、立管和井口系统的组装非常复杂，因而安装费用很高；所需要的高强度、耐腐蚀且具有足够长度的单根钢索的制造，以及张力调整装置设计中的一些技术问题均有待解决；另外，张力腿平台在深海海底上建立基座，使平台在就位以及就位后调整张力等方面都增添了施工难度。

4.4.5 单体浮力平台

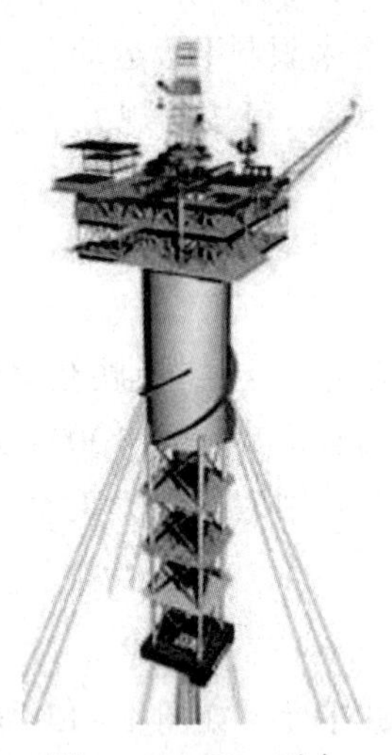

图 4－16 Spar 平台

1. 单柱浮体(Spar)平台

Spar 平台(深水浮筒平台)属于柔性平台的范畴，被广泛应用于人类开发深海的事业中，担负着钻探、生产、海上原油处理、石油储藏和装卸等各种工作，成为当今世界深海石油开采的有力工具。Spar 平台顶部为甲板及上部钻采模块，系泊拉索则沿中心主干辐射布置，如图 4－16 所示，系泊拉索尾端由重力锚、大抓力锚或吸力锚固定。1972 年，第一座 Spar 平台在北海投入使用。1996 年后发展特别迅速，工作水深从 1996 年的 558m 增至 2004 年的 1710m。

2. 浮力塔式平台

浮力塔式平台如图 4－17 所示。浮力塔是一种细长的塔架结构，它是通过万向接头固定于海底，并且靠浮力使塔架扶正而直立起来。塔架的浮力越大，塔架受波浪力影响越小。然而，由于实践上和经济上的原因，其自身的浮力是有限度的。浮力塔式平台的摇摆比牵索塔式平台的摇摆大。这种平台从甲板上钻井，在海底完井，并通过柔性接头回接到甲板上的采油树上，进行采油作业。浮力塔式平台可以在 300～600m 水深的海区进行钻采作业。

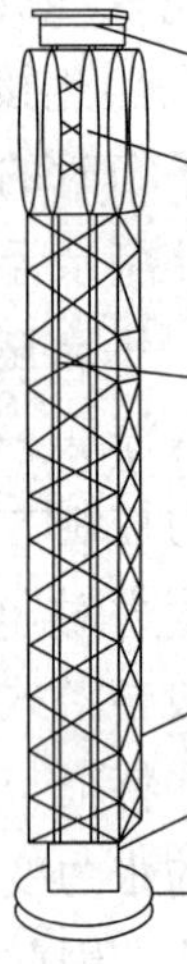

采油钻井甲板
浮力罐
油井导管
压载
“U”形接头
桩基

图 4－17 浮力塔式平台

4.5 固定式采油平台总体布置与安装

4.5.1 导管架式采油平台总体布置

1. 桩基固定平台的总体布置

海上固定平台总体布置是根据平台使用要求、拟建平台作业地点的环境条件、施工方法及建造使用平台的经验，解决工艺布置与结构形式相配合的总体问题。

桩基固定平台总体布置的主要内容有：

(1)确定钻井、采油、油气集输的工艺流程；

(2)钻、采、集输等工艺设备的选择与布置；

(3)平台动力设备的选择与布置；

(4)备品仓库及材料堆场的储量确定与布置；

(5)靠船设施、起重设备的选择与布置；

(6)救生设备及直升机平台的确定和布置；

(7)供电、供水、供气设备的选择与布置；

(8)废水、废气、废油处理设施的选择与布置;

(9)安全防火及防腐蚀设施的选择与布置;

(10)办公、居住和生活服务设施的面积以及对内、对外的通信联络系统的确定。

上述这些设备和设施的选用除保证满足使用功能外,还必须满足采购方便、价格适宜、维修方便和配套上基本能立足于国内等原则。

对于采油作业而言,总体布置的主要依据是井数、采油方法、井产量、产物的性质、保持油层压力和提高井产量的措施,以及油气集输和储运的方式。

固定平台总体布置的基本原则是工艺设备的布置符合工艺流程的要求:工作安全可靠,确保平台的结构强度和稳定性;充分利用空间;防火、防污染;生活设施完善;尽量减少海上施工时间等。在采油平台上必须将生活区和生产区严格分开,尽量降低造价,满足《海上固定平台入级与建造规范》的有关规定。固定生产平台上部设施与设备如图4-18所示。

一般固定平台的单体布置都是按上部平台的各个分段进行组合。也就是将钻井、采油所需的各种工艺设备分别预装在上部甲板的各分段构件上或模块内。这些设备在陆上预制(试运转),海上组装,尽量不在海上进行设备的安装、连接、试压等作业,以减少海上施工工作量和缩短海上施工时间。组合模块的大小、重量应与起重船的起重能力相适应。

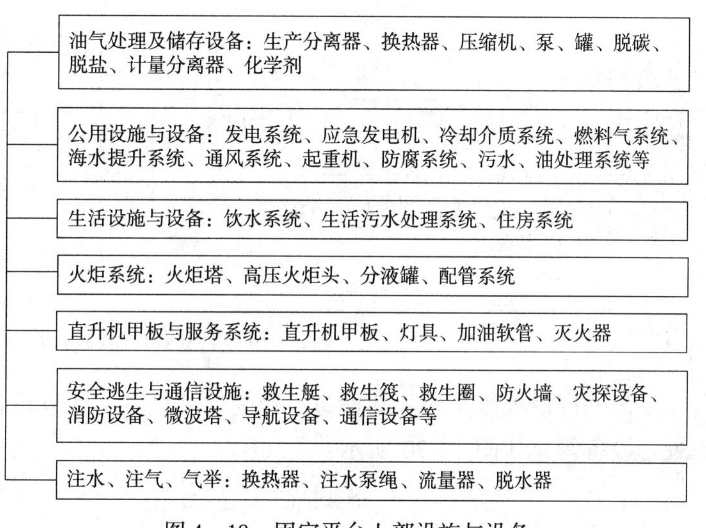

图4-18 固定平台上部设施与设备

在选择和确定各种设备之后,可根据各种设备所需要的面积空间要求、工艺流程的安排以及配套设施的布置要求,把各种设备安装在若干个组合模块里,以便整体吊装。

采油设备大都布置在同一层甲板上,包括井口设备、油气处理和计量设备、注水设备、注气设备。其面积和钻井设备的一层甲板面积相同即可。采油平台严禁明火,因此一般生活设施不布置在采油平台上而另建生活平台。采油平台上的甲板室,如井口房、分离泵房、压缩机房等,都有防火墙隔绝。采油所需动力设备布置在生活平台上。生活平台和采油平台之间有栈桥连接,既可以沿栈桥铺设管线,又便于人员通过。另外,要设计烽火台,烧掉天然气。烽火台与采油平台也用栈桥连接。

但对于深水采油平台,由于经济上的原因,生活平台和生产平台布置在一个平台上,两部分尽可能相隔远一些,其中间用公用设施隔开。另外,平台上设有独立的专用气体检测系统和专用的火灾探测系统以及多种报警系统。

2. 重力式多用平台的总体布置

重力式多用平台的总体布置要根据油田开发方案对钻、采、储、运各环节的工艺要求，确定所需的设备，再平衡各部分，合理布置这些设备或设施。

重力式多用平台按所需要钻的井数和井深，确定钻采设备的数量和规格。通常重力式多用平台上要钻十几或者几十口井，常布置2台钻机同时工作，为此，也要有相应的动力设备和器材物资储备。重力式多用平台按井的开采方法、向油层补充能量的方式、预期的产量水平、产物性质的变化等，确定采油设备、注入设备、井产物的处理计量设备以及井下作业设备。

重力式多用平台的钻井设备一般布置在上层甲板上。这层甲板还包括生活设施、直升机平台、吊机以及天然气燃烧器架等，如图4－19所示。

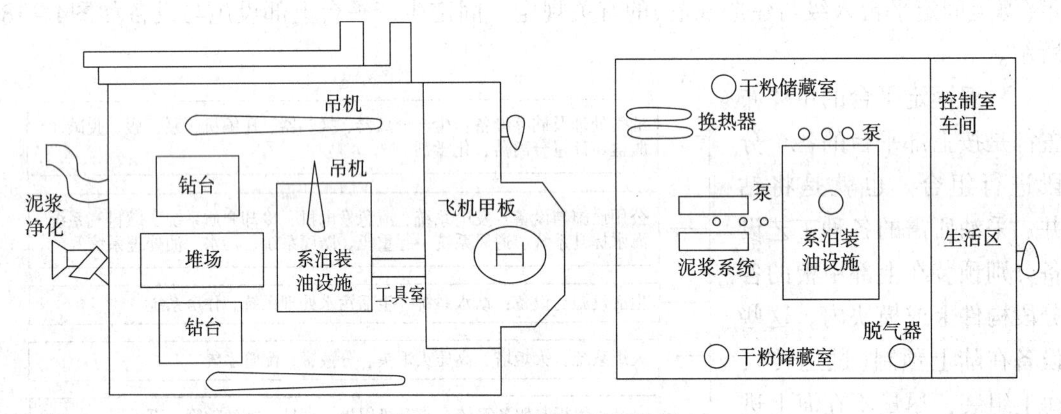

图4－19　上层钻井甲板装置

下面一层甲板则布置采油设备、产物处理设备、计量设备、注入设备、动力设备、污水处理设备等，如图4－20所示。

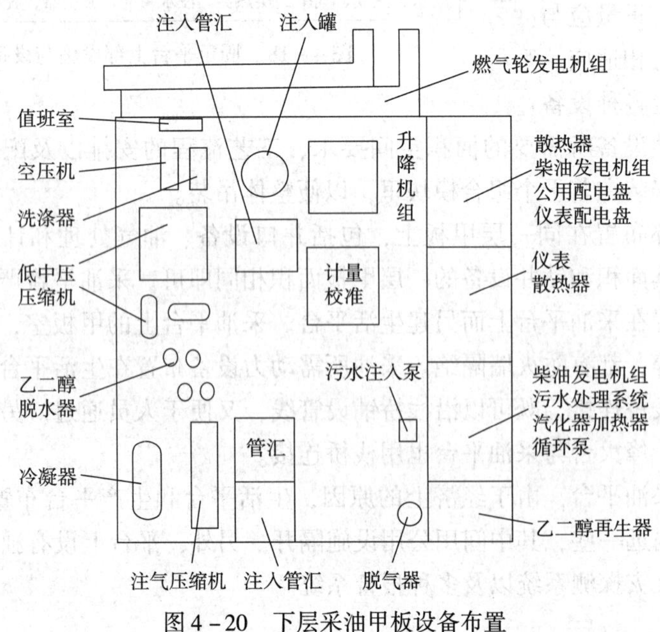

图4－20　下层采油甲板设备布置

平台的立柱或桩腿内，除一二个腿柱内布置钻井的导管外，其余腿柱、立柱内大都布置石油的集输、储运的控制设备，动力分配的仪表设备，油及热水、压载水、储油舱的海水进出所用的泵及罐体。

平台基础大都是若干直立或水平舱室，既是保持平台稳定坐底的压载舱室，也是储油的主要罐体。为了清洗罐体，各舱室内还设有喷冲设施。

重力式多用平台的井口区、油气处理区、油气可能出现的所有区间，应有严格的防火措施。平台上需划分为井口危险区、非燃火的处理区、机械区、可以燃火的处理区等。

上层甲板主要是井口区、泥浆泵净化区，可能形成爆炸或火灾，必须配置消防安全和逃生救援设施。下层甲板因油气处理计量等设备集中，也应分区布置。各区间需设有防火墙隔离，留有太平通道——太平门；封闭舱室应设有防爆舱口。平台的防污染设施布置，以及手动控制系统和遥控系统也必须考虑。

4.5.2　导管架式采油平台安装

导管架平台的施工是一个复杂的过程，主要工序是结构物陆上预制与海上安装。海上安装包括海上运输和海上安装两部分。导管架和组块用驳船或其他方式运到油田现场，先将导管架沉放到预定位置，打桩固定，再将导管架帽安装在导管架上，最后用起重船将上部模块装到导管架帽上。

打桩数量与要求：导管架支撑桩腿少则四根，多则十余根，打入深度少则50m，多则几百米。

平台上部结构铺设可采用整体铺设和分块铺设两种方式。

导管架的安装方法有：提升法，应用水深30m以内；滑入法，应用水深30～120m；浮运法，应用水深120m以上。

(1)提升法

提升法主要依靠起重船进行吊装，受起重船起重能力和起重高度的限制，导管架不能太重，也不能太高。如果太重，则要将它分成几块预制，分别吊放入海后，在海上安装。这增加了海上施工的困难，安装过程如图4－21所示。

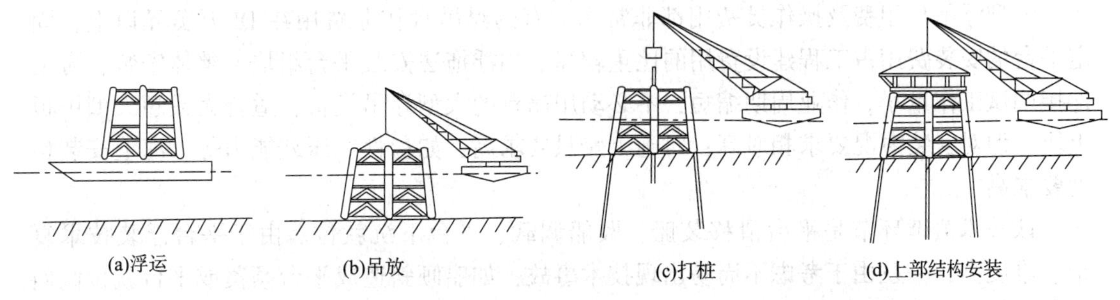

图4－21　提升法

(2)滑入法

滑入法是把导管架的导管先密封，再用有下水滑道的驳船运到现场。到现场后，驳船倾斜，导管架沿滑道下滑入水并浮在水面上。这时向导管架内灌水，再用一个小型的起重船把导管架平稳地放在海底。安装过程如图4－22所示。

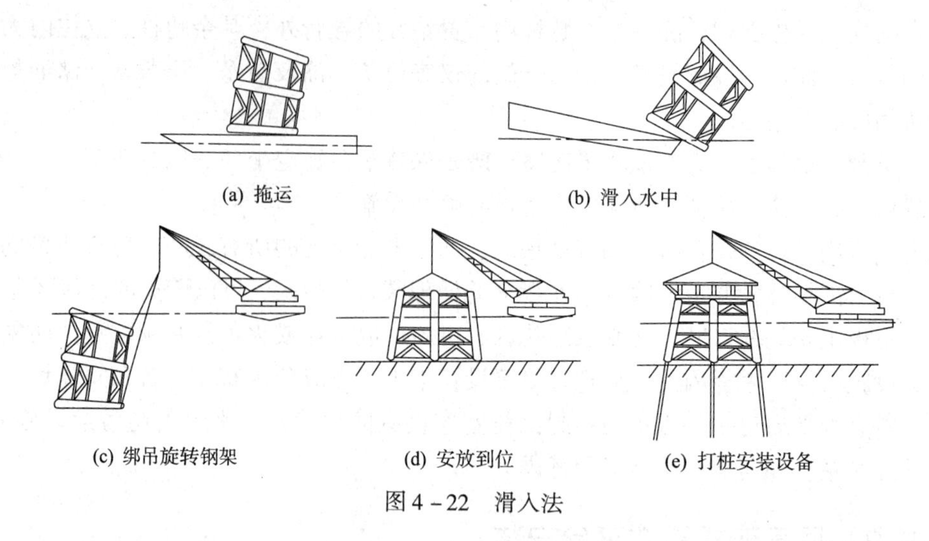

图 4－22 滑入法

(3)浮运法

浮运法的前期实施过程如图 4－23 所示。

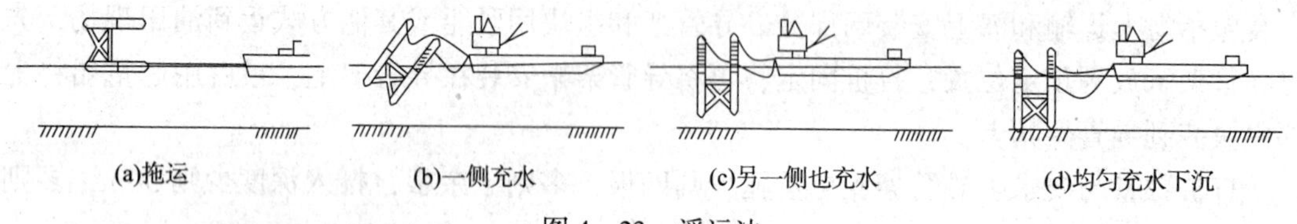

图 4－23 浮运法

(a)把导管架的两端密封后，靠其自身的浮力浮在水面上，进行拖运；

(b)用拖船将导管架拖到井位后，先在一侧向导管内充水；

(c)再在另一侧充水，使导管架调正位置；

(d)继续向两侧导管均匀充水，使导管架均匀下沉并立在海底；

(e)用打桩船将钢质实心桩从导管架的大腿打入海底，并用混凝土将大腿与钢桩间的环隙固结好；

(f)用浮吊将上部平台组块结构吊装在导管架上进行安装。

大型浮吊日租费及操作员费用都非常高，有的浮吊日作业费用在 18 万美元以上，固定平台的安装费用占工程建设费用的比重较高。用浮拖法安装平台组块，整体安装，海上连接调试工作量小，作业周期缩短，不必动用昂贵的大型浮吊设备，适合大或超大型甲板组块。但对安装海况要求相对高；对施工船只要求高，如稳性、压载能力等；海上安装精度要求高。

该技术关键环节是平台滑移装船、驳船调载、平台下沉就位。由于平台浮装技术复杂、难度高，一旦由于考虑不周易出现技术事故，如船倾斜造成平台倾覆或平台就位倾斜等事故。因此需要通过计算机模拟整个过程，充分掌握整个过程中出现的问题，在此基础上进行改进、完善，再仿真，再完善，以确保安全。

4.5.3 重力式平台的安装

混凝土平台的建造非常复杂，采用类似桩基平台的常规建造办法是行不通的。

图4－24是这种平台建造的简要过程。

第一步：在干坞内建造底座的下半部分，如图4－24(a)所示，因为底座底面积大，重量也大，因此不能在一般的船坞或滑道上建造，只能在地基较好的岸边挖出一块施工预制场地，并用围堰把施工场地和海水隔开，这块预制场地就叫干坞。

第二步：在干坞内建造至预定高度后，注入海水和海平面一致(向底座内注压载水使其固定)，打开船坞闸，排除压载水，使底座上浮，用拖船把底座从干坞内拖出，如图4－24(b)所示。

第三步：把底座拖至岸边比较深的、隐蔽较好的施工水域，在海面上锚泊，采用滑动施工法建造底座上部，如图4－24(c)所示。

第四步：用滑动施工法继续浇注立柱，如图4－24(d)所示。

第五步：用拖轮把结构物拖至深水海域，以便安装甲板，如图4－24(e)所示。

第六步：向底座注入压载水，使结构物下沉到海水没至立柱上部左右，再安装甲板，如图4－24(f)所示。

第七步：在甲板上安装各种模块，如图4－24(g)所示。

第八步：排出压载水，使结构物上浮，用拖轮拖至预定地点，如图4－24(h)所示。

第九步：平台位置确定后，注入压载水，边下沉边调节，使之准确安装在海底，如图4－24(i)所示。

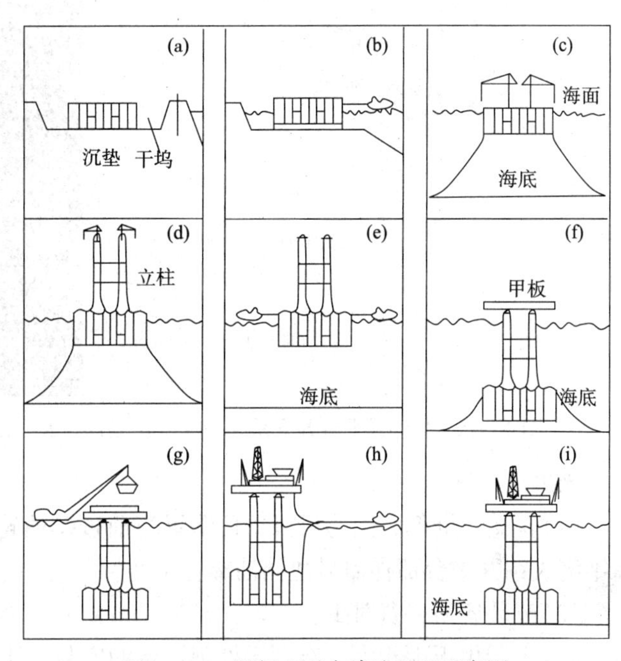

图4－24　混凝土平台建造过程示意图

4.6　浮式油气开采系统

典型的浮式生产系统是指利用改装(或专建的)半潜式钻井平台、自升式平台或油轮放置采油树进行油气生产的开采系统。它相当于一座固定平台，这种开采系统可适用于深水和海况恶劣的边际小油田。

1. 以半潜式平台为主体的浮式生产系统

该种生产系统的主要特点是把采油设备(水上采油树等)安装在一艘经改装(或专建)的半潜式平台上。油气从海底井经采油立管(刚性或柔性管)上至半潜式浮船(常用锚链系泊)的处理设施，如图4－25所示。

这种生产系统的优点是稳定性好，可适用于恶劣的海况条件。其缺点是甲板面积小，承载能力低，改装时间长，成本高。

2. 以油轮为主体的浮式开采系统

以油轮为主体的浮式开采系统主要是指浮式生产储卸油系统 FPSO(Floating Production Storage and Offloading)，该种开采系统的主要特点是把生产设备、注水(气)设备和油、气、水处理设备等安装在一艘具有储油和卸油功能的油轮上，如图 4－26 所示。油气从海底井出来后，经采油立管(刚性或柔性管)上至系泊于单点系泊之上的油轮，分离处理后，储存在油轮的油舱内，经穿梭油轮运走。

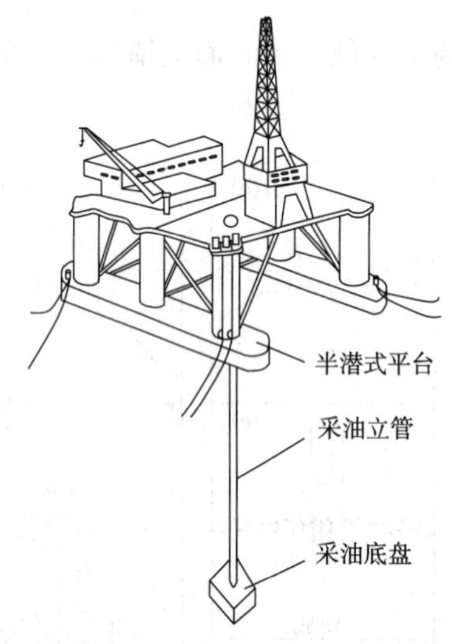

图 4－25 半潜式平台开采系统

图 4－26 以油轮为主体的浮式开采系统

该生产系统的优点：

(1)初始投资低，因为可以低价购置当前过剩油轮，同时油轮本身具有储油功能，不像半潜式钻井平台那样需另建储油罐；

(2)改装容易，费时少；

(3)由于甲板面积大，有利于处理设备的安装，使油气水能得到很好地分离和处理；

(4)储油能力大。

油轮为主体的浮式开采系统最大缺点是稳定性差。

3. 以自升式平台为主体的浮式开采系统

以自升式平台为主体的浮式开采系统是利用自升式钻井船改装的，如图 4－27 所示。其上可放置生产与处理设备，主要用于浅水，可以移动。自海底井出来的油气上至自升式平台分离处理后，再经立管返回到底部，经海底管线和单点系泊输至油轮运走。

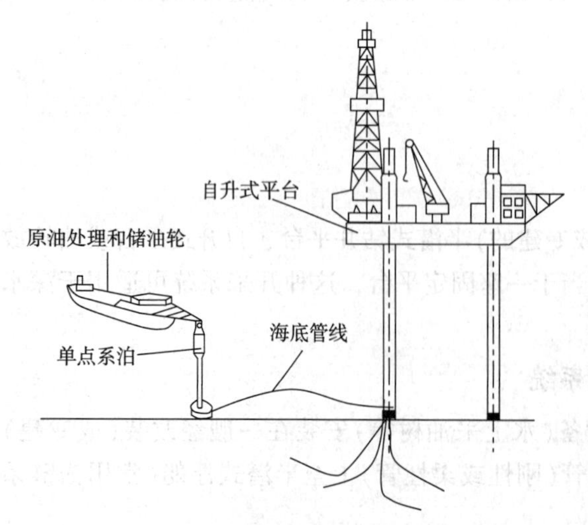

图 4－27 以自升式平台为主体的浮式开采系统

4.7　浮式开采定位系统

浮式开采水下定位系统主要由锚泊定位和动力定位两大类组成。

1. 锚泊定位系统

(1)形式

①全向冲击式

所谓全向冲击式就是可以承受任意角度(0～360°)作用下的环境载荷，锚链成对称分布，如图 4－28 所示。

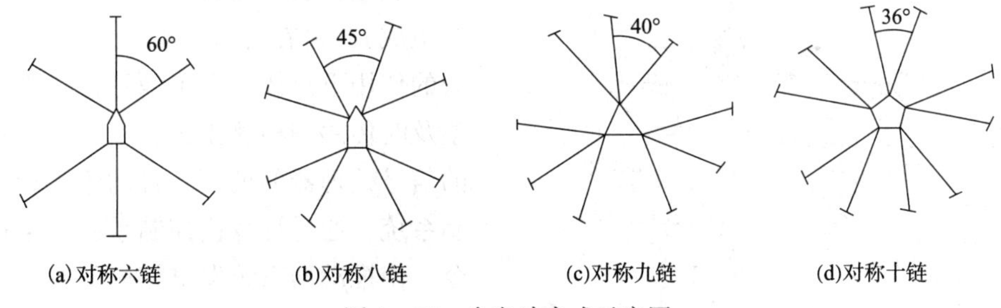

图 4－28　全向冲击式示意图

②单向冲击式

所谓单向冲击式就是在某一个方向上比全向冲击式要强，占有强有力的环境方向，锚链成非均匀分布，如图 4－29 所示。

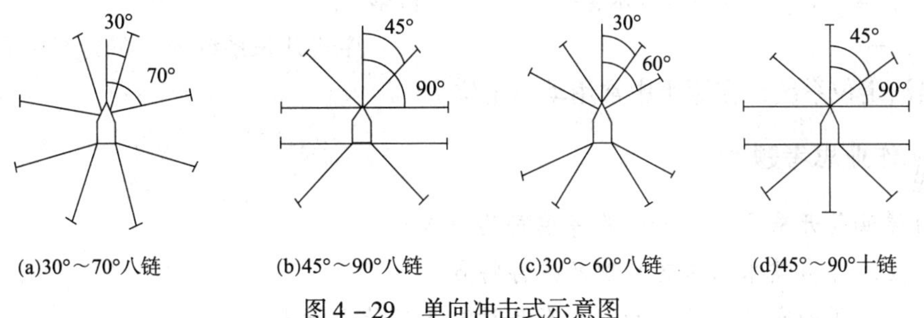

图 4－29　单向冲击式示意图

(2)组成

①锚

锚是系泊系统的抓力件。它由锚冠、锚杆、锚柄和锚爪等组成，其结构如图 4－30 所示。锚的抓力随着水平拉力的增加而增加。当锚缆与水平成 60°角时，对锚的抓力影响较小。锚缆的长度一般为水深的 5～6 倍。锚柄与锚爪之间的夹角在砂土或黏土中为 30°，在软泥土中为 90°，此时锚爪的抓力最大。对于半潜式平台，一般采用动力锚。

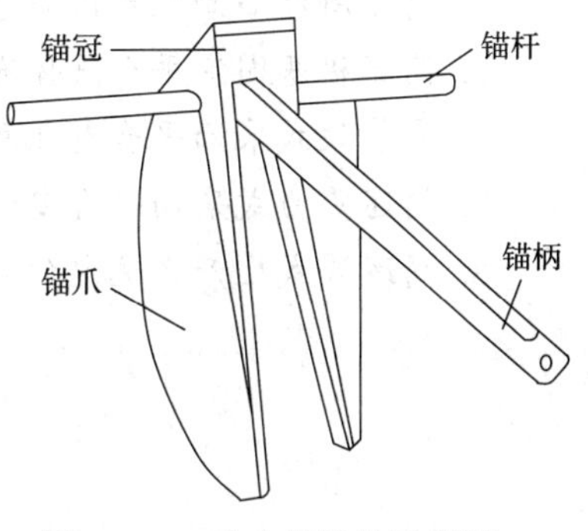

图 4－30　动力锚结构示意图

②锚缆

锚缆由钢丝绳、锚链或两者相结合组成。海洋工程所用的锚缆都是由镀锌钢丝制成（有的用不锈钢），链径多采用64～100mm。

2. 动力定位系统

(1)定义

动力定位系统是依靠船舶或半潜式平台上的动力，使其在风、浪、流等外力作用下，保持所要求的水平面内的位置与方向角的一种主动定位系统，如图4－31所示。

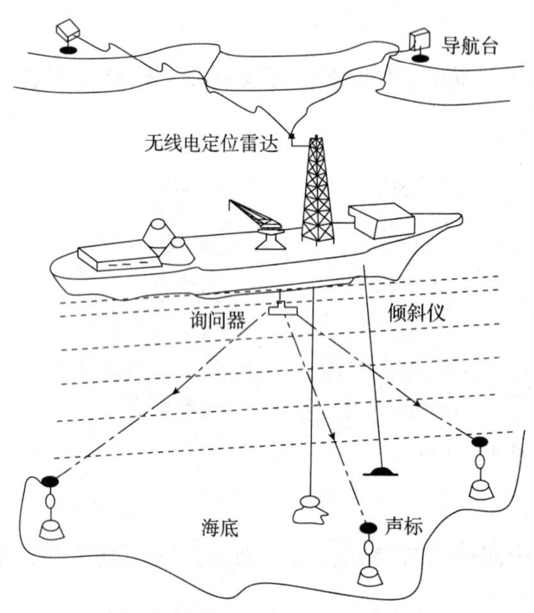

图4－31 动力定位工作示意图

(2)原理

利用位置检测系统（由电子传感元件等组成），将在外部（风、浪、流等）扰动力的作用下浮体的水平漂移量与方位偏差量及时传感与检测出来，经过控制系统中的信号处理器的处理，自动输入计算机控制系统，通过计算机控制系统发生推动指令，使推动器系统发出相应的推力，以抵抗外部扰动力，使浮体回复到原有的位置与方位上。

动力定位的优点是调整时间短，工作水深大；缺点是设备成本高，消耗燃料多。

浮式开采系统所用的定位系统在浅水中常用锚泊定位系统，在深水中常用动力定位。

作业思考题

1. 海洋油气开采方式选择需要考虑哪些因素？
2. 简述海洋自喷采油工艺原理及设备特点。
3. 海上常用的人工举升采油方式有几种？各有什么特点？
4. 简述海洋石油生产设施包含哪些类型。
5. 简述桩基固定平台总体布置包含哪些主要内容。
6. 导管架式采油平台有几种安装方式？分别简述每种安装方式的基本操作步骤。
7. 简述重力式采油平台安装方式的基本操作步骤。
8. 简述浮式生产系统定位系统的分类及其特点。

第5章　海洋油气水下生产系统

5.1　海洋油气水下生产系统组成

海洋油气水下生产系统是20世纪60年代发展起来的，采用综合海底钻探技术，与固定式平台、浮式生产平台等设施相结合，形成海洋油气田开发的不同形式。水下生产系统指从水下井口到生产处理设施上第一个登陆关断阀止和生产处理设施外输关断阀至海管登陆关断阀之间，所有水下油气生产、集输、外输、分配、分离、增压、海管连接(管道组件)、水下设备间跨接(跨接管及水下连接器)、水下注入(注水、注气、注化学药剂等)等水下设备及其控制系统和设备保护系统以及支撑结构组成的系统的总称。

海洋油气水下生产系统如图5－1所示，按功能划分可以分为：水下井口及采油树系统、水下管汇及管道终端、跨接管和连接器系统以及水下处理工艺系统、水下控制系统和分配单元及脐带缆等。

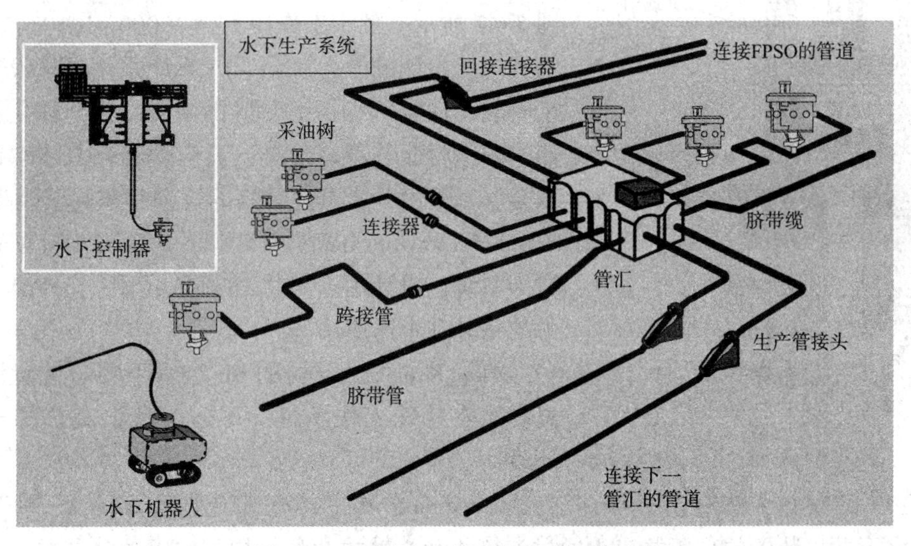

图5－1　海洋油气水下生产系统的组成

采用水下生产系统进行海洋油气田开发的主要优点：可充分利用周边现有的平台，建造周期短，初始投资少；可以适应几十米到几千米的水深，应用范围广；对于水深的要求不敏感，且不受海面恶劣风浪环境的影响；利用水下完井方式可将探井、评价井转变为生产井；水下生产设备可回收利用，在减少油气田开发费用的同时促进海洋环境保护和海上航行安全等；今后在极地冰区海洋油气开发中的应用前景也很广阔。

水下生产系统的工作流程大致为：从水下井口和水下采油树采出油气藏中的流体并收

集到水下管汇中心；同时对生产流体进行单井计量、汇集和增压；再由海底管线上的终端设备输送到浮式生产系统上进行处理和储运。

5.2 水下井口装置

5.2.1 水下井口装置简介

水下井口系统(Subsea Wellhead System)包含安装在海底基盘上的不同口径的井口套管头、海底防喷器或海底采油树以及各种控制系统。水下井口主要控制来自海底井口的工作压力和流量，将海底油气输送到海底油气集输处理系统。水下井口还起到支撑采油树的作用。

我国海洋油气开发所使用的水下井口装置目前主要由国外供应商提供，其中包括Vetco－Gray、DRIL－QUIP、FMC、Aker Kvaerner和Cameron公司。

Vetco－Gray公司的水下井口系统包括SG－5、SG－5XP和MS－700等。其中SG－5是现今世界最广泛使用的水下井口系统，具有Φ346.1mm、Φ425.5mm和Φ476.3mm三种规格的高压井口头；具有10000psi(69MPa)的承压能力；适用于多种类型的海底井眼，与海底卫星树、多井水下基盘生产系统、特殊海底深水生产系统和与固定平台或张力腿平台的回接系统兼容。

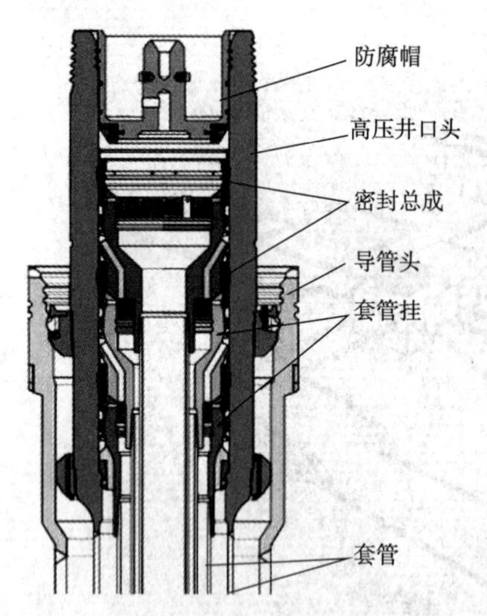

图5－2　SS－15型水下井口装置

DRIL－QUIP公司的SS－15型的水下井口系统如图5－2所示，额定工作压力为15000psi(103.5MPa)，具有现场检测的能力。SS－15系统采用重量设定技术来安装和回收所有水下井口部件，包括公称孔径保护器、耐磨衬套和测试工具；具有耐硫化氢环境设计的双金属密封组件；具有较高的抗弯曲和抗压性能。

FMC公司的UWD－15水下井口装置可配备钻屑注入系统，设计用于高达15000psi(103.5MPa)工作压力的钻井和生产应用。

Aker Kvaerner公司的SB型水下井口装置满足高温高压等特殊工作条件，可适应高温高产油气井等环境。

Cameron公司主要有STC型和STM型井口装置。STC型水下井口装置的高压井口头通过卡箍式和心轴式两种结构与水下防喷器组、水下采油树进行连接，具有安装、拆卸方便及密封效果好等特点。STM在结构形式上较STC做了较大改进，除安装拆卸方便，还有效保证了设备的承载能力。

5.2.2 水下井口关键技术

1. 水下井口密封技术

在较深的海域开采油气不仅给水下井口系统带来了高温、高压、强腐蚀等问题，还给水下井口系统的密封材料、密封装置结构、密封装置加工工艺和密封装置安装技术带来了更大的挑战。

水下井口系统密封装置主要有：水下采油树与水下井口头连接密封，套管挂、油管挂与水下井口头密封，油管挂与水下采油树密封，水下采油树与管线连接密封，如图5－3所示。

（1）水下井口头与水下采油树之间的密封

水下井口头通常采用H－4连接器与水下采油树相连，其中的金属密封圈有3种类型，分别是VX、VGX、VT，如图5－4所示。

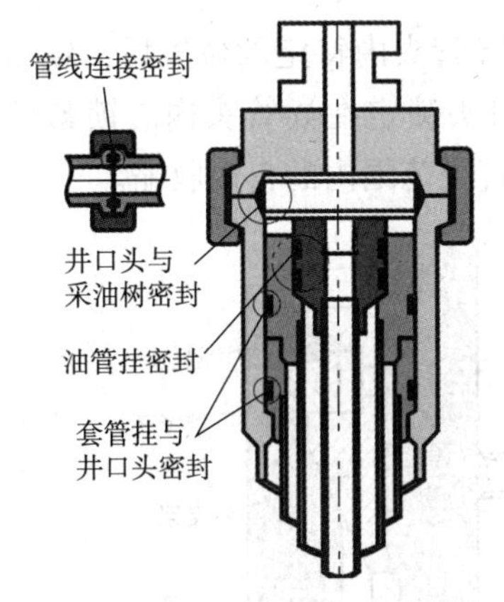

图5－3　水下井口系统密封部位

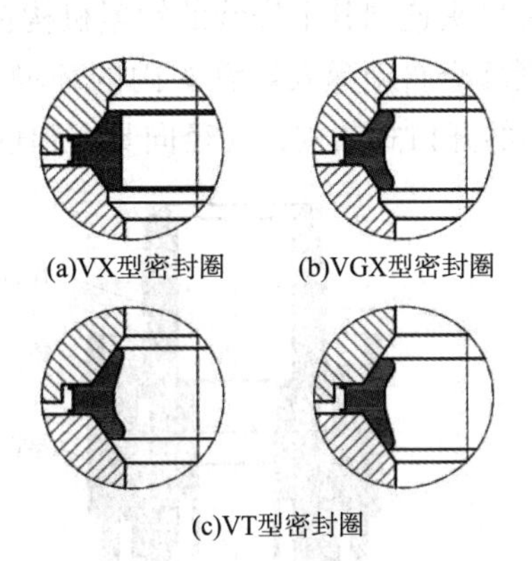

图5－4　H－4连接器金属密封圈类型

VX型密封圈采用高质量碳钢，可承受的压力为103.5MPa，可承受的最高温度是121℃，同时能抵御海水、油气等的腐蚀。VGX型密封圈的密封材料具有优异性能，可承受的压力和温度同VX型密封圈；但与之相比，材料屈服强度更高。作为备用密封，VT型密封圈较少使用。

（2）套管挂与井口头密封

套管挂和水下井口头之间采用高强度的环形金属密封总成，可以满足高压、强腐蚀以及宽温域等条件。

（3）油管挂密封

油管挂和堵塞器之间的密封有弹性密封和金属密封两种方法，如图5－5所示。弹性密封适用于井内压力、温度、H_2S、CO_2含量等较低时的情况，该方法成本低且易于实现。金属密封适用于高温、高压、强腐蚀的深水。

（4）管线连接密封

管线密封可分为弹性密封和金属密封，如图5－6所示。弹性密封与金属密封的密封面性能相比适用性更强；而在化学兼容性、密封压力、抗腐蚀等方面，金属密封性能更好。

2. 锁紧机构设置

锁紧机构能将井口头锁定在导管头内，防止井口头受到载荷时在导管头内发生位移或弯曲，如图5－7所示。锁紧机构与井口头一同安装在导管头内。目前锁紧机构包括锁环式、弹片式、齿圈式、锁圈式四种类型。锁环式锁紧机构如图5－8所示，它的工作过程

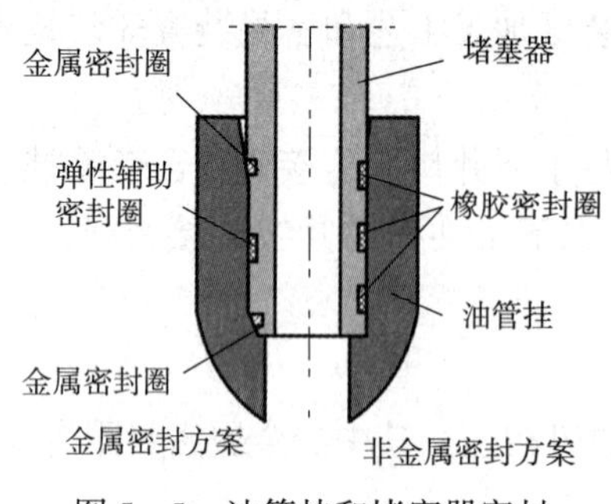

图5-5　油管挂和堵塞器密封

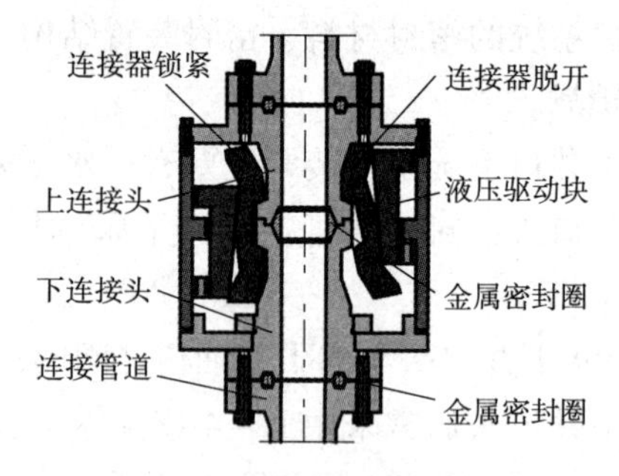

图5-6　管线连接金属密封

是：井口头连同其上安装的锁紧机构被下放到海底的导管头内特定的位置后，锁紧机构中的锁紧环会自动弹入导管头内的环槽里，将整个井口头锁定在导管头内。锁紧环通常为“C”形的开口式结构，在径向具有弹性，可实现一定直径范围内的自由收缩。

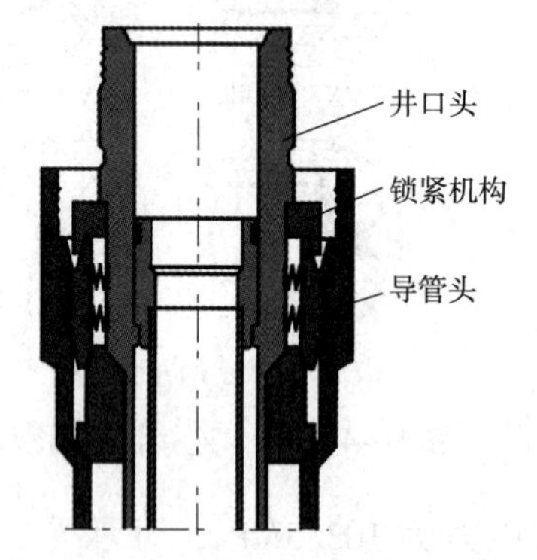

图5-7　水下井口装置锁紧机构

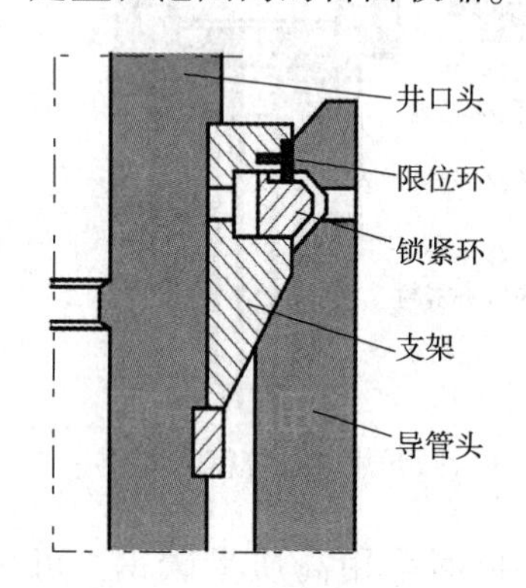

图5-8　锁环式锁紧机构

5.2.3　水下井口装置发展趋势

国外近年来水下井口装置在研制方面的发展趋势主要为：

(1)产品更加多样化、系列化和标准化，国外各公司为不同作业工况研制出不同的井口头，如前文介绍的FMC公司生产的UWD-15水下井口头系统；

(2)产品的专用化程度和深水作业能力不断提高，目前海洋油气的开采深度达3000m以上，海洋油气开采装备的最大钻探深度可以达到9000~12000m；

(3)密封装置更加可靠，密封额定压力等级不断提升，目前，深水水下井口头的密封总成普遍采用了金属对金属密封，额定密封压力大大增加。

5.3　水下采油树

水下采油树是与海底井口装置相连接的设备，它用于管理采油、采气、注气和注水作业，也可用于井下修井作业等。水下采油树作为深水油气田开发过程中重要的一环，其选型和安装方式对油田的开采有着重要意义。

水下采油树主要用于悬挂下入井中的油管柱，密封油套管的环形空间，控制和调节油井生产，保证作业，施工，录取油压、套压资料，测试及清蜡等日常生产管理。

5.3.1　水下采油树的分类

根据采油树上生产主阀、生产翼阀和井下安全阀的分布方式，水下采油树分为卧式采油树和立式采油树。对于两种结构的选择，主要是依据井口形式、流体压力、流体属性、井口形式、套管外形和尺寸、控制系统等。

卧式采油树在完井前需将采油树安装在井口上，剖面示意图如图5-9所示。其主要优点是：立管可以单孔安装；油管悬挂器的定位、预置和测试可在工厂中进行；采油树本体在移动生产油管时不需要移除；当没有油管悬挂器时也可直接对采油树本体进行安装。其主要缺点是：洗井、排液和测井需要在钻井立管内进行，造成岩屑堆积于油管悬挂器上部。卧式采油树更适用于中低压油气藏和需要频繁修井的场合。

立式采油树的生产主阀、生产翼阀和井下安全阀垂直设置，油管位于油管头或井口头内，剖面示意图如图5-10所示。立式采油树的优点是：钻井后进行完井时无需移动防喷器；不需要完井即可回收采油树。主要缺点是：缺乏快速有效的安装和修井通道，需要完井导向器实现油管悬挂器的安装定位。立式采油树适用于油管尺寸较小、高压油气藏、井控复杂、开发周期内修井作业较少的水下油气田工程。

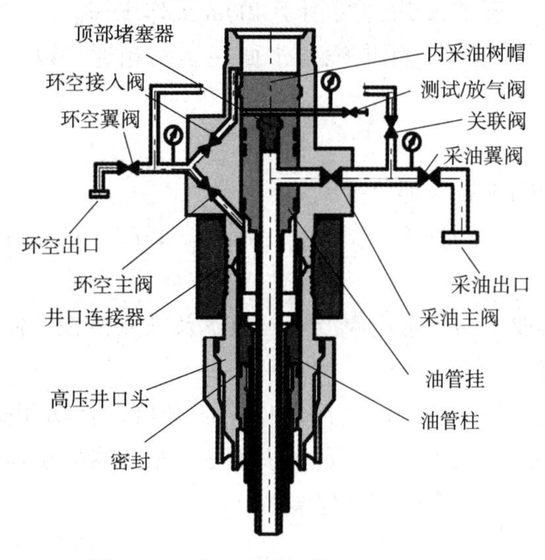

图5-9　卧式采油树剖面示意图

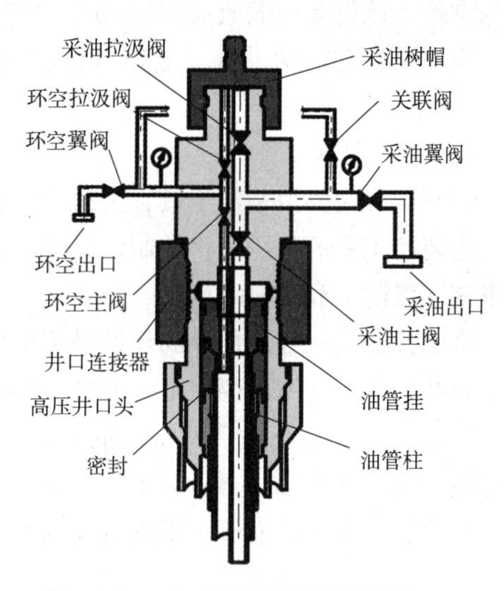

图5-10　立式采油树剖面示意图

5.3.2　单井水下自喷采油设备

单井水下采油设备主要是遥控坐在海底特殊底座上的单井采油树。它适用于远海深水中的单独高产油井。采油树是由下部的主阀及上部的采油控制设备等构成，如图5-11所示。其主要组成如下：

(1)固定器具

固定器具是永久放置在海底的器具，主要包括井口盘、降落盘、连接器和导向架。

①井口盘是开始钻井时使用的井口盘；

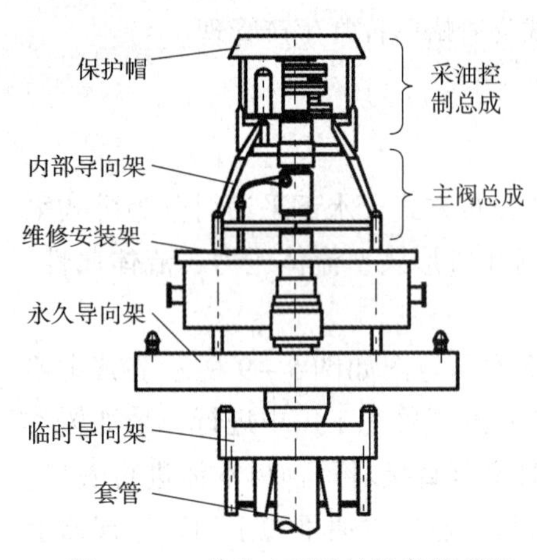

图 5-11 单井水下采油设备组成图

②降落盘是在完井时安装在井口盘上，用于封严套管头、安放工作舱；

③连接器位于套管头上面，与采油树相连；

④导向架用于导引降落盘坐到井口盘上。

(2)主阀

主阀包括下主阀、环形通路阀和出油管线隔离阀。下主阀位于采油树下面，坐在套管头上；环形通路阀用于控制油管与套管间环形通路；管线隔离阀用于控制通向水面上的出油管线。主阀放置在密封的工作舱内，密封舱通过导向架坐在降落盘上。3个工人可以乘坐运送舱到达工作舱内进行调试主阀、吊装出油管线及电缆等工作。主阀可在工作舱内手动控制，也可以通过电缆在水面上遥控。

(3)采油控制设备

采油控制设备主要包括：遥控的阀、液压及电传设备等。全部设备组成一个整体坐在主阀上部，一般寿命2年，然后整体进行更换。为此，尽量将其设计成尺寸小、重量轻的控制设备。该设备一般质量约为15t，高3m，直径2.5m，可用于400m工作水深。

全部设备有电动设备、电信设备、液压设备等，用电缆与水面控制站相通，以实现遥控。

(4)装卸器具

装卸器具主要由装卸工具、定位器具和隔水管3部分组成。

①装卸工具的作用是将控制设备从水面运送到海底，安装在主阀上。装卸工具需有保护设施，以防下放时碰撞损伤。

②定位器具一般不用导向绳及潜水员作业，而是采用声波定位技术及视频监控来使装卸工具及工作舱从海面船上下入海底准确就位。

③隔水管实际上是一种特制的钻杆柱，内径102mm，下端178mm开口。其功用是：通过钢丝绳运送装卸工具；用它下放或上提水下工作舱；通过海底液压连接器的试压管线，向油管中泵送油液等。隔水管在水面船上配备有升沉补偿装置。

5.3.3 多井水下自喷采油设备

多井水下自喷采油设备是近年来新出现的一种成套采油设备，全部坐于海底，适于深水工作。其保养、修理等工作均不需潜水员，可以遥控，必要时可载人进行海底作业。主要组成如下：

(1)大型管式底座

大型管式底座如图5-12所示，用于放置所有水下采油设备，可将输油管线与油井相连。使用时，需预先将设备安装调试好，再用海面作业船将其下放到海底。整个底座质量达400t。底座有压载舱，下水时可用泵充水排气。

(2)井口装置

采油树由普通主阀与集油站连接用的液压连接器组成。为了能泵送工具入井，采用76.2mm油管，并配有液压控制的井下安全阀。采油树等井口装置由浮式钻井船在完井后自船上下放到海底。

(3)集油站

所有管线均汇集到集油站，共有高低压大口径输油管线两条，压力达21.6MPa；试井及泵送工具用管线两条，压力达34.3MPa；气举或配气用管线一条，压力达9.8MPa。一个井位有3口定向井时，集油站呈正方形；多个井位的集油站则需为长方形。当液压系统失灵时，有能关闭全部阀门的安全装置。图5－13即为集油站的部分管汇情况。

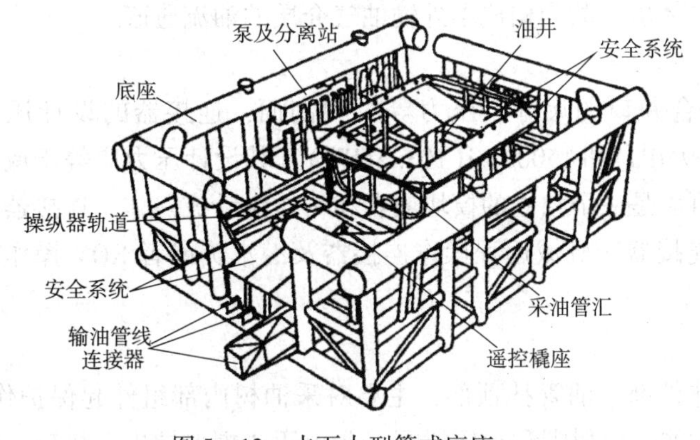

图5－12 水下大型管式底座

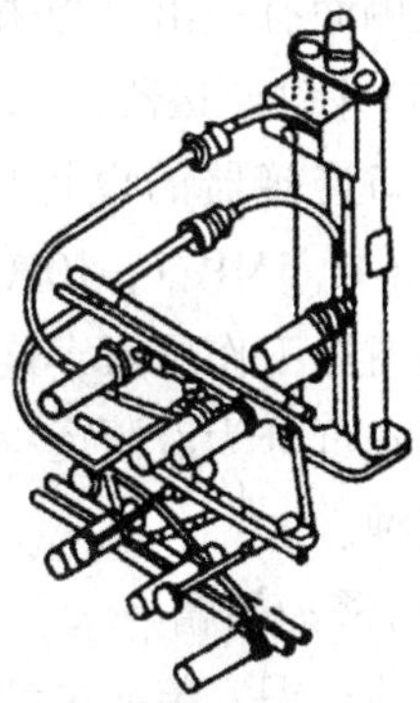

图5－13 集油管汇

(4)控制系统

控制系统为液压控制。油泵及全部液压控制系统均安装在橇座上。油箱中油压略高于海水压力，以防海水侵入。油泵用电驱动，电缆是潜水的。气体储能器储存足够能量的压缩空气供各阀操控使用，当能源发生事故时，可维持7天以待修理。

(5)泵和分离装置

油井的原油进入油气分离器，将气分离出后，进入多级离心泵，由泵将原油排送到水面，也可用节流阀将部分油送回分离器，以保持一定液面。

(6)隔水管

隔水管是水面与海底间的一个通道。隔水管中有动力电缆、通信缆、液压管线等通过。

(7)保养站

保养站为无人管理的水下装置。它坐在轨道上，靠近集油站、控制系统、泵和分离装置。当水面发出信号时，自海底底座放出浮标，保养站可以向上漂浮到工作位置；它靠沉垫压载而沉入海底，坐在轨道上。当需人工操作时，通过遥控，保养站可以漂浮起来，然后将载人的工作舱下入海底。整个保养站的质量约8.5t，目前可适用于140m的水深。

5.3.4 水下采油树关键零部件

国内油田目前使用的采油树由采油树树体、油管悬挂器、井口连接器、采油树帽、水下控制模块和顶部阻塞器组成。

(1)采油树树体

水下采油树树体内部形状与油管挂和采油树内帽相配合，下端及顶部分别是与液压井口连接器和采油树帽相连接的螺纹状结构。水下采油树树体的本体起到连接的作用，下部连接水下采油树连接器，上部留有接口，在安装的过程中连接防喷器和安装机具。

(2)油管悬挂器

油管悬挂器位于采油树本体内，作用是给油管柱提供悬挂并为油管柱与油层套管柱之间的环形空间提供密封。立式采油树的油管悬挂器安装在井口装置内并做好环空密封即可，一般不需要对油管悬挂器系统进行定位；卧式采油树的油管悬挂器位于采油树本体内，其侧面有一出口与采油树本体出口共同构成了外输油气介质的油流通道。

(3)井口连接器

井口连接器的设计应当符合井口的尺寸、压力等级和剖面，连接器的设计压力有5000psi(34.5MPa)，10000psi(69MPa)和15000psi(103.5MPa)，其设计压力应等于或者大于采油树的工作压力，连接器可以是一个独立的模块或者和树体设计成一体。连接器根据操作形式可分为液压远程操作连接器、机械远程操作连接器及潜水员或者ROV操作的连接器三种。

(4)采油树帽

采油树帽安装在采油树本体外部、油管挂顶部，主要对采油树内部组件起保护作用。按照承压能力，采油树帽可分为非承压树帽和承压树帽，非承压树帽保护再入接口、液压接头和垂直井眼，免受环境损伤及由于腐蚀、海生物和潜在的机械载荷造成的不良影响。承压树帽保护再入接口和液压接头，为树体井眼与环境之间提供额外密封屏障，具有控制系统液压接头连接功能。

(5)水下控制模块

作为水下采油树运行的核心，水下采油树控制模块如图5-14所示。设备配置包括：带安装基座与漏斗的SCM(Subsea Control Module)、压力和温度传感器、油嘴位置指示器、测砂器、侵蚀检测器、井下量表接口、连接板以及液压和电气跨接管的停靠位置。

SCM的主要功能为：对采油树阀门、管汇阀门进行控制，调节油嘴、指示阀门位置，进行压力、温度、出砂、腐蚀和流量的监测，对内部液压和电子部分进行监测，进行常规自检，纠错电子系统的故障，把数据传输到地面主控系统。

(6)顶部堵塞器

顶部堵塞器如图5-15所示，作用是：在下放安装时提供与下放机器工具连接的接口；在顶部堵塞器定位后，推动器向下推动撑开锁块，实现锁紧。顶部堵塞器在不同结构形式的采油树中略有差别：在立式采油树中无顶部堵塞器，顶部堵塞器的功能由一个背压阀来代替，通过此背压阀实现生产通路与外部环境间的分离，这主要是由立式采油树特定的结构形式所决定的；在卧式采油树中，根据油田开发方案的不同，顶部堵塞器的结构也有所差别，有的采油树有上、下两个堵塞器，有的采油树只有一个堵塞器，其作用是隔离生产通路与外部环境；还有的采油树采用一个堵塞器和一个球阀来实现其应有的功能。

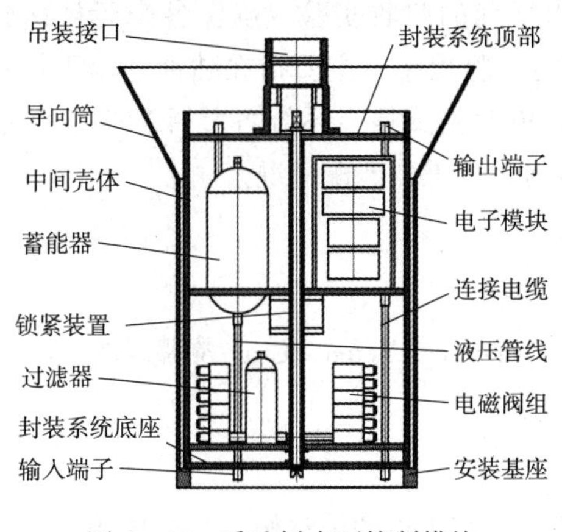

图 5-14　采油树水下控制模块

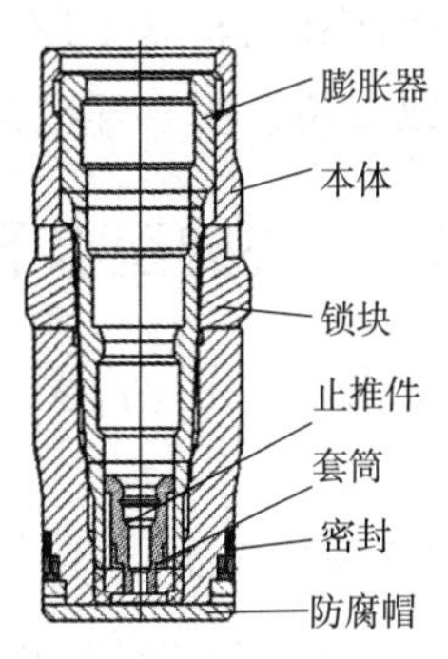

图 5-15　顶部堵塞器

5.3.5　水下采油树关键技术

水下采油树作为一个复杂的海洋工程设备，其关键技术的内涵体现了非线性、复杂性和随机性的学科前沿特征和力学与其他学科的交叉与融合，涉及流体力学、固体力学、传热学、材料与腐蚀、控制理论、安全与可靠性等。水下采油树的关键技术涉及密封、防腐、检测和控制等方面。

(1)密封

水下采油树结构复杂，涉及多种金属和非金属材料，合理的密封设计和选材决定了采油树的安全性和可靠性。若密封失效，将导致采油树的停工返修，不仅增加成本，严重时还会造成灾难性事故。

通过探究深海复合腐蚀环境(温度、压力、洋流、CO_2/H_2S/化学注剂、电位、冲刷腐蚀等)下复杂结构的力学行为分析理论，高温高压金属/非金属/复合材料的机械性质与密封机理，高温高压、多相流、内外复合腐蚀条件下结构损伤机理和体系的壁面重构方法，形成适用于水下采油树密封的结构和材料表面防护与处理技术，是采油树密封的核心科学问题。

(2)防腐

海洋环境对钢材腐蚀严重，且水下采油树投产后无法便捷地进行维护和维修，因此采油树的防腐十分重要。目前，主要的防腐措施有堆焊技术、异种金属内衬技术、阴极保护等，而超薄聚四氟乙烯(PTFE)热喷涂作为一种较新的防腐技术，现已更多地应用于采油树中。

(3)检测

对于在海底复杂工作环境下长期作业的水下采油树，完备、详细、标准的测试工艺和严格的测试准则才能保证其在水下的安全运行。水下产品常用的检测手段包括工厂验收测试 FAT(Factory Acceptance Test)、系统内部集成测试 SIT(System Internal Integration Testing)和海试。由于海试操作难度大，费用高昂，FAT 和 SIT 成为保证水下采油树产品安全的必要手段。FAT 测试内容主要包括压力测试、功能测试以及通径测试；SIT 测试内容主要包括压力测试和功能测试。

FAT试验是对每一个关键部件进行出厂前的验收实验，确保各个元件达到验收的标准。SIT实验是在采油树下水安装前进行的试验程序，主要指在陆地环境下模拟立式采油树的安装、生产和回收等工序，从系统的角度测试整个系统各元件的性能匹配和兼容特性，测试下放安装、回收等机具与被安装对象的操作匹配情况。

5.3.6 国外典型水下采油树

国外水下采油树主要由美国的FMC、Cameron、Vetco - Gray及挪威的Aker Kvaerner公司制造。

1. 美国FMC公司

1967年，FMC公司生产出适应水深为70ft(20m)的采油树，是全球第一套采油树，并将其安装在墨西哥湾海域。目前，该公司主要有三种类型的水下采油树。

(1)改进型卧式采油树

2002年推出的改进型卧式采油树EHXT(Enhanced Horizontal Tree)采用模块化设计，具有很大的灵活性，如图5 - 16所示。

图5 - 16 FMC公司卧式采油树

(2)改进型深水立式采油树

改进型深水立式采油树EVDT(Enhanced Vertical Deepwater Tree)为单筒系统。该采油树将立式采油树及卧式采油树的优点相结合。防喷器安装在采油树上面，油管悬挂器可以直接安装在水下井口头或者油管头上，与卧式采油树系统一样，也可以与立管和海底防喷器连接起来。

(3)改进型水下立式采油树

改进型水下立式采油树EVST(Enhanced Vertical Subsea Tree)主要包括两种适用于不同井口直径、压力等级和温度等级的类型，从1998年开始，这种采油树被大量地安装使用。

2. 美国Cameron公司

Cameron公司对水下采油树的研制具有多年经验，研发出了多类用于不同环境条件的采油树产品。

(1)标准双孔采油树

具有专用生产和环空通道的标准双孔采油树(Dual Bore Tree)，若将其移除进行修井或维修时，油管可以静置；在浅水和深水环境中同样适用。

(2)卷轴树

卷轴树(Spool Tree)发明于1992年，大量应用于墨西哥湾和其他石油产地。卷轴树独特的水下井口、采油树和油管悬挂器的排列顺序使油管悬挂器处于特别的负载处。这种构造设计节省了宝贵的钻井时间，并能在不移动采油树和保证出油管线不受干扰的情况下进行完井和井口维修操作工作。

(3)FASTRAC 采油树

FASTRAC 采油树可以适用于浅水和深水以及捕鱼区域，其具有适应性强、模块化、可靠、安装快的优点。

(4)泥线采油树

泥线采油树(Mudline Tree)主要用于浅水，安装和维修可以通过潜水员完成，采油树与井口直接连接，不需要其他辅助连接设备和导向设备，并且该采油树的井下安全阀是独立控制的，如图5－17所示。

(5)直流电驱动采油树

直流电驱动采油树(DC 采油树)设有电池或蓄电池，本体上大部分电设备已经被简化或者撤除。

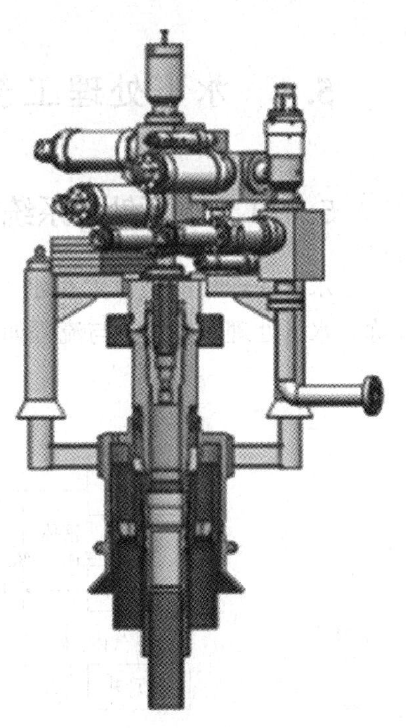

图5－17 Cameron公司泥线采油树

3. 美国 Vetco－Gray 公司

(1)卧式采油树

Vetco－Gray 公司的卧式采油树分为浅水和深水两种类型。深水采油树适用于18.75in(476.25mm)的井口装置，可安装在3048m的水深中，而浅水卧式采油树适用水深不超过500m。

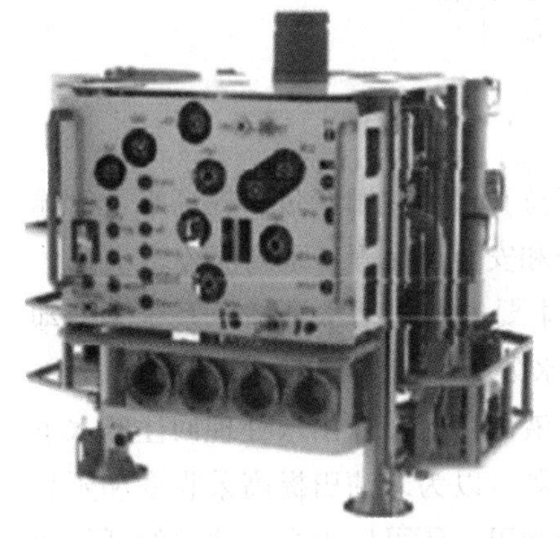

图5－18 Vetco－Gray 公司立式采油树

(2)立式采油树

Vetco－Gray 公司生产的立式采油树如图5－18所示，主要用来生产油气、注水、注气，此采油树的传感器耐高温高压，安装过程中通过ROV进行辅助安装。

(3)泥线采油树

Vetco－Gray 公司的泥线采油树主要应用于90m的浅水区，这种采油树适用于大部分自升式钻井平台，同时可以运用于单个的卫星井，或者丛式井口。该采油树能通过潜水员和ROV安装，可以用于油气生产、注水、注气等。

4. 挪威 Aker Kvaerner 公司

(1)标准结构采油树

Aker Kvaerner 公司生产的标准结构采油树具有绝缘的性质，适用于3000m水深，最高可承受176℃的高温。

(2)高温高压采油树

Aker Kvaerner 公司生产的高温高压采油树主要运用于北海，适用温度－33～175℃，水深可达500m。

(3)深水采油树

Aker Kvaerner 公司生产的深水采油树主要用于巴西和印度的孟加拉湾的深水海域。

5.4 水下处理工艺系统

5.4.1 水下处理系统组成

水下处理技术是设置在水下的多相分离、产出水处理、回注、流体增压等技术的总称。水下处理系统组成与流程如图 5-19 所示。

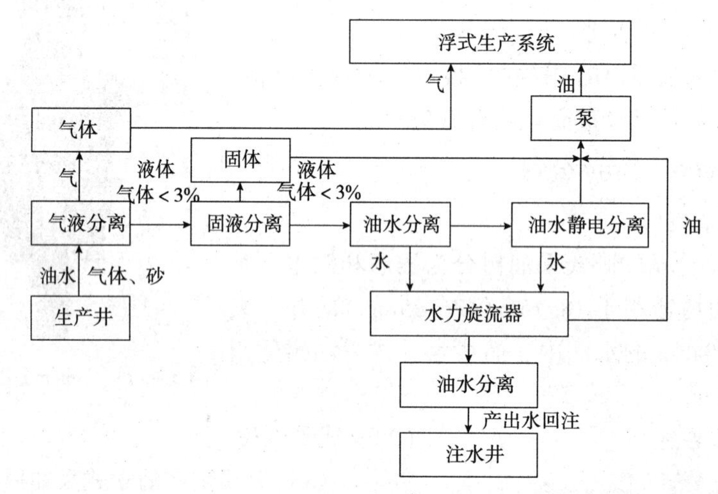

图 5-19 水下处理系统与流程

与传统的水上处理设施对比，水下处理技术具有保持和增加油田产量、提高水下管输的流动保障性、消除水上设施处理量的瓶颈、减少投资和安全环保等一系列优势。

挪威国家石油公司于 2012 年提出建立水下工厂，主要内容包括水下增压系统、冷却系统、电力传输和分配系统、气体压缩和分离系统、水处理、液体储存、流动保障等部分。其作用是油气水三相分离、水下增压、原油处理、液体存储及产出水处理回注。水下工厂可以根据需求和不同开发对象进行灵活组合设计，既可以为老油田提高采收率和延长稳产期而设计，也可以设计利用现有的运输管道开发新油田，还可以为全新油田的开发而设计以满足不同类型油气田的开发需要。

5.4.2 水下增压设备

油田在生产期内大多都会经历一个产水量不断增加的过程。在油田开发过程中，水下井口的流体压力和温度变化较大，导致采收率也随之发生较大变化。在油田开发后期，产出液中的含水量可达 90%。为了提高采收率，通常在海底采用水下增压装置来维持较高的输送压力和流量，实现远距离输送，同时降低井口出流的背压和减少水合物的产生。

1. 分类与选型

水下增压系统为开发远距离和边际海上油田提供了可能。根据内部流体的特性，可以将水下增压设备分为增压泵和压缩机。

(1)水下增压泵

水下增压泵可分为动力式和容积式两种，其中容积式主要为螺杆泵，而动力式主要为离心泵，还包括电潜泵和轴流泵。多相流的输送曾尝试用柱塞泵和单螺杆泵进行，但螺旋轴流式和双螺杆式的设计方案仍占主导地位，并获得了良好的使用效果。

根据进入增压泵的流体是否经过分离，还可以将增压泵分为单相泵、多相泵和混合泵。单相泵具有最高压差能力，可以提高含油率；多相泵结构简易且维护成本低、功率高；而混合泵兼具两者优点。

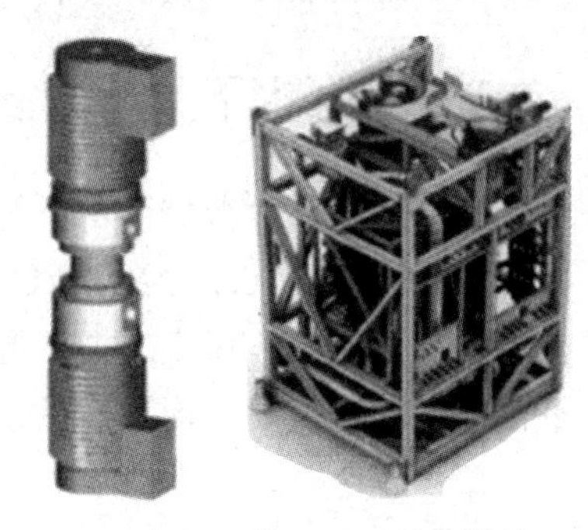

图5－20　水下压缩机及压缩机模块

(2)水下压缩机

根据生产气体是否需要进行处理，水下压缩机可分为干式压缩机和湿式压缩机。对于气体含量超过95%的气田，因湿式压缩机不需要对气源进行处理，具有较大优势。水下压缩机及压缩机模块如图5－20所示。

油田开发过程中采用何种水下增压设备来进行增压，主要由海底井口生产流体的含气率来判断。含气率0～10%条件下一般选择单相泵，含气率0～38%条件下一般选择混相泵，含气率0～95%条件下一般选择多相混输泵，含气率80%～100%条件下则应选择湿式压缩机。

2. 多相泵

多相泵主要分为两种：旋转动力泵(螺旋轴流泵)和容积式泵(双螺杆泵)。

(1)螺旋轴流泵

螺旋轴流泵如图5－21所示，是将动力叶轮旋转产生的机械能传递给流体介质并转化成流体的动能，输出流量大。螺旋轴流泵工作原理为：螺旋形的叶轮和导叶形成一个压缩单元，使泵输介质轴向流动，防止介质在叶道内相态分离。多相流体在高速旋转的叶轮中获得动能后被扩压作用转化为压能。

(2)双螺杆泵

双螺杆泵如图5－22所示，是根据工作容积的周期性变化来实现流体的增压和输送。作为吸入室与排出室分隔的外啮合螺杆泵，它通过相互啮合但互不接触的两根螺杆来抽送液体。当螺杆转动时，吸入腔容积增加，压力减小，液体在泵内外压差作用下进入吸入腔；螺杆继续转动，密封腔内的液体被挤入排出腔，随着排出腔容积减小，液体被排出。

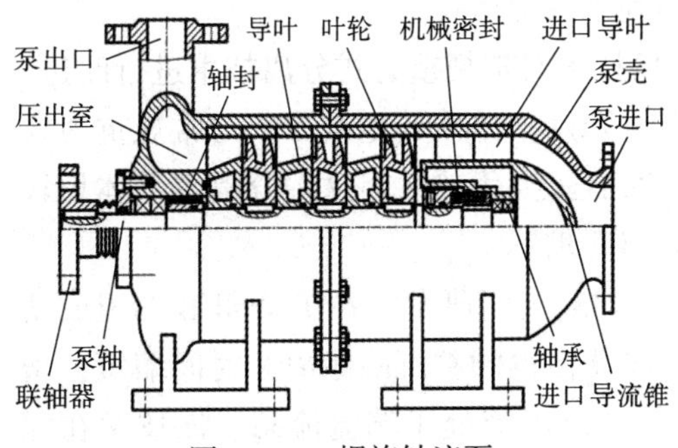

图5－21　螺旋轴流泵

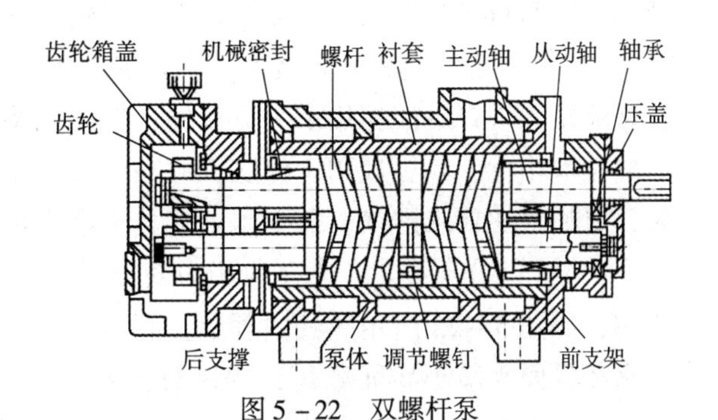

图5－22　双螺杆泵

3. 压缩机

作为将低压气体提升为高压气体的一种机械结构，压缩机按其结构形式不同可以分为活塞压缩机、螺杆压缩机、离心压缩机和直线压缩机等；按其工作原理不同可分为容积型压缩机和速度型压缩机。一种容积型压缩机结构组成如图 5－23 所示。

5.4.3 水下分离设备

水下分离器一般位于水下管汇的下游，是将水下流体分离的设备。水下流体的分离一般有液液分离、气液分离和气液固三相分离三种。水下分离器结构复杂，包括分离器主体、管道、阀门、仪表、框架等部件。在传统的水下生产系统中，分离设备一般安装在海平面以上的平台上，而现有的水下生产系统(图 5－24)在水下安装分离设备。

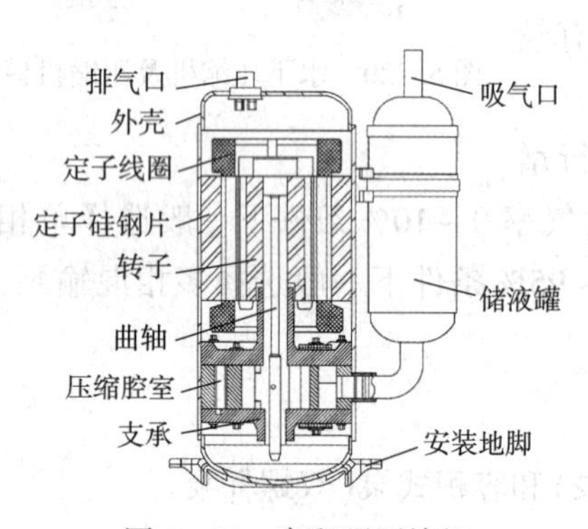

图 5－23 容积型压缩机

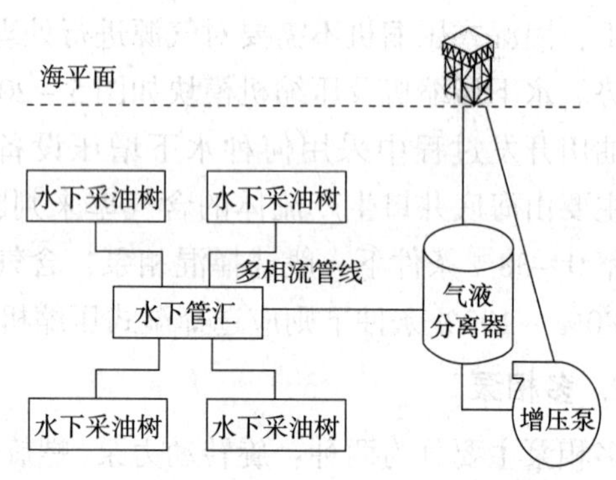

图 5－24 当前水下生产系统流程图

1. 水下液液分离装置

在开发近海和浅水海洋油气时，油井产物一般先举升至水面生产设备上再进行各类分离。油井产出物中的含水率随开采时间的推移而增加，使得生产成本提高。当使用海底液液分离技术时，在海底井口处油井产出物中的大部分水就被分离出来，提高了油井的采收率。常见的水下液液分离技术有三种：常规重力分离技术、半紧凑型重力分离技术和管道分离技术。

(1)常规重力分离技术。常规重力分离技术利用油和水的不溶性及密度差将油珠或悬浮物从水中分离。该技术的应用原理在实际运用中取得了很好的效果，但该技术所使用的容器长度和直径都较大，安装和制造费用较高，不利于系统运行。

(2)半紧凑型重力分离技术。半紧凑型重力分离技术对常规重力式分离技术进行改进，装置前端的入口旋流器用来分离气体，气体旁路管线则用来排出其他组分。与常规重力式分离技术相比，其更适用于海底，并在含气率较高时有较大优势。但这种分离容器体积较大，对油水比要求严格，需要水处理技术来满足分离要求。

(3)管道分离技术。水下管道分离技术由挪威 Hydro 公司研发，并在 Troll B 油田成功应用，如图 5－25 所示。其原理是：利用小直径分离器使得颗粒沉降距离和时间缩短；增大水相界面来减小界面载荷；提高轴向平均流速保证产出液处于湍流流态。该技术在深水、高压力和流动状态下有更好的应用效果，更适合分离不同流体。虽然其直径有所减小，但其整体结构很大，并需要水处理技术来达到油水比需求。

图5－25 Troll B油田管道式分离装置

2. 水下气液分离技术

作为提高油田经济效益的有效办法，水下气液分离技术先将油井产出物进行气液分离，再用单相泵泵送。水下气液分离技术主要有垂直重力分离技术、沉箱分离技术和内联分离技术。

(1)垂直重力分离技术

垂直重力分离技术的流体除受重力外还受到离心力。该技术原理简单，效果好。但因装置需垂直安装在海底土层中，安装、维修难度较大。

(2)沉箱分离技术

作为气旋技术和电潜泵技术的结合，沉箱分离技术工作原理如图5－26所示。井底产出物从气旋分离装置经过后，混合物进入分离器中上部，经过离心分离后，气体从分离器顶部排出，液体从底部排出。该技术适用于深水且含砂量不高的情况。

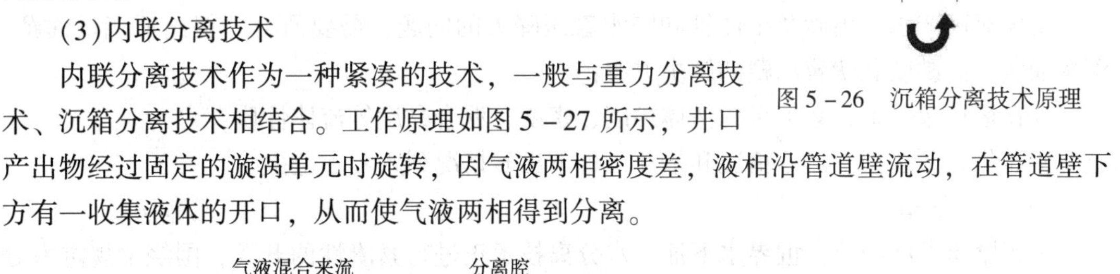

图5－26 沉箱分离技术原理

(3)内联分离技术

内联分离技术作为一种紧凑的技术，一般与重力分离技术、沉箱分离技术相结合。工作原理如图5－27所示，井口产出物经过固定的漩涡单元时旋转，因气液两相密度差，液相沿管道壁流动，在管道壁下方有一收集液体的开口，从而使气液两相得到分离。

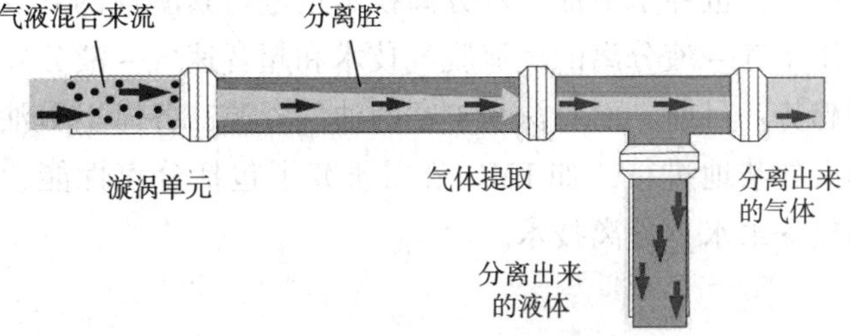

图5－27 内联分离技术原理示意图

3. 油气水多相分离装置

油气水多相分离装置通常是多个水下分离设备联合工作。采用水下多相分离技术可以将水和天然气从原油中分离出来，进行增压回注后将分离得到的原油和天然气输送到陆上或者平台设备储存。三相分离过程如图5－28所示，包括气体增压，井口测试，油、气单相输送，生产水处理和回注，海水举升和注入以及海底除砂，这些作业能保证整个水下分离处理过程的安全性和可靠性。

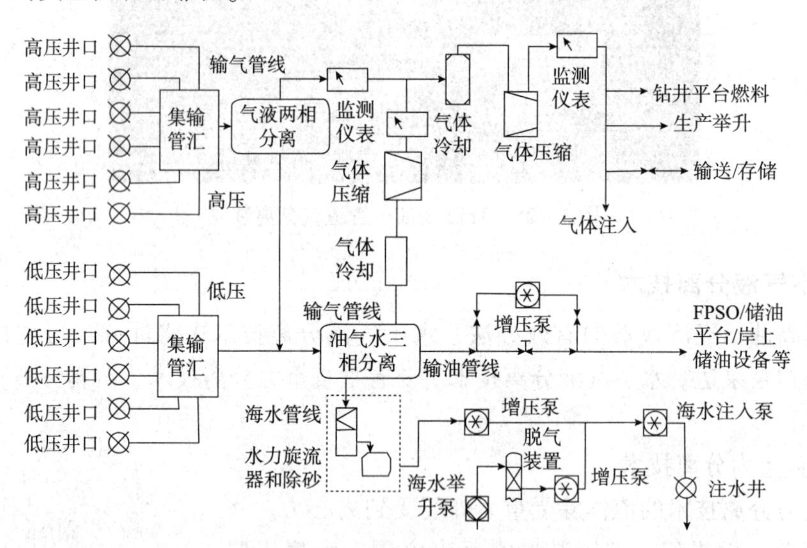

图5－28　油气水分离处理流程图

4. 存在的问题和前景展望

(1)存在的问题

水下分离技术虽然在常规水深中已得到应用，但由于深水环境中外因发生了明显变化，该技术在深水领域的应用面临着巨大的挑战：

①井场布局、钻孔中心、现有的基础设施、管道尺寸、工艺站相对于井的位置等的选择，都将对水下分离技术的选择产生巨大影响；

②面对高产水、出砂及出油管和隔水管压降大的问题，需要研究并提出低能量油藏、深水油藏、高黏度乳状液油藏的解决方案；

③在运行条件下，必须考虑液体黏度、密度、混合黏度等流体性质；

④需将正常条件下出砂情况和最坏条件下出砂情况列入考虑范围。

(2)前景展望

①超紧凑发展趋势：世界水下油气水分离技术正进行紧凑性的开发，围绕常规重力分离技术，出现了适用于气－液分离的旋流脱气技术和超音速气－液分离技术。

②超深水发展趋势：目前，面对深水丰富的油气资源，各海上石油公司的深水海底分离技术测试都在如火如荼地进行，如FMC公司研究了包括分离性能、砂处理、过程控制和仪器仪表在内的超深水水下分离技术。

5.5　水下管汇

5.5.1　水下管汇的功能

在水下生产系统中，水下管汇 PLEM(Pipeline End Manifold)作为常见的水下设施，其主要功能是汇集和分配产出的油气，将不同井口产出的油气汇集到一条管线中；并将流体分配给各个井口，进行注水、注气和注化学药剂等操作；或送到最近的采油平台或岸上基地，进行处理。水下管汇可减少海底管线的长度，其工艺流程如图 5－29 所示，主要功能为：

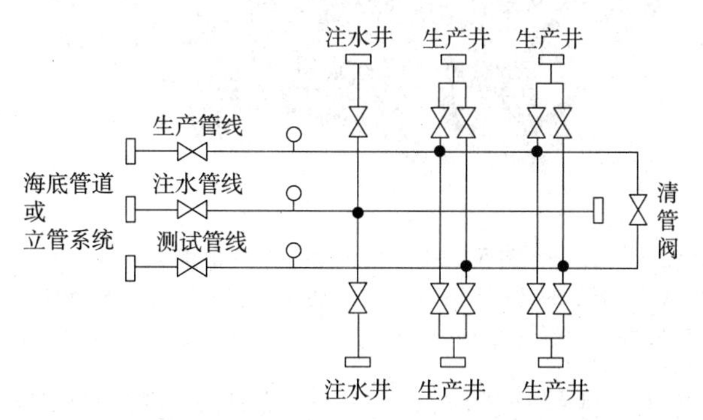

图 5－29　水下管汇工艺流程

(1)汇集生产液，将多口海底油井的油气汇集起来，用一条输油管线输往平台或岸上；
(2)对每口井进行计量和控制；
(3)注水、注气分配，完成对每口井进行气举和注水的任务；
(4)分配化学药剂，将各种化学试剂(如防腐剂、防水化剂、清蜡剂等)注入生产井；
(5)用 TFL 法分井进行测试、清蜡等各种修井措施；
(6)进行水下控制系统液压分配；
(7)进行信号传输；
(8)简化海底管道的清管作业；
(9)提供结构支撑和安装工具接口。

5.5.2　水下管汇底盘

水下管汇底盘的类型可分为定距式底盘、组合式底盘和整体式底盘。水下管汇底盘作用如下：

(1)提供合适的井距，并为钻井设备提供导引；

(2)减少钻井与开发之间的时间，使油田能较早投产，因为在发现井完钻后，使用活动式钻井设备能很快完成油、气的早期生产，这种生产方式的经济性主要决定于底盘的情况；

(3)底盘井较卫星井集中，采用底盘可节省管线，并且操作方便，保护容易，节省费用；

(4)底盘既可适用于固定式采油平台，也可用于浮式采油平台及张力腿平台。

5.5.3 水下管汇组成

水下管汇组成如图5－30所示，包括以下部分或全部模块：

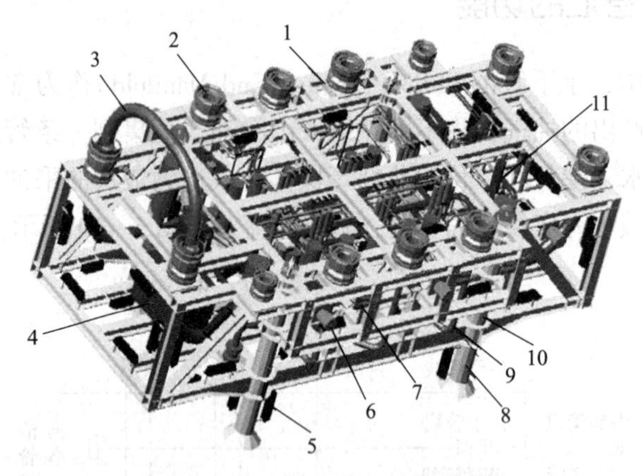

图5－30 水下管汇总体布置

1—框架；2—管线连接器；3—清管环；4—控制模块；5—牺牲阳极；6—小尺寸管线快速接头；7—飞线接口盘；8—安装导向；9—分支管线；10—远程机器人操作扶手；11—水下阀门

(1)海底生产、注水、注气管道接口，其设计应便于连接或者解脱；

(2)水下电子模块、液压分配单元的水下电液控制分配系统；

(3)水下液压储能装置，提供液压储能，防止回压波动，当液压泵出故障时，储能器可至少维持24h正常工作；

(4)水下化学药剂分配单元；

(5)ROV操作阀组和作业通道，用于配置ROV阀组和控制模块。

5.5.4 水下管汇主要构件

水下管汇的构件一般包括：水下阀门、框架结构、基础结构。

1. 水下阀门

水下管汇的阀门装配在管道系统中，对管道系统进行生产控制及流体注射、调节和排泄压力。

水下管汇中最常用的阀门为球形阀和闸式阀，其中闸式阀被认为是可靠的装置，现有的水下装置多使用闸式阀。水下阀门可在137.8MPa高压下工作，工作温度范围为－60～182℃。

2. 框架结构

水下管汇的框架结构起支撑管汇的作用，并防止掉落物、水下机器人的冲击对结构的损害，如图5－31所示。

3. 基础结构

基础结构是水下管汇的支撑，根据其结构不同分为防沉板、吸力桩两种形式。

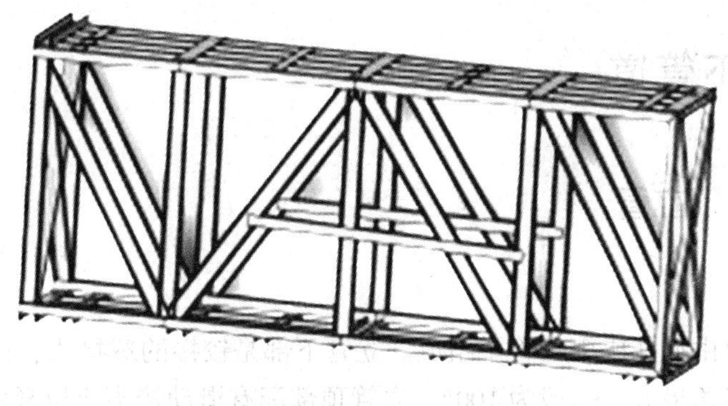

图5-31　水下管汇支撑框架

(1)防沉板

防沉板(Mudmat)的结构尺寸主要由安装位置的土壤条件和管汇模块的重量共同决定。过大的防沉板会对水下管汇的安装造成影响，通常在不增大防沉板几何尺寸的条件下，通过增加裙板的方式提高其能力和稳定性。防沉板具有结构简单、重量轻、安装方便、投资少的优点；当载荷及土质条件合适时，是水下基础结构的首选。

(2)吸力桩

吸力桩结构形式为上顶面封闭、下底面敞开的柱状单元，包括桩筒、桩顶和桩顶立柱。与传统的海洋基础结构相比，吸力桩的安装维修简便，具有承载能力高、抗海流冲刷、抗地震作用、抗意外碰撞和渔网拖拽、抗水平滑移等优点。

5.5.5　水下管道终端

管道终端PLET(Pipeline End Termination)主要用于连接水下生产设施。使用时两端分别与连接管线和管汇或采油树相连。根据PLET管线接头连接方式不同，可分为有潜连接PLET和无潜连接PLET。有潜连接PLET的管线接头通常使用潜水员法兰，在潜水员可进行操作的浅水区域进行应用；无潜连接PLET的管线接头则为快速接头，采用ROV操作，不受作业水深的限制。

PLET主要包括结构框架和基础结构。PLET的结构框架如图5-32所示，主要用于对管系和阀、毂座、三通等一些重要部件的支撑。最简单的PLET一般只有一个连接毂座。

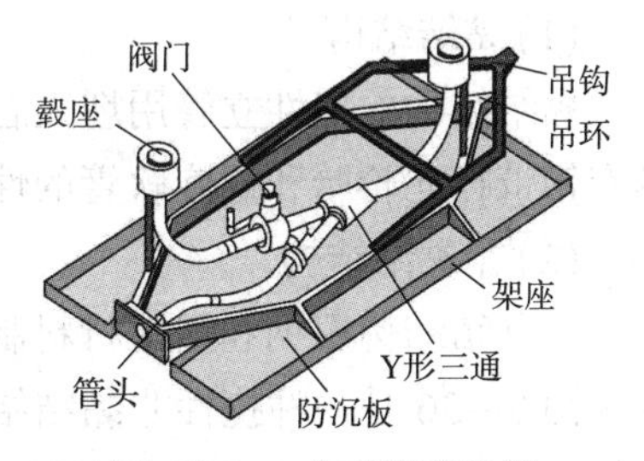

图5-32　典型管道终端

PLET的基础结构主要有防沉板基础和吸力锚基础。由于PLET质量一般相对较轻，从而使防沉板基础在工程中成为常用形式。

防沉板基础安置在主框架底部用以分散载荷，防止整个系统的沉降。防沉板基础有三种结构形式：集成式、折叠式和分离式，集成式防沉板和折叠式防沉板目前在工程应用中比较常见。集成式防沉板结构集中；折叠式防沉板在下放过程中可减小面积；分离式防沉板将防沉板和主体结构分开制造和安装。

5.6 水下管道

5.6.1 水下立管

1. 刚性立管

刚性立管主要由捆扎成束的管子组成。立管下部是铰接的球接头，能适应立管的水平运动，允许的偏斜角最大，一般为100°。立管顶部配有滑动接头或拉紧器，允许它做升降运动。采用这种刚性立管需要有一个专用井架。刚性主管有两种类型：

(1)非整体型

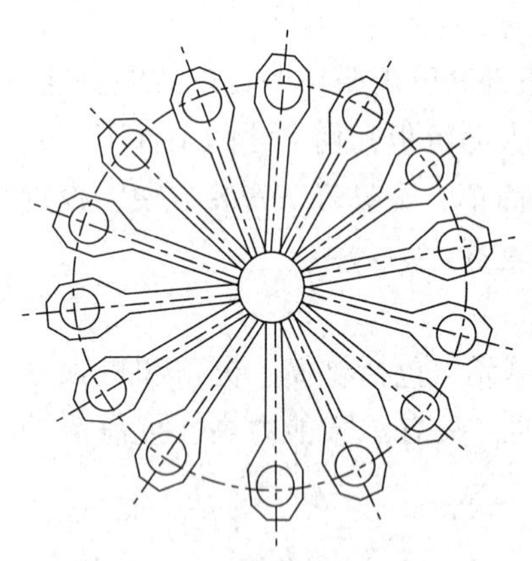

图5-33　非整体型采油立管

非整体型采油立管如图5-33所示，中间是一根外输管线，周围由一些较小的生产管线包围。每根管线由浮动装置上的张紧器单独补偿张力，能单根安装、拉紧和收回。

其优点是建造简单、便宜，可单独维修。缺点是由于管线容易相互干扰，难应用于深水，有风暴时需解脱，从而增加停产时间。

(2)整体型

整体型采油立管如图5-34所示，由一个容纳若干根小管线的外圆筒组成。立管上有一些附加设备以增加浮力，从而降低平台所受的拉力。整个主管系统作为一个整体承受着拉力，能快速卸开，适用于深水和恶劣环境的海域，但成本高，有风暴时需要解脱。采用刚性立管可与海底井口进行可靠的插入和连接，能进行钢丝绳作业，设计简单，费用低，但要配置井架和放置立管的地方。

2. 挠性立管

(1)黏结结构

黏结结构的挠性立管用埋入合成橡胶中的纺织物和钢加强物制成，如图5-35所示，具有钢带径向轮胎和螺旋软管的性能。

(2)非黏结结构

非黏结结构用钢和塑性材料制成。钢元件具有良好的机械性能，而塑性材料能防漏。

图5-36是一种挠性非黏结结构软管，由五层组成。第一层为钢胎，呈螺旋形，具有抗挤和抗变形的性能；第二和第五层为聚酰胺层，具有防漏和防腐的性能；第三层为钢铠，呈螺旋层，具有抗内压的性能；第四层也是钢铠，为二层交叉的钢丝，具有抗拉的性能。

3. 混合性采油立管

混合性采油立管如图5-37所示。

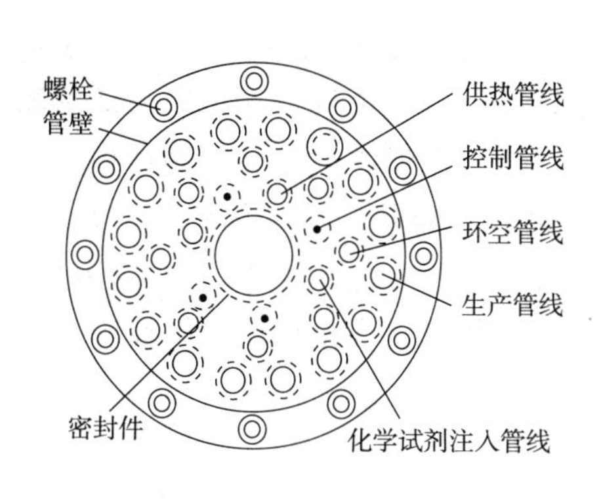

图5-34 整体型采油立管

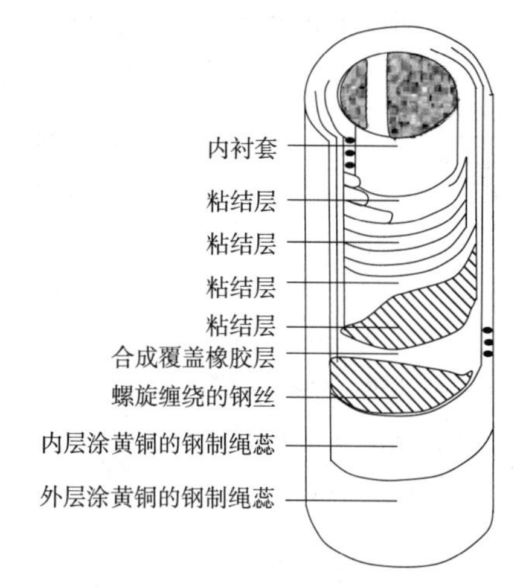

图5-35 黏结结构挠性管

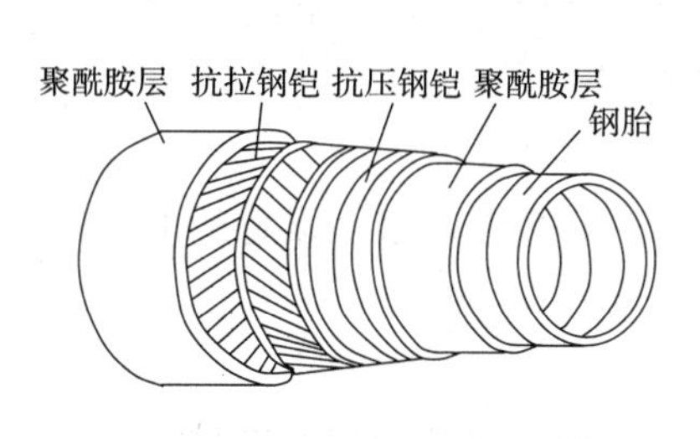

图5-36 非黏结结构挠性管

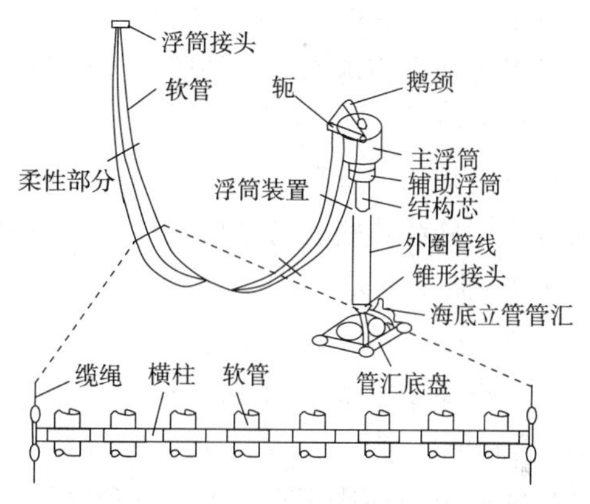

图5-37 混合性采油立管

混合性采油立管即上部为挠性管，下部为刚性管，两种立管通过浮筒连接起来，浮筒使下部的刚性管处于张紧状态。柔性立管的所有管线都可分别在浮式生产系统上更换。由于柔性系统在61m深度的浮筒处装到刚性管上，因此需要修理的柔性构件都在正常潜水深度以内。

虽然下部立管极少需要修理，但每根管子都可以更换。下部构件按直径约1.8m的环状排列，刚性管的终端在水面浮筒处，下部立管中的管子装在一个结构芯的周围，出油管线通过它保持垂直和托住复合泡沫塑料件。水面浮筒包括两部分：顶部的主浮筒和较小的辅助浮筒。辅助浮筒在安装期间支撑结构芯。出油管线终端是液压连接器心轴，同时，鹅颈使管子通过隔离一直延伸到在横梁上的接箍处。在正常海况条件下，此立管可用于213m以上的水深，它具有采油、注气、注水、气举、修井、供气、排气、供液和供电等功能。

5.6.2 水下脐带缆

作为水下生产设施的重要组成部分，水下脐带缆被称为水下生产系统的“神经和生命线”。水下脐带缆的主要作用是：提供液压动力液通道给水下操作装置；提供电能给控制盒和电动泵；用于遥控油井和水下设施；提供生产所需的甲醇、缓蚀剂等化学药剂。

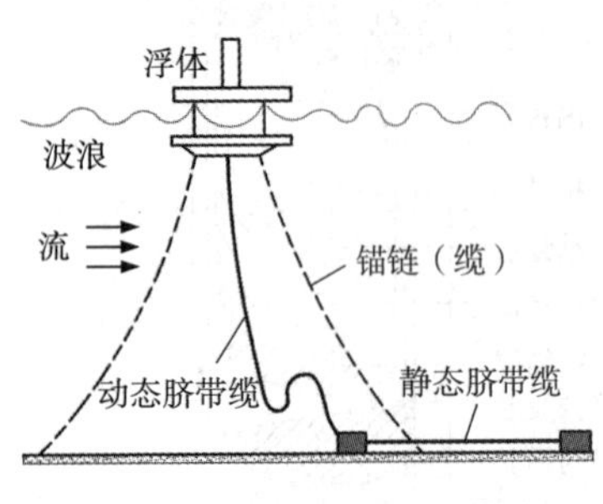

图5－38　典型水下静动态脐带缆示意图

1. 水下脐带缆的类型

根据使用环境，水下脐带缆可以分为静态缆和动态缆，如图5－38所示。静态缆铺设在海底。动态缆在海底和水面设施之间。因动态缆在安装和使用过程中受浪、流和浮体的影响，因此要对其进行局部和整体动力学分析，保证其在使用寿命内安全运行。在安装和使用静态缆时，要考虑海底稳定性，因此，在设计脐带缆时应明确其是用于静态还是动态。

脐带缆可分为四类：

(1)热塑软管脐带缆

热塑软管脐带缆是由无缝热塑压制内层和热塑压制外护层组成的热塑软管，如图5－39所示，其内层由一层以上的高强度纺织纱线编织而成，作为内部流体和外层之间的封层，可以容纳和输送流体；外层主要用于机械防护。

(2)钢制脐带缆

钢制脐带缆是用钢管替代传统的热塑软管，是在渗透性、流体相容性、液压和力学性能等方面皆优于传统热塑软管的功能部件，如图5－40所示。

(3)动力控制脐带缆

动力控制脐带缆可实现海岸与平台、平台与平台及平台与水下设备的电力供应，也可作为海底复合电缆遥控水下无人设备。

(4)综合功能脐带缆

综合功能脐带缆是油气输送生产管和脐带缆的组合。它基于海底束技术设计原则，将液压管与电缆和光纤组合在一个复合截面上，并用聚氯乙烯型材将各个元件分离，如图5－41所示。

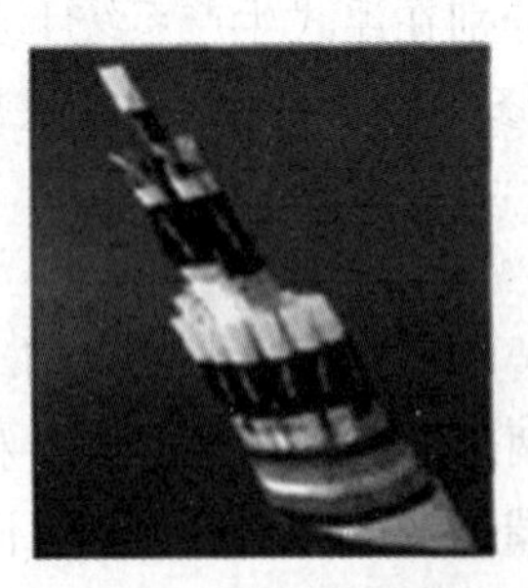

图5－39　热塑软管脐带缆

图5－40　钢制脐带缆

图5－41　综合功能脐带缆

2. 水下脐带缆的主要附属部件

水下脐带缆的主要附属部件有：

(1)上部端子及悬挂法兰、拉入头，如图5－42所示；

(2)J－tube及对中装置，如图5－43所示；

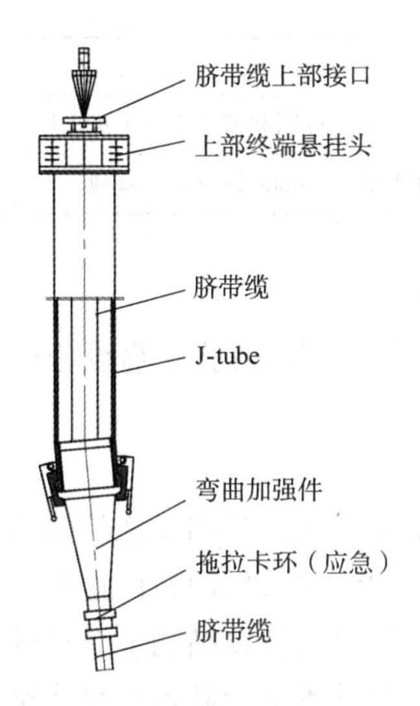

图5－42　脐带缆端子与拉入头

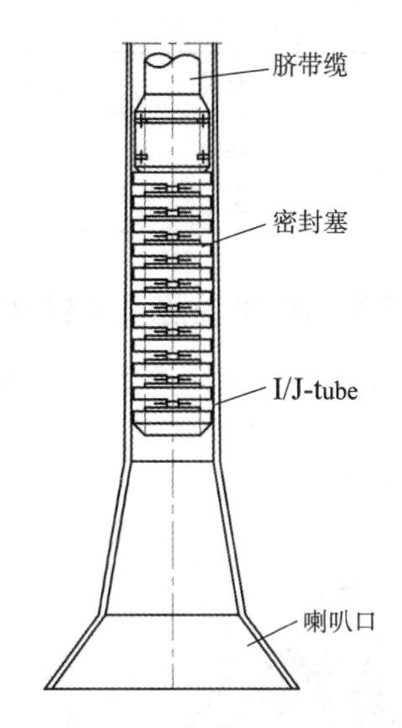

图5－43　脐带缆密封及对中装置

(3)弯曲限制器，如图5－44所示，用来防止柔性管缆与接头弯曲过度。动态应用的弯曲限制一般将喇叭口和防弯器安装在浮体连接的接头处，弯曲限制器必须根据具体的管缆进行设计。

(4)水下端子，如图5－45所示，是脐带缆水下连接的安装接口，具有快速连接功能；

(5)外部腐蚀防护装置；

(6)外护套修复包；

(7)功能部件修复包。

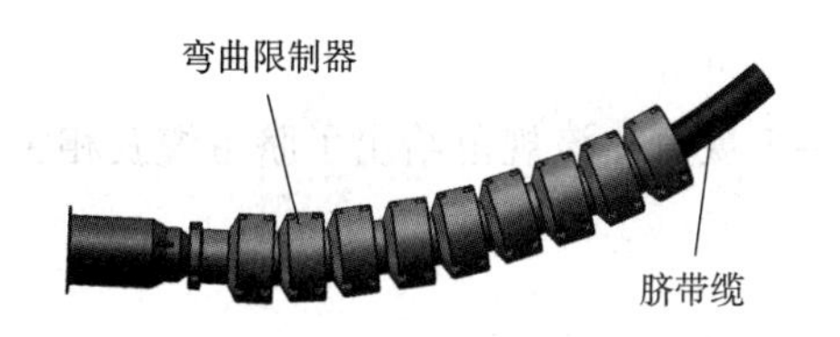

图5－44　脐带缆弯曲限制器

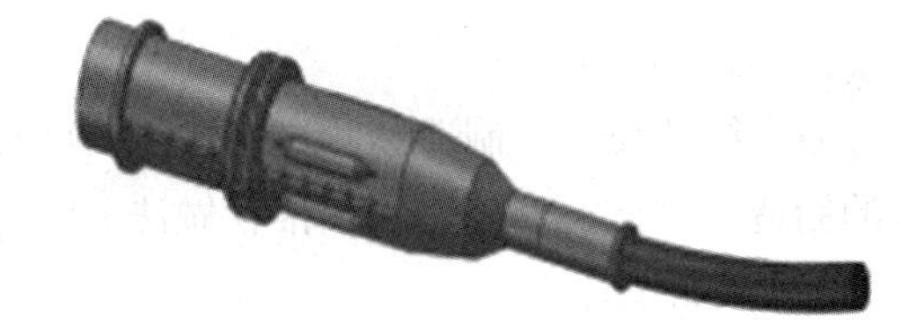

图5－45　脐带缆水下端子

3. 主要的水下脐带缆供应商

当前，主要的水下脐带缆供应商及基本情况和生产能力如表5－1所示。

表5－1　主要的脐带缆供应商

生产厂商	总部	生产能力/(km/a)	基本情况
Aker Solution	挪威	1000	在Moss和Alabama两个城市设有生产加工基地
Technip DUCO	法国	600	在英国Newcastle、美国的Houston和安哥拉的Lobito都设有生产加工基地
Nexan	挪威	1000	在挪威的Halden和Rognan设有生产基地
Oceaneering Multiflex	美国	1500	在墨西哥湾、英国及巴西有生产工厂

续表

生产厂商	总部	生产能力/(km/a)	基本情况
JDR	美国	500	在美国、英国和荷兰都有生产工厂
Parker	美国	500	在挪威 Scanrope 设有生产基地

4. 水下脐带缆终端设施及关键技术

水下脐带缆终端设施如图 5－46 所示，其关键技术可以分为脐带缆设施安装和设施结构。

(1)设施安装

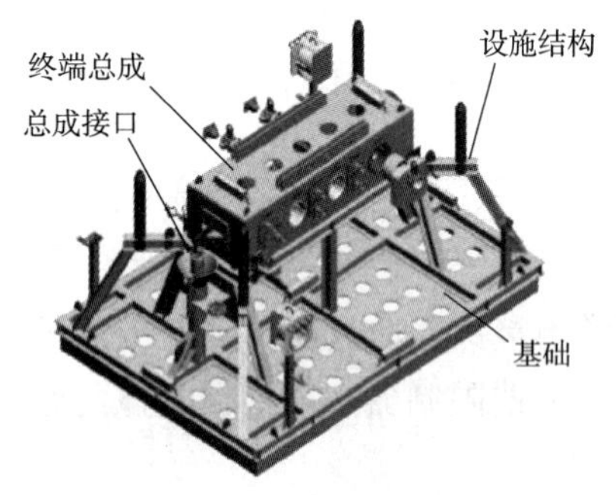

图 5－46　脐带缆终端设施

根据脐带缆的安装方向，终端设施的安装可分为一端安装和二端安装。当终端设施位于脐带缆起始铺设端，脐带缆负载不会传递到装置结构上，这种安装方法称为一端安装。若终端设备位于脐带缆终止铺设端，脐带缆的负载作用在装置结构上，这种安装方法称为二端安装。

(2)设施结构

若安装接口在甲板组装，则只需由工作人员进行固定即可。水下连接较为复杂，为使得水下对接和 ROV 辅助操作顺利进行，安装接口需要铰接机构配合。为使得水面落物不破坏终端总成，需要保护结构提供一定的保护空间。

5. 脐带缆技术研究现状

(1)设计规范

脐带缆的设计、制造和测试要遵循 ISO 13628－5 规范，该规范给出了脐带缆及相关设备的制造、测试、安装要求和推荐做法。

(2)截面设计

脐带缆截面设计要满足海洋环境、寿命以及在工作时受到的弯曲、拉伸等力学要求。电缆横截面积和绝缘厚度由水下生产系统的用电负荷决定。在设计光纤单元截面时，光纤数量应根据水下生产系统数据传输量和传输距离来决定。在设计管单元截面时，材料的选择和壁厚设计应根据传输距离、内外压、拉伸弯曲应力决定。

(3)力学分析

因受到流、波浪和浮体运动等影响，脐带缆在安装和运行过程中易发生拉伸、弯曲、过度扭转、疲劳失效，所以脐带缆的疲劳载荷分析尤为重要。先分析脐带缆极值载荷与海底稳定性以获得其拉扭和弯曲性能，然后对脐带缆的局部力学和整体线性进行分析。

(4)制造技术

脐带缆一般从功能单元开始制造，在立式或卧式的成缆设备上将各功能单元螺旋绞合，然后将保护屏蔽层套装到缆线上。

(5)测试技术

脐带缆的测试主要包括三个方面：第一个是单元测试，用于检查光单元、电单元、软管和钢管等功能单元；第二个是包括拉伸、弯曲刚度、压扁及疲劳试验的脐带缆整体测试；第三个是进行外观尺寸检测的脐带缆工厂验收实验。

国外一些安装公司安装脐带缆水深情况如表5－2所示。

表5－2 国外油田脐带缆安装水深

油田	公司	水深/m
Perdido(Gulf of Mexico, USA)	壳牌	2950
Kikeh	Murphy Sabah Oil Company Ltd.	1330
Pazflor	道达尔	1200
Dalia	道达尔	1200～1500
Agbami	雪佛龙	1550
Azurite	Murphy West Africa Ltd.	1400
Greater Plutonio	BP	1200～1500

目前，拥有深水油气勘探开发核心技术的公司有巴西国家石油公司、埃克森美孚、BP、道达尔、壳牌等。在墨西哥湾地区，BP、TotalFinaElf、Marathon Oil 三大公司对King's Peak、Camden Hill 和 Aconcagua 油田进行脐带缆安装，3块区域的水深为100～2000m，应用对扣铰接技术(Stab and Hinge Over)减少了主脐带缆终端与脐带缆对接的安装时间。

我国也在加紧进行脐带缆的研发，脐带缆截面设计如图5－47所示。

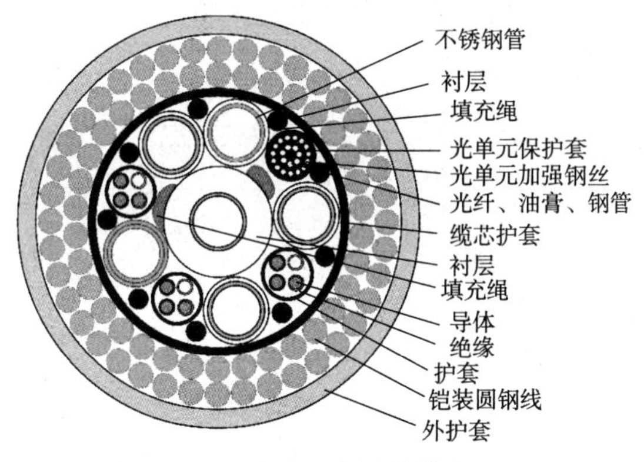

图5－47 自主研制脐带缆截面图

5.6.3 海底管线

1. 海底管线的种类

海底管线根据结构、材料和用途的差异，可以分为5种类型：

(1)普通钢管，如图5－48所示；

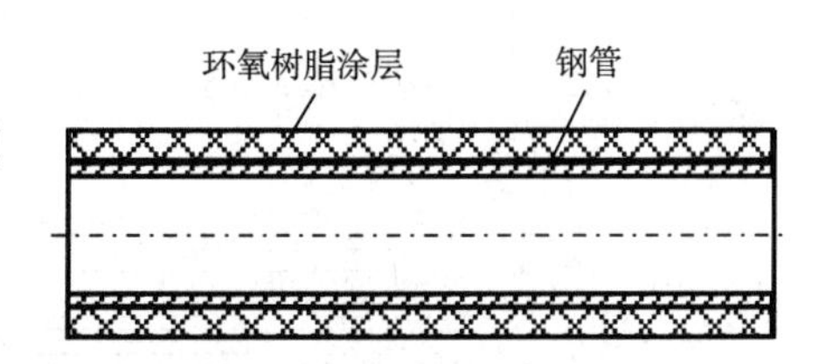

图5－48 普通钢管

(2)防腐绝缘管，如图5－49所示；

(3)保温管，如图5－50所示；

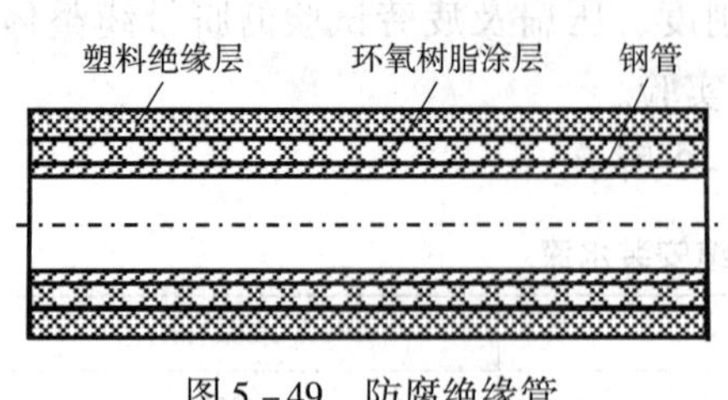

图 5－49　防腐绝缘管

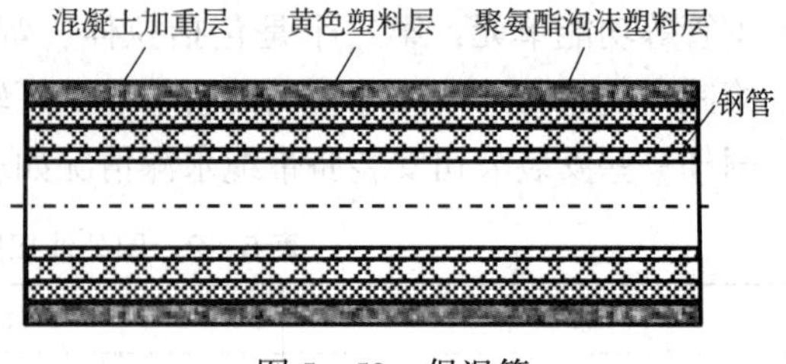

图 5－50　保温管

(4)伴热柔性管，如图 5－51 所示；

(5)管束，如图 5－52 所示。

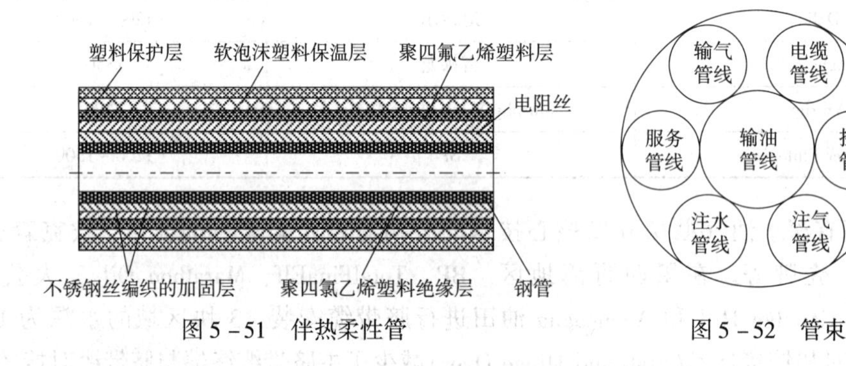

图 5－51　伴热柔性管

图 5－52　管束

2. 海底管线的铺设方法

(1)常规铺管船法

常规铺管船法原理如图 5－53 所示。在铺管船上将已预制好的管线和对接头部分防腐绝缘后，连续投放到海底。

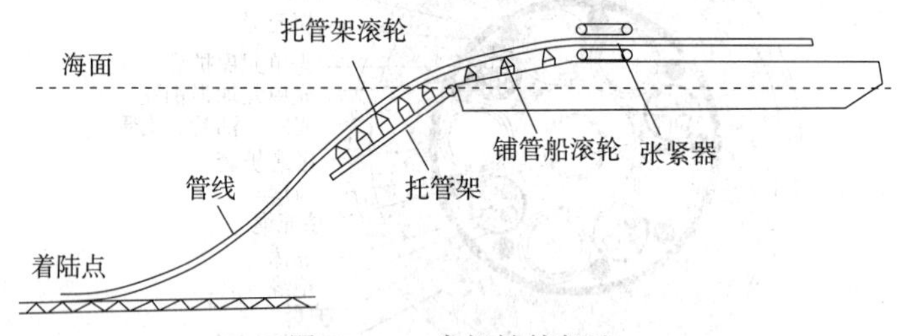

图 5－53　常规铺管船法

(2)卷筒式铺管船法

卷筒式铺管船法原理如图 5－54 所示。将在岸上预制好的管线缠绕在船上一个足够大直径的卷筒上，再将卷筒上的管线连续下入海中。

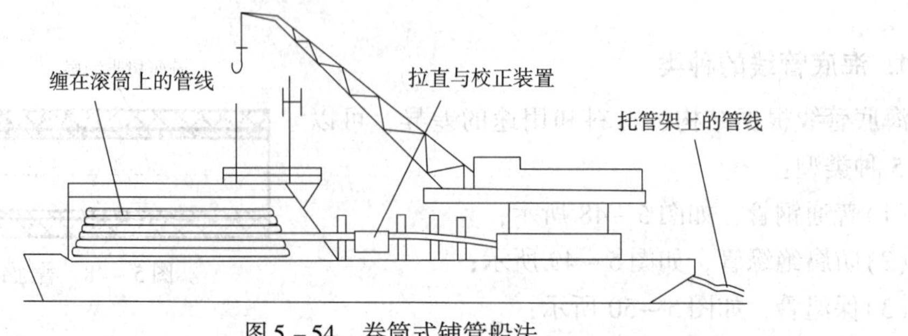

图 5－54　卷筒式铺管船法

(3)大角度悬链式铺管法

大角度悬链式铺管法原理如图5－55所示。用钻井船上的井架将管线竖直吊起，一根根焊接在一起后放入海底。

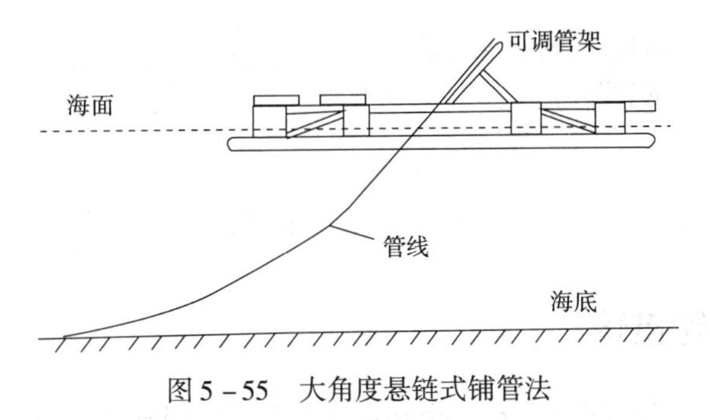

图5－55　大角度悬链式铺管法

(4)开沟铺管法

开沟铺管法原理如图5－56所示。利用开沟犁骑在已放入海底的管线上，开沟犁开出一条沟，再把管线埋入。

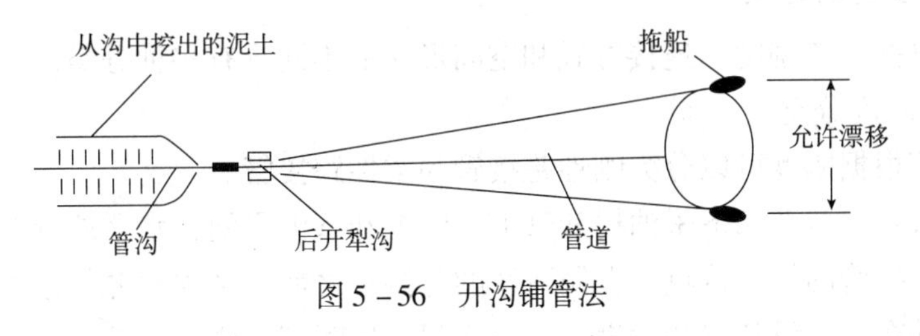

图5－56　开沟铺管法

(5)底拖铺管法

底拖铺管法原理如图5－57所示。将组装好的管线直接沿海底拖至井场定位安装。

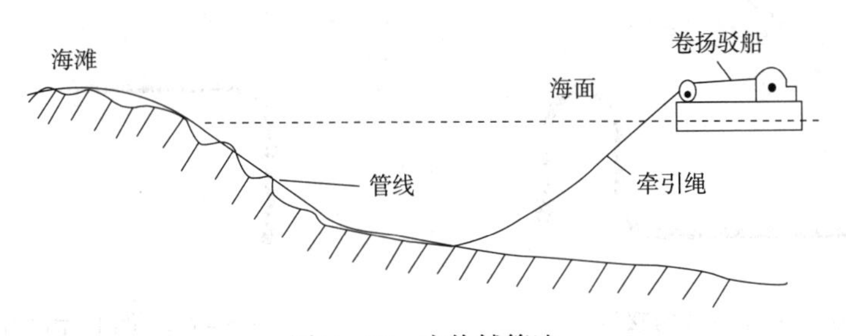

图5－57　底拖铺管法

(6)水面拖行法

水面拖行铺管法原理如图5－58所示。将浮筒系结于管线之上或两侧，使它浮于海面上拖行，到预定位置后，再将管线沉降就位。

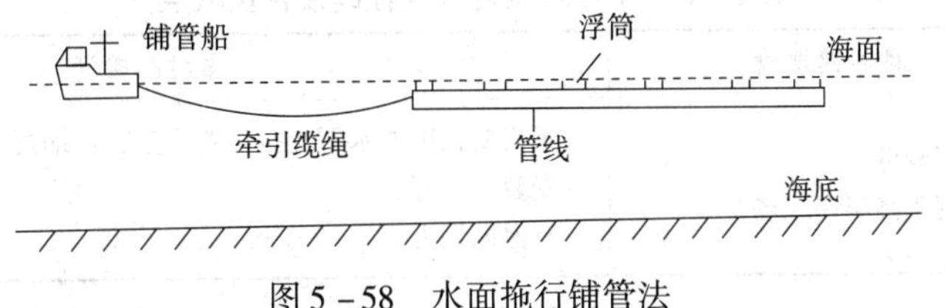

图5－58　水面拖行铺管法

(7)悬拖铺管法

悬拖铺管法原理如图5－59所示。悬拖铺管法用前后两艘拖船将管线两端悬吊于水中拖行至现场，再将管线沉降就位。

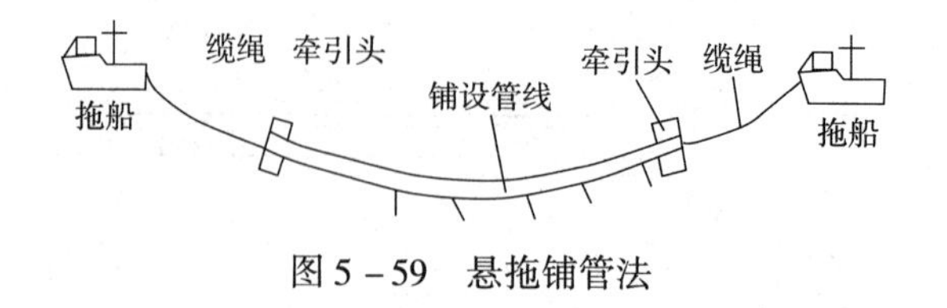

图5－59 悬拖铺管法

5.6.4 水下跨接管

水下跨接管是在管子两端分别有一个终端连接器的管状连接元件，其广泛用于海洋油气田水下设备之间的连接。对深水跨接管的要求是能够承受海底压力和温度变化引起的膨胀力，并且与相应的端部连接器配套。

1. 水下跨接管的分类

水下跨接管按管道刚度、连接方式和空间形状的不同具有多种分类。

(1)按管道刚度分类

水下跨接管根据刚度可以分为刚性跨接管和柔性跨接管。

刚性跨接管：安装在水下采油树和管汇、管汇和管汇之间，水平放置在海底。

由于刚性跨接管的结构特点，在制造新的跨接管之前，必须预先知道相连设备之间的距离和方向，并在水下设备安装后进行设备之间连接距离的测量，然后按实际测得的值设计和制造跨接管。对于刚性跨接管来说，M型(图5－60)和倒U型(图5－61)是两种常见的形式。

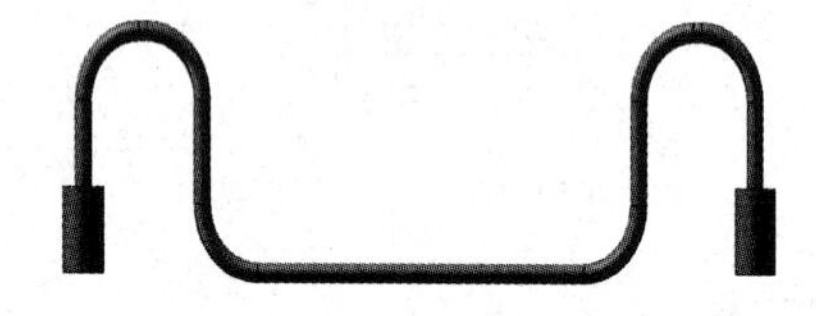

图5－60 M型刚性跨接管

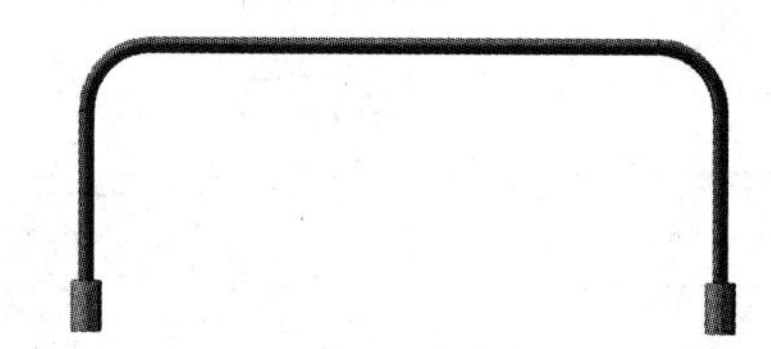

图5－61 倒U型刚性跨接管

柔性跨接管：通常在海底水平放置，其长度比刚性跨接管稍长，两端安装有连接器来连接海底设备。柔性跨接管在制造和安装时，对长度与方向要求比刚性跨接管低。

刚性跨接管和柔性跨接管优缺点如表5－3所示。

表5－3 刚性跨接管和柔性跨接管优缺点

种类	刚性跨接管	柔性跨接管
优点	费用较低； 适用于高温高压场合	不需要精确的水下连接位置测量，可缩短海上作业时间； 安装柔性好； 有保温能力

续表

种类	刚性跨接管	柔性跨接管
缺点	需要精确的水下连接位置； 海上作业时间长； 柔性差； 保温性能差	软管材料及配件贵； 不适用于高温场合； 不适用于高内压、高外压且大管径场合； 不适合深水应用

(2)按连接方式分类

根据跨接管两端连接器的连接方式不同，水下跨接管可以分为垂直连接跨接管和水平连接跨接管。

垂直连接跨接管(图 5－62)：两端连接器与被连接设备上的毂垂直连接。垂直连接的方式使得跨接管在安装过程中可以利用重力和喇叭口等结构形式进行对中连接，无需其他辅助安装工具，从而使得跨接管的连接较为简便。

水平连接跨接管(图 5－63)：两端连接器沿水平方向与被连接设备上的毂连接。由于跨接管的连接器需要和被连接设备上的毂水平连接，无法借助重力作用进行对中连接，因此，通常需要通过牵引对中装置和牵引槽等方式辅助安装，跨接管的连接方式较为复杂。

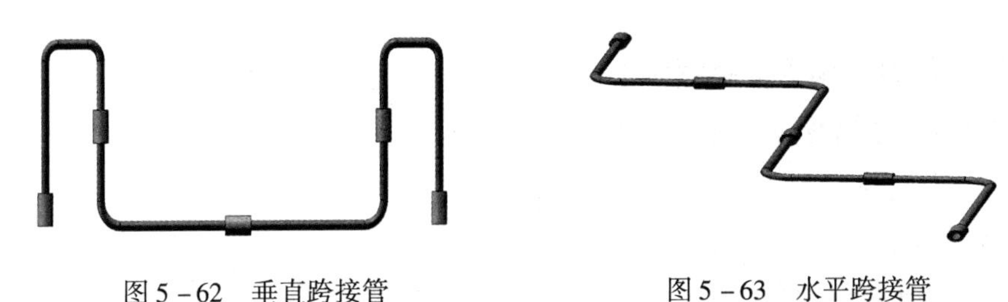

图 5－62　垂直跨接管　　图 5－63　水平跨接管

垂直跨接管和水平跨接管的对比如下：

水平连接优点：重心低；有利于流动保障；是受渔业活动影响频繁地区的首选连接方式；利于水下生产设施回收；有利于安装保温装置。缺点：对连接工具要求高；连接作业流程复杂且耗时较长；总体费用较高。

垂直连接优点：作业时间较短；对连接工具要求较低；总体费用较低。缺点：垂直方向转折处容易形成水合物，不利于流动保障；易与其他设施发生干涉；不利于水下生产设施回收。

(3)按空间形状分类

按照空间形状，水下跨接管可以分为倒 U 型、M 肘型(图 5－64)、M 弯型(图 5－65)和三维刚性垂直型(图 5－66)等。倒 U 型跨接管结构简单，柔性小，热膨胀位移小；M 肘型为小管径跨接管，成本低，易于制造，无须清管；M 弯型跨接管结构较复杂，柔性大，热膨胀位移大，需要清管；三维形状跨接管是四类中结构最复杂、柔性最大的跨接管。

2. 水下跨接管的结构组成

虽然典型水下跨接管的结构主要由中间管道和两端连接器组成，但刚性跨接管和柔性跨接管在具体结构组成上还是存在一定的差异。

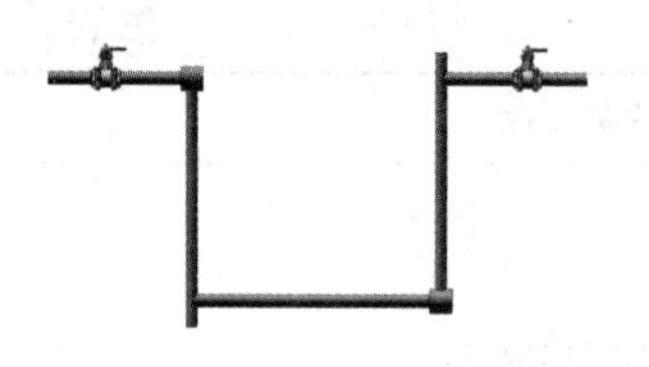

图 5-64　M 肘型跨接管

图 5-65　M 弯型跨接管

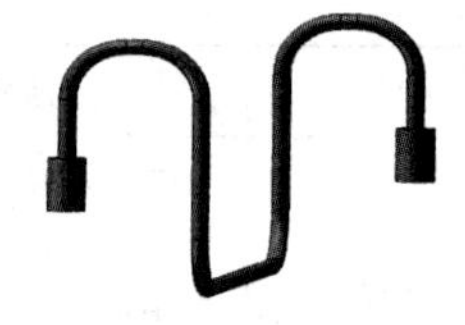

图 5-66　三维刚性跨接管

(1)刚性跨接管组成

刚性跨接管的结构主要包括：预制的弧形钢管道、两个具有整体的或可回收驱动器连接器组件、软着陆系统的驱动器等。同时，刚性跨接管的附属设备包括：接管测量工具、制作夹具/试验台及起重工具、测试设备、运行工具、金属密封的更换工具、毂清洁工具、连接器覆盖工具和涡激振动抑制工具。

(2)柔性跨接管组成

柔性跨接管的结构主要包括两端连接器和它们之间的软管。柔性跨接管中的软管具有一系列的功能，即：为抵抗外来的压力而设计的不锈钢内层、密封流体的热塑性保护套、抵抗内部压力的螺旋缠绕钢丝层、用于负荷加固的轴向拉伸装甲层、用来隔离环境的外部聚合物层。

3. 水下跨接管的海上安装程序

跨接管的海上安装程序一般包括：

(1)从运输船上起吊跨接管；

(2)垂直下放；

(3)与水下接收结构对接；

(4)用 ROV 完成跨接管与接收结构的连接；

(5)回收连接器和撑杆。

5.7　水下连接器

水下连接器安装在海底管道的端部，由潜水员或 ROV 借助辅助作业工具操作，用于跨接管与水下设备的连接。

5.7.1　水下连接器类型及工作原理

水下连接器按结构形式可分为套筒式连接器和卡箍式连接器；按驱动方式不同可分为机械式连接器和液压式连接器；按连接方向不同可以分为垂直连接器和水平连接器。

1. 套筒式连接器和卡箍式连接器

(1)套筒式连接器

套筒式连接器如图 5-67 所示，包含连接器主体、驱动环、卡爪、管端面、对中导向机构和密封元件等。一些套筒式连接器还包括液压驱动元件和 ROV 操作面板。

套筒式连接器的工作原理(图5－68)及连接过程如下：

①连接器装置随跨接管下放到被连接的管端面上方，通过导向装置完成初步对中，此时两管端面尚有一定距离；

②继续下放并由连接器的卡爪引导两管端面对接；

③液压缸的活塞杆伸出作用在连接器上，使驱动环下移，带动卡爪闭合，使两管端面对接，将预载荷施加到密封元件上，完成连接。

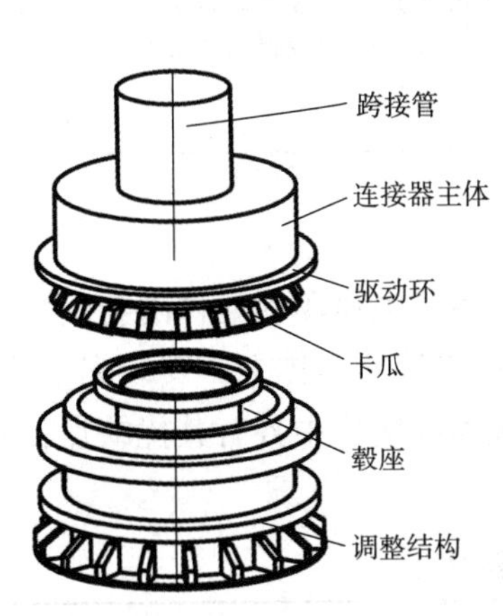

图5－67　套筒式连接器

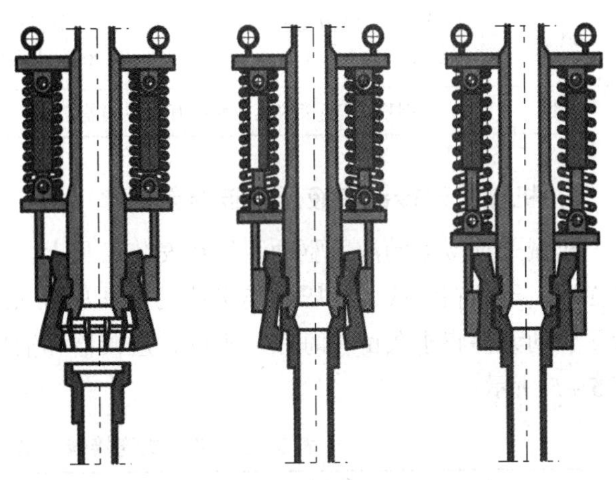

图5－68　套筒式连接器工作原理

(2)卡箍式连接器

卡箍式连接器的应用相对套筒式连接器较少，其主体结构一般由2瓣或3瓣卡箍瓣相互铰接组成，如图5－69、图5－70所示。

图5－69　2瓣式卡箍式连接器

图5－70　3瓣式卡箍式连接器

卡箍式连接器工作原理为：卡箍与管端面之间的接触面为设计成一定角度的锥体，当螺栓拧紧时，在锁紧力的作用下，卡箍带动两管端面沿着轴向靠近直至紧密对接，同时将预载荷施加到密封原件上，完成连接。

套筒式连接器和卡箍式连接器具备一些共同的优点，也各有自身优缺点，如表5－4所示。

表 5-4 套筒式连接器与卡箍式连接器对比

连接器种类	套筒式连接器	卡箍式连接器
优点	非螺纹连接；可适用于水平连接或垂直连接；小孔径垂直对接(4~12in)的优先选择；连接器服役期内可靠性高	对连接工具要求低；结构简单、紧凑，重量轻；总体费用低；液压元件在连接完成后不留在水下；大孔径(12in 以上)水平对接好
缺点	费用高；结构复杂；连接器需要较为复杂的下入工具	在服役期内，螺纹连接性能的衰退会影响连接器的性能；1000m 水深以上应用较少；市场上可获得的产品较少
共性	可靠性高；连接快捷；允许有对中偏差	

2. 机械式连接器和液压式连接器

机械式连接器的液压驱动元件在安装工具上，安装完毕后，液压驱动元件随着安装工具撤回，不留在海底。液压式连接器的液压驱动元件安装在连接器本体上，安装完毕后，液压驱动元件将永久留在海底。机械式连接器和液压式连接器在应用中各有其优缺点，如表 5-5 所示。

表 5-5 液压式连接器和机械式连接器对比

连接器种类	液压式连接器	机械式连接器
优点	连接速度快；容易对连接器装置安装永久性保温	结构简单、紧凑；连接完成后，无液压元件留在水下；下放工具可重复使用
缺点	体积较大；安装费用高；服役期内液压元件性能的衰退将影响连接器的性能	需要下放工具且需单独回收；需对连接器进行水下保温

3. 垂直连接器和水平连接器

(1)垂直连接器

垂直连接器的工作原理如图 5-71 所示，操作步骤与过程如下：

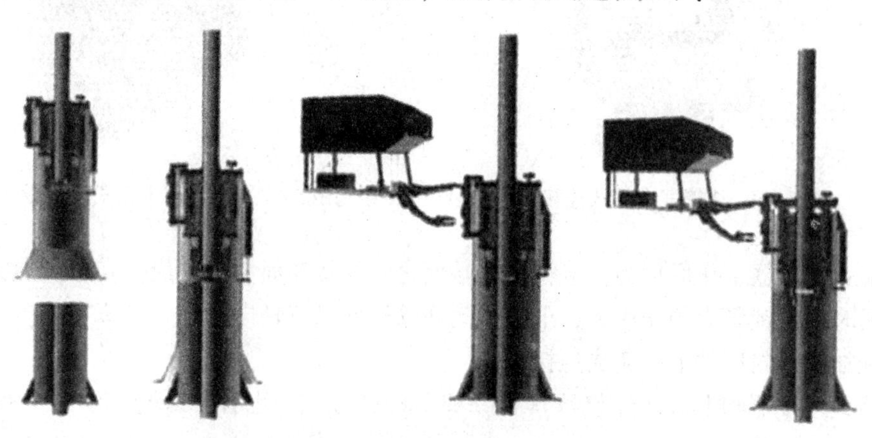

图 5-71 垂直连接器工作原理

①垂直连接器随跨接管下放，到达管端面上方后导向装置引导完成初步对中；

②跨接管继续下放，连接器张开的卡爪引导跨接管完成最终对中；

③ROV 辅助操作，连接器内部的锁紧液压缸膨胀，驱动环向下移动，卡爪闭合并将两对接管端面抓牢，对密封元件施加预载荷，形成密封；

④若密封试压合格，将连接工具回收，完成连接。

(2)水平连接器

水平连接器的工作原理和操作过程如下：

①带有跨接管和连接装置的安装工具到达管端面上方后，经导向器配合完成初步对中，此时两管端面尚有一定距离；

②ROV 辅助操作，使安装工具上的拉拽液压缸收缩，将连接跨接管相对于被连接设备拉入，两管端面完成最终对中并接合；

③安装工具上的锁紧液压缸膨胀，将驱动环向前推动，使卡爪闭合，抓牢两对接管端面并密封；

④密封试压合格后，回收安装工具和连接辅助工具。

(3)垂直连接和水平连接的优缺点

垂直连接优点：以重力下放对中，操作简单；不需要拉拽工具，连接速快，连接机构更紧凑；对连接辅助工具要求低；总体费用低。缺点：容易产生水合物；不适用于垂直方向上高度受限场合；要回收水下设施，须先拆除跨接管；两端连接器必须同时安装，需两套下入工具。

水平连接的优点：跨接管高度低，适用于高度尺寸受限场合；流动保障性好，能防止水合物产生；适合大孔径(12in 以上)、大悬跨连接；缺点：对中、维修操作不方便；需要水下绞车等专用拉拽工具；连接速度低于立式连接器；连接后管道内可能存在残余拉伸应力；总体费用高。

5.7.2　水下连接器关键技术

1. 精准对中结构设计

水下连接器下放安装时，在海流和波浪的作用下，其自身中心轴并不能与毂座中心轴完全保持平行。因此，当水下连接器坐落于毂座时，水下连接器整体与毂座间会形成一个倾斜的角度。水下连接器与毂座之间形成精准对中并保证在一定倾斜角度范围内连接有效可靠，是水下连接器设计中的一项关键技术。

2. 卡爪结构设计

大量实践证明，卡爪在转角及啮合面处容易发生失效。如何保障水下连接器在拉伸、扭转、弯曲、热应力等多种载荷的共同作用下结构不发生失效，卡爪结构设计也是水下连接器研究中的一项关键技术。

3. 驱动锁环设计

水下连接器卡爪的张合是通过驱动锁环的上下运动来实现的。在作业期间，卡爪需要承受较为复杂的载荷，载荷的传递使得驱动锁环必须具有足够的强度；同时，驱动锁环长期处于内部卡爪摩擦和外部海水腐蚀的联合作用下，要求材料具有足够的刚度和耐腐蚀性能。如何保障驱动锁环在结构功能上满足要求，又使其材料成本降低，是水下连接器设计的又一项关键技术。

4. 密封结构设计

密封性能是水下连接器有效工作的一个重要指标。在水下连接器安装完毕后，要进行密封测试以保障水下连接器的可靠性。如何使设计的密封结构即能保证复杂工作环境下的密封性能，又能保证密封件便捷的安装更换，还要保证密封的使用寿命，同样是水下连接器设计的一项关键技术。

5.8 水下控制系统

水下控制系统如图5－72所示，主要包括水面控制设备、水下控制设备和控制脐带缆等。

水下控制系统是指用于远程控制水下采油树和水下管汇、监测井下压力温度及水下设施运行状况、注入分配化学药剂等工作单元的联合系统。水下生产控制系统的基本工作原理是：控制信号经编码后由水面主控站发出，通过脐带缆传给水下控制模块，控制模块将控制信号解码并执行，操作人员可由控制系统反馈的数据来确认执行结果。

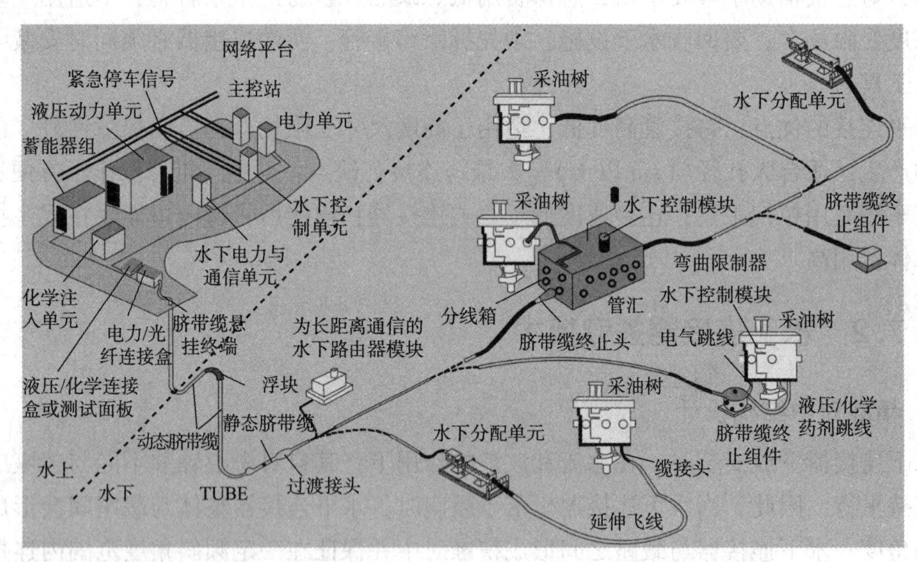

图5－72 水下控制系统

5.8.1 水下控制系统类型

水下控制系统最初为全液压控制系统，逐渐发展到目前主流的电液复合控制系统，并向着全电控制系统的方向发展。

1. 全液压控制系统

(1)直接液压控制系统

直接液压控制系统是应用最早的水下控制系统，包括液压动力单元、主控站液压输送管线以及阀门液压驱动器等。其具有操作直观、成本低、易于维护等优点，但由于功能单一、响应速度慢、控制脐带缆笨重等缺点，限制了其在深水复杂工作条件下的应用。

(2)先导液压控制系统

先导液压控制系统的特点是通过水下蓄能器将液压能存储于海底，从而提高液压驱动的响应速度并减小控制脐带缆尺寸。

(3)顺序液压控制系统

顺序液压控制系统的控制模块具有特殊的先导阀，使得每个功能不需要独立的液压管线控制。在该模块中，所有的先导阀共用一根先导管线，当管线上的压力增加，不同的先导阀被不同的压力激活，进而实现对水下阀门的控制。由于预先设定了水下液压阀门的开启顺序，使得顺序液压控制系统很少单独使用，通常用作电液控制系统的备用系统。

2. 电液控制系统

(1)直接电液控制系统

直接电液控制系统用电信号取代液压信号，提高了整个控制系统的长距离响应速度。驱动器所需液压动力液由供应管线提供，因此这种系统对脐带缆的要求较高。

(2)复合电液控制系统

复合电液控制系统增加了带微处理器的水下电子模块，通过采用先进的数字复合技术使得综合管理变得智能化。如图5－73所示，该系统主要包括液压动力源、主控制站、水下控制模块、水下液压分配单元和脐带缆等。复合电液控制系统有两个蓄能器：一个用于恒压保护和泄漏补偿，另一个用来缓冲液压冲击，同时降低压降。

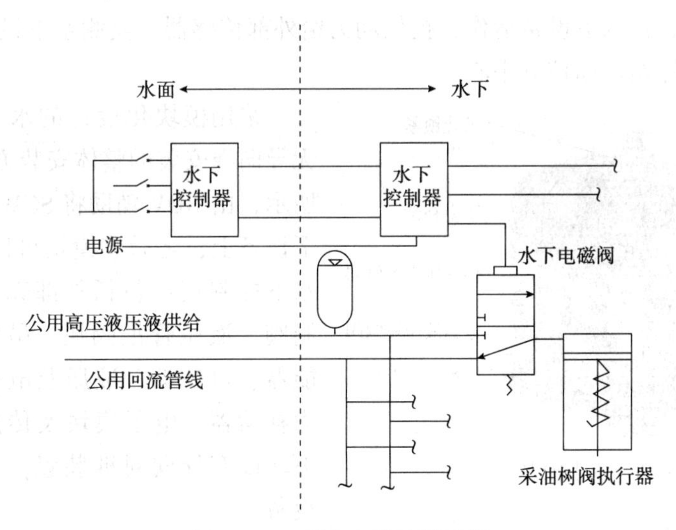

图5－73　复合电液控制系统

复合电液控制系统的主要优点是控制距离长，功能灵活，响应时间短，安全事故处理能力强，水下控制设备和水上监控系统可实现实时双向通信。但该系统复杂的结构、高昂的安装维修费用对系统元件的可靠性提出了更高要求。

(3)全电控制系统

全电控制系统(图5－74)功能灵活，响应时间短，控制距离长，适用于开发深远海油气田。该系统利用电气自动化系统为水下生产设备提供动力，进一步简化了控制系统中的液压组件。控制系统与水面设备可通过声波或声波/卫星/无线电的组合方式进行通信。

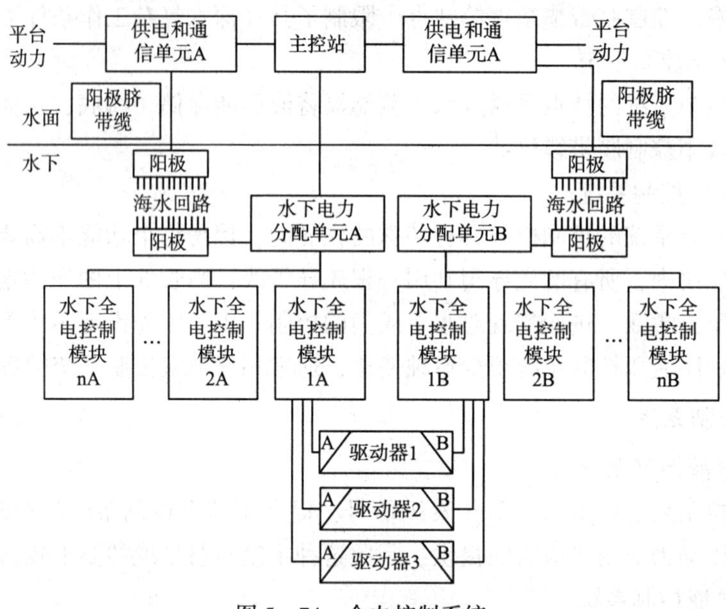

图5-74 全电控制系统

5.8.2 水下控制模块

水下控制模块SCM(Subsea Control Module)是水下控制系统的核心，主要用于执行来自主控站的指令，使水下设备运作，提供动力给外部传感器、监测水下设备，将传感器收集的水下信息传输给水面控制中心。

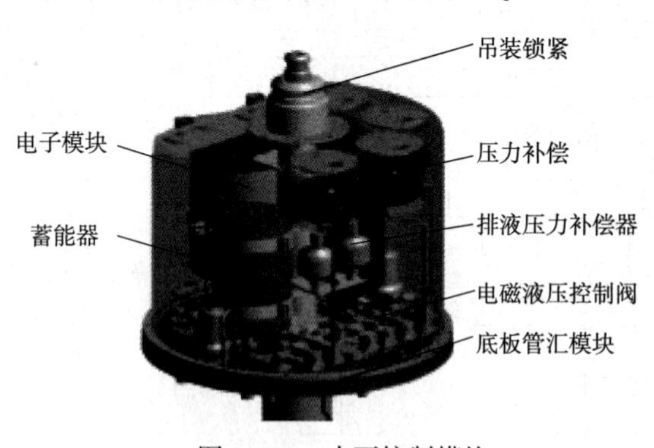

图5-75 水下控制模块

采用模块化设计的水下控制模块采用无导向绳安装的整体安装方式，如图5-75所示，由ROV辅助将SCM安装并锁紧在水下设备上，之后该模块可回收并重复使用。水下控制模块包括外部壳体、电磁液压控制阀、液压管汇阀块、吊装锁紧装置、蓄能器、过滤器、液压及电气接头、排液压力补偿器、电子模块及传感器，并在模块下端设有导向对准装置，方便其对接水下设备。

为保持模块壳体内、外压力的平衡，壳体内部充满绝缘液体并配有压力补偿胶囊。在壳体外部，为避免海水侵蚀引起设备故障，暴露在海水环境中的电缆和接头必须能抵抗海水的侵蚀。将壳体内部的液压元件集成在内部底板上，可减少对管线的需求，并减少了泄漏点。模块中设有高、低压两种液压回路，高压液压回路用于井底安全阀的控制，低压液压回路用于控制采油树和管汇上的阀门。

SCM的主要功能如下：

(1)按照设定的逻辑顺序对水下设备进行控制，如水下采油树和生产管汇上各种控制阀门的开关；

(2)通信状态监控；

(3)监控压力；

(4)检查水下设备工作状态；

(5)若设备工作异常则发出警告；

(6)当参数超出安全范围时自动关井。

5.8.3　液压动力单元

液压动力单元 HPU(Hydraulic Power Unit)作为供油装置，主要用于通过脐带缆向水下生产设施提供稳定清洁的高压和低压流体。低压液体的供应压力通常为20.7~34.5MPa，用于控制管汇和采油树阀门；高压液体的供应压力通常为51.7~86.2MPa，用于对井下安全阀进行操作。典型的液压动力单元如图5-76所示，包括一个供油箱、一个回油箱和泵。油箱、管道、液压泵、手动阀和控制阀等组件的沾湿部件均由不锈钢制成，可防止液压控制系统的锈蚀和污染。

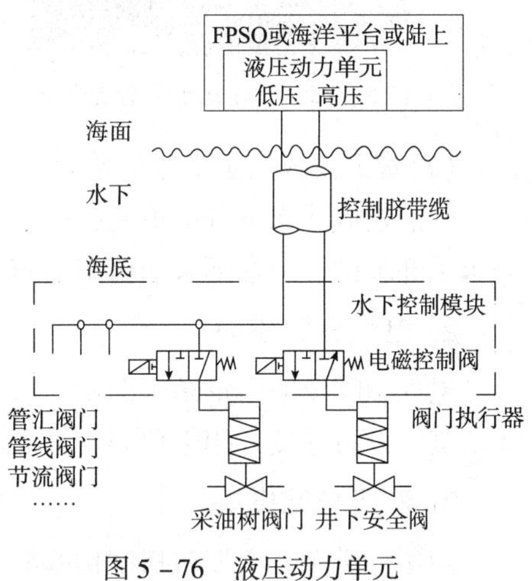

图5-76　液压动力单元

5.8.4　水下分配单元

水下分配单元 SDU(Subsea Distribution Unit)作为水下生产控制系统的分配装置，主要由电气分配模块、液压分配模块、下部基础和脐带缆终端接头组成，如图5-77所示。

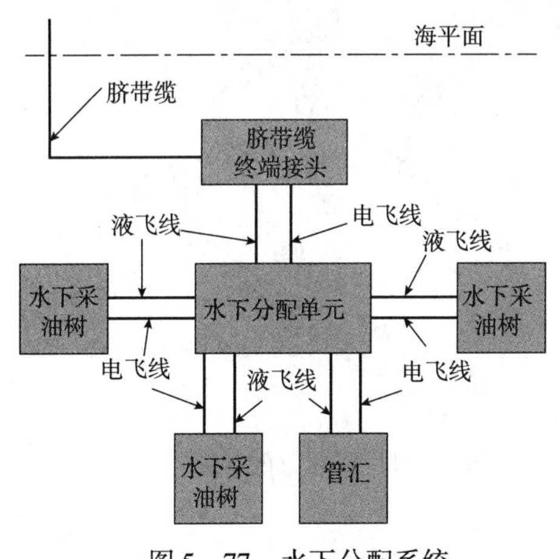

图5-77　水下分配系统

1. 水下分配单元的结构形式

水下分配单元有三种类型：单体式、模块式和管汇集成式。三种形式除在安装回收方法上存在差别外，在电力、液压、信号和化学药剂分配上的原理相同。

(1)单体式水下分配单元

单体式水下分配单元集液压分配模块、脐带缆终端接头和电气分配模块为一体，具有集成度高、制造工期短的优点，如图5-78所示。因其体积小、重量轻，常用来控制油井数量较少的油田或对卫星井口进行远距离控制。

(2)模块式水下分配单元

模块式水下分配单元如图5-79所示，包括液压分配模块、电气分配模块、脐带缆终端接头和下部基础等四个独立的单元模块。由于设计制造的复杂性和电气飞线和液压飞线的长度限制，模块式分配单元适用于水下井口较集中的油气田。

图 5－78　单体式水下分配单元

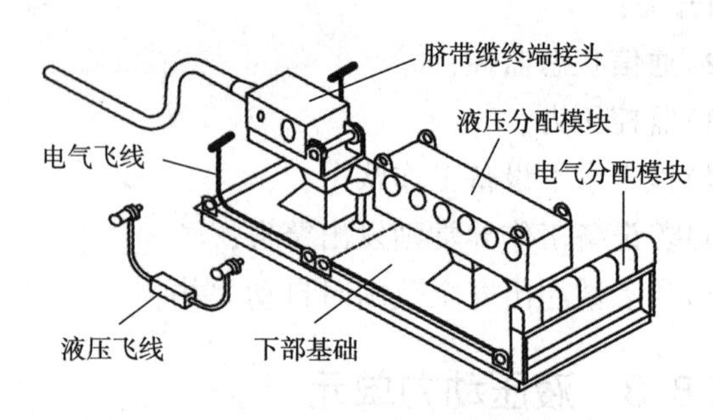

图 5－79　模块式水下分配单元

(3)管汇集成式水下分配单元

管汇集成式水下分配单元(图 5－80)的液压分配模块、电气分配模块和中心管汇共用一个下部基础。当水下采油树集中布置在中心管汇周围时，可采用管汇集成式分配单元。

2. 电气分配模块

电气分配模块由钢结构框架、水下电气连接箱和吊点组成。其通过水下电接头和电飞线与其他设备连接，用于控制信号和电力分配。

3. 液压分配模块

液压分配单元主要包括结构框架、内部液压管路、水下多路快速接头、网纹板及 ROV 操作把手。结构框架起保护的作用，网纹板的作用是保护液压管路。水下机器人把手起支撑作用。作为液压分配单元设计的主要难点，内部液压管路设计方案的优劣直接影响控制系统的性能，因此有必要优化液压分配管路(图 5－81)以适应水下生产系统的多种复杂工况。

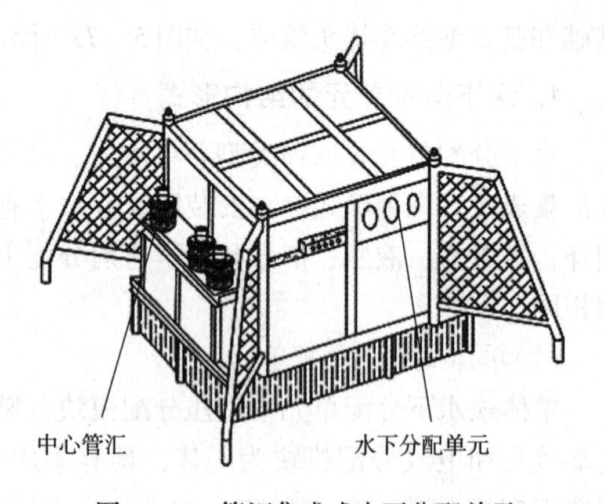

图 5－80　管汇集成式水下分配单元

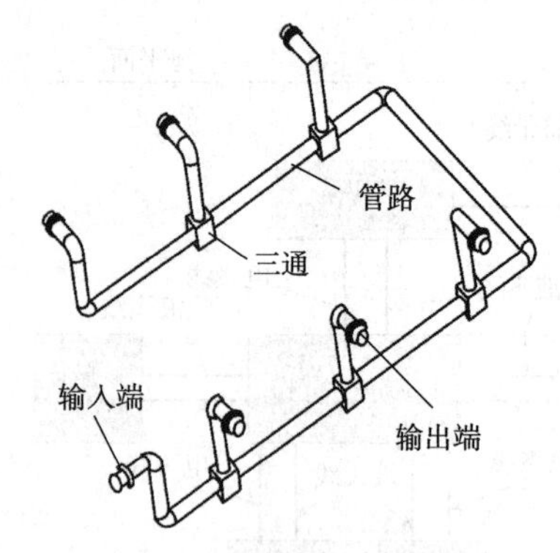

图 5－81　液压分配管路

作业思考题

1. 简述海洋油气水下生产系统的组成和特点。
2. 简述海洋油气水下井口装置的结构特点和关键技术。
3. 简述水下采油树的类型、结构组成和关键技术。
4. 简述水下处理系统的组成、工艺流程和主要设备。

5. 简述水下管汇、水下底盘、管道终端的功能和特点。
6. 简述采油立管的功能、分类和各自特点。
7. 简述水下脐带缆的功能、分类和各自特点。
8. 简述海底管线的类型和常用铺设方法。
9. 简述水下跨接管的类型和组成。
10. 简述水下连接器的类型和工作原理。
11. 简述水下控制系统的功能、类型及组成。

第6章　海洋油气集输设备

海洋油气集输系统是指把海上油井生产出来的原油、伴生气进行集中、计量、处理、初加工，最后将合格的油、气外输给用户的整个生产流程，以及为上述生产流程提供的生产设备、工程设施的总称。海上油气集输流程如图6－1所示。

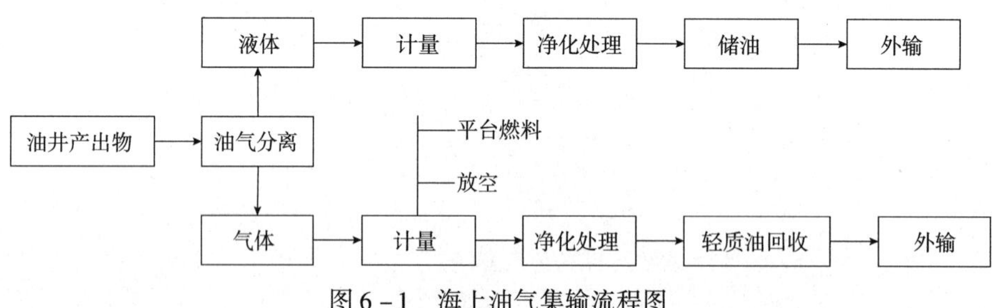

图6－1　海上油气集输流程图

海上油气集输包括整个油田生产设备及其工程设施。这些工程设施有井口平台、处理平台、储油平台、储油轮、储油罐、单点系泊、输油码头、运输船舶、海底管线等。根据所开发油田的生产能力、油田面积、地理位置、工程技术水平及投资条件，可分别组成不同的油气集输系统。

6.1　海上油气集输方式

随着海上油田开发工程由近海向远海发展，海上油气集输形成了三种类型，如图6－2所示。

1. 全陆式集输系统

海上油田开发初期，是在离岸不远的地方修筑人工岛，建木质或混凝土井口保护架(平台)进行钻井采油。油井的产出物靠油井的压力经出油管线上岸，再进行集油、分离、计量、处理、储存及外输。这种把全部的集输设施都建造在陆上的生产系统叫全陆式集输系统。

该系统的海上工程设施一般为：

(1)井口保护架(平台)通过海底出油管线上岸；

(2)井口保护架(平台)通过栈桥与陆地相连；

(3)人工岛通过路堤与陆地相连。

全陆式生产系统在海上只设井口保护架(平台)和出油管线，大大减少了海上工程量，便于生产管理。因受限于井口压力，所以只能用于近岸油田。

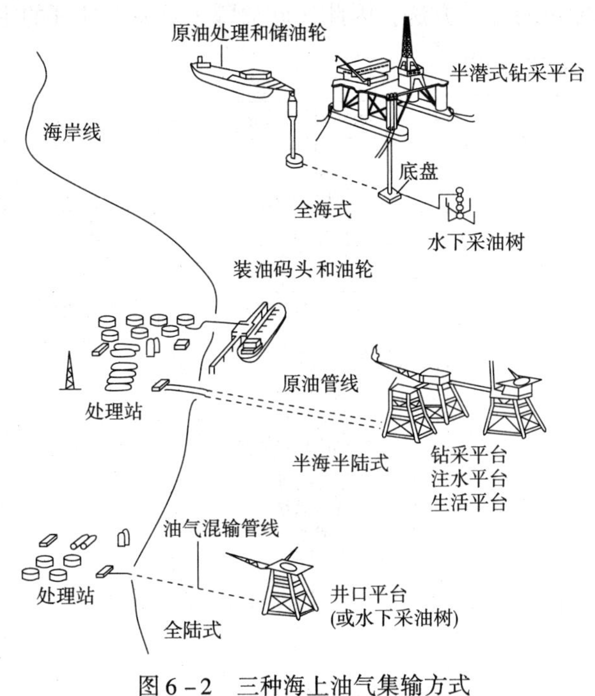

图 6-2　三种海上油气集输方式

2. 半海半陆式集输系统

半海半陆式集输系统是指集输系统的部分工艺设施在海上、部分在陆地上，一般是采集、分离、计量、脱水等在海上。原油经过海底管线运送到陆地上进行稳定、储存、中转等。该集输方式适应性较强，不论远海、近海都可以采用。但该方式必须铺设海底管线，对海底地形复杂或原油性质不适于管输的情况，不宜采用这种方式。

3. 全海式集输系统

全海式集输系统是指原油从采出到外输的所有集输过程全在海上进行。它适宜位于远海、深海的油田。由于该方式多数采用浮式设施，费用相应较低，因此，一些离岸较远的低产油田、边际油田也采用这种方式。

6.2　海上油气集输工艺流程及其设备

海上油气集输处理工艺与陆上大体相同。不同之处是海上处理设备布置得很集中、很紧凑，并且设备重量轻、自动化程度高；用于浮式生产装置上的处理设备，还要在晃动状态下能保持正常工作。而在陆地上便没有这些特殊要求。

全海式油气集输系统可以在海上实现全部油气集输任务，本节就以全海式生产平台为例，介绍海上油气集输主要工艺流程及设备。图 6-3 为海上油气生产流程示意图，油气集输生产包括油气水分离、原油处理、天然气处理、污水处理等主要生产项目。

石油是碳氢化合物的混合物，在地层中油、气、水是共生的。由于油气生成条件各异，因此，各油田开采出的原油组分是不同的。此外，油中还含少量氧、磷、硫及沙粒等杂质。海上原油处理包括油气计量、油气分离、原油脱水及原油稳定几部分。由于海上油田普遍采用注水增补能量的开采方法，因此，原油脱水是原油处理的主要环节之一。

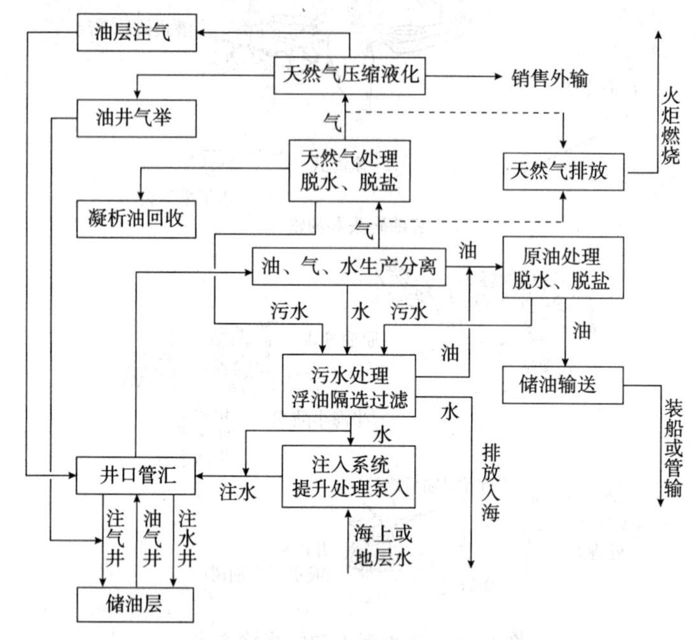

图 6－3　平台油气生产流程示意图

6.3　海上原油处理系统

1. 油、气分离原理及油、气计量

(1)油、气分离原理及流程

原油和天然气都是碳氢化合物。天然气主要由甲烷和含碳小于 5 个的烷烃类组成，在常温下是气态。原油是由重烃类组成，在常温下是液态。由于油层中高温高压的作用，天然气溶解于油中。在原油生产和处理过程中，随着压力降低，天然气不断分离出来，油气就是根据这一原理进行分离的。通过多次平衡闪蒸，以达到最大限度地回收油气资源。一般来说，分离压力越高，级间压降越小，最终液体回收率就越高。因此，确定分离工艺的压力和级数是取得气、液分离最大收率的关键因素。一般分为 3 ~ 4 级为宜，油气计量与分离示意图如图 6－4 所示。各油井生产的井液汇集到管汇，通过管汇控制分别计量每口油井的油、气产量，计量后的油、气再重新混合流到油气生产分离器，进行油、气、水的生产分离，分离后的油、气再分别进行油、气处理。

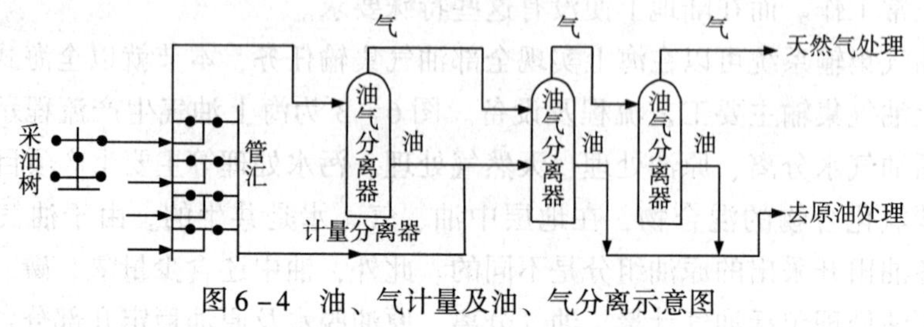

图 6－4　油、气计量及油、气分离示意图

(2) 油气分离器

油气分离器是油井液分离的机械设备，要求从油气分离器分离出来的油中不含气，气中不含油。分离器一般分为两相分离器和三相分离器两类。两相分离器是将混合物分为气体和液体；三相分离器是将含游离水的油气混合物分离成油、气、水三相，按外形可分为立式和卧式两种。

图 6－5 所示为立式油气分离器，油气主要依靠重力沉降作用在分离器中分离。油气混合物从分离器上部沿进口切向进入，并沿着圆筒旋转；在重力作用下，使油气分离，气向上，油向下。由于离心力作用，油沿着器壁向下流，气集中在中心向上。在分离器上部装有油滴捕集器挡板，当气体经过捕集器挡板时，可除去夹带的雾状油滴。分离出的气从上部出口流入输气管线；分离出的原油从下部出油阀流入输油管线。

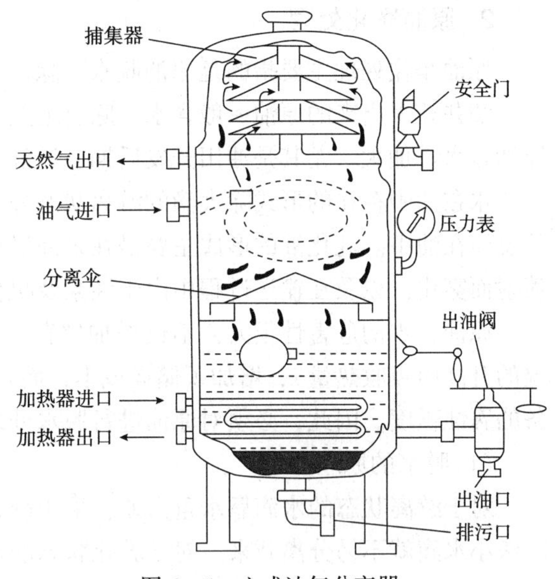

图 6－5　立式油气分离器

分离器的工作性能指标主要体现在对油、气分离的程度，如果需要油、气分离得十分彻底，可用不同压力进行多级分离。图 6－6 所示为卧式油气分离器，其工作原理和立式油气分离器是相似的。以下对两者的优缺点进行比较。

①立式油气分离器：液面容易控制；砂子等杂质容易清除，可处理含砂的油气；液体重新雾化可能性小；占地面积小。缺点是制作费用高，维修与橇装困难。

②卧式油气分离器：在处理等量的原油时，卧式分离器所需要的直径小、耗材少，且具有可处理起泡原油、可橇装、易搬运、易维修的优点。缺点是占地面积大，清砂困难。

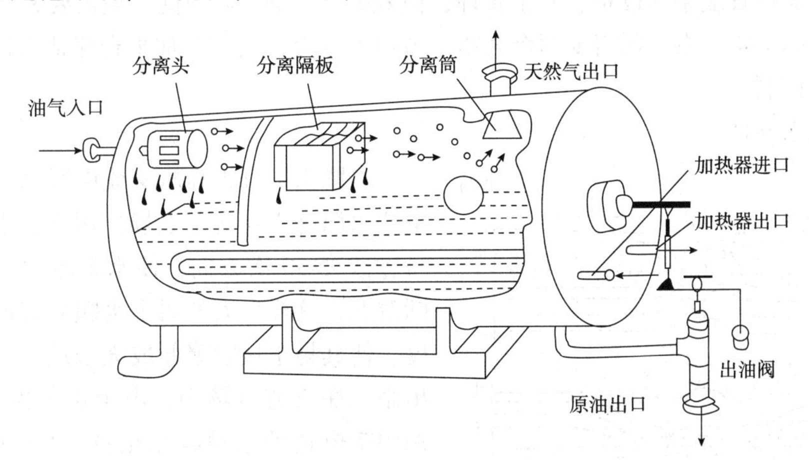

图 6－6　卧式油气分离器

(3)计量分离器

因为油气是混在一起采出来的，所以要用油气分离器将油气分离以后再分别计量。我国油田都采用计量分离器进行计量。计量分离器和生产分离器工作原理完全一样，前者只是分离以后原油用玻璃管进行量油。除上述计量方法外，还可用涡轮流量计量油。天然气的计量一般是在计量分离器顶部出气管上设孔板流量计或波纹管压差计进行计量。

2. 原油净化处理

原油净化处理主要指的是原油脱水、除砂和脱盐。

油井开采出来的原油一般含水，除有地层水，还有因采油过程中注水增补地层能量使原油含水量加大，尤其是油田开发后期，原油含水率有时高达90%以上。

水在油中存在的形式除大滴的游离状态外，还有“油包水”型乳化液，即水以微小的球状悬浮在油中。乳化液的形成主要是在采油过程中，油水以很大的压力强行通过油嘴高速喷射而雾化，以及在输送过程中由于油泵及机械的强烈搅拌作用。

原油含水的危害性很大，不仅增加储存、运输、炼制过程中的燃料消耗(因水随着油温的升高而吸收热量)，增加了储运成本，而且影响了炼油厂的安全生产，增加管道与设备的腐蚀程度。因此，必须对原油进行脱水处理，要求脱水后的原油含水量低于0. 5%。

(1)脱水的原理

对于游离状态的水滴靠水重力差，采用静置沉降就可以分离开来，而油包水乳化状态的微小水滴就不易分离开来。对于乳化状态的水，油田广泛采用化学脱水法、电脱水法和电化学联合脱水法来解决。

①化学脱水工作原理

油和水是不相容的，也就是相互不溶解。由于微小雾状的水颗粒外面包了一层沥青胶质油膜，影响水滴之间的接近，而以乳化状态稳定地存在油中。加化学处理剂的作用是破乳，就是降低水颗粒表面油膜的表面张力，而使水颗粒可以从油膜中释放出来。在实际生产中称为加药破乳脱水。选用适当的破乳剂可以得到很好的脱水效果。这种脱水方法流程很简单，不需设置复杂的设备，便于管理，但效率低，静沉降时间一般需要8～12h，仅为电脱水效率的1/4左右，还需要两个大罐，占用平台面积大，增加平台建造费用，而且脱水质量难以控制。

②电脱水原理

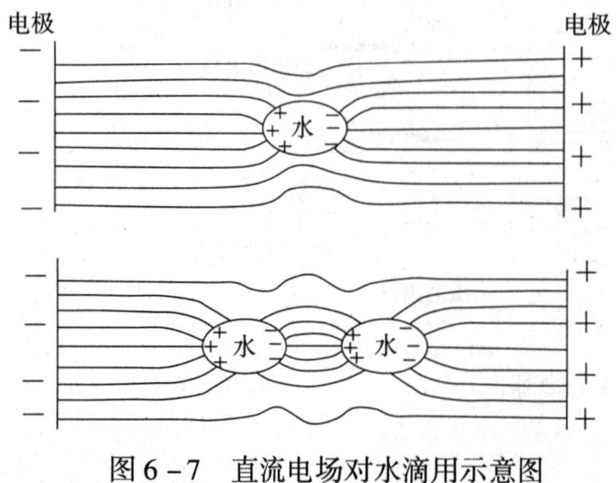

图6－7　直流电场对水滴用示意图

电脱水可分为高压交流电脱水和高压直流电脱水两种。在交流电场作用下，由于正负极每秒改变50次方向，使水颗粒两端的电荷不断改变，这样大大削弱了水颗粒表面油膜的强度，使其易于接触聚并成大水滴，从油中分离出来。在直流电场中，由于正负极固定不变，油中带电荷的水颗粒互相吸引(图6－7)，在电场中定向排列成水链，在移动过程中大小不同的水颗粒因速度不同而发生碰撞，聚集成更大的水滴，在重力作用下从油中沉降下来。两种电脱水方法相比较，直流电脱水效果较好。

电脱水器有立式和卧式两种，都属于容积式脱水器。电场处理与油水沉降分离在同一个容器里进行，能够连续操作，生产效率高。

卧式电脱水器如图6-8所示，容器上部为磁力电场，由许多悬挂的电极组成，自上而下电极间距逐层减小，电场强度逐层增强。含水原油自中下部入口进入脱水器，在电场中自下而上流动，受电场作用，水滴相继脱出；脱出的原油自脱水器上部溢出；脱出的水经容器下部沉降分离后进入污水处理系统。

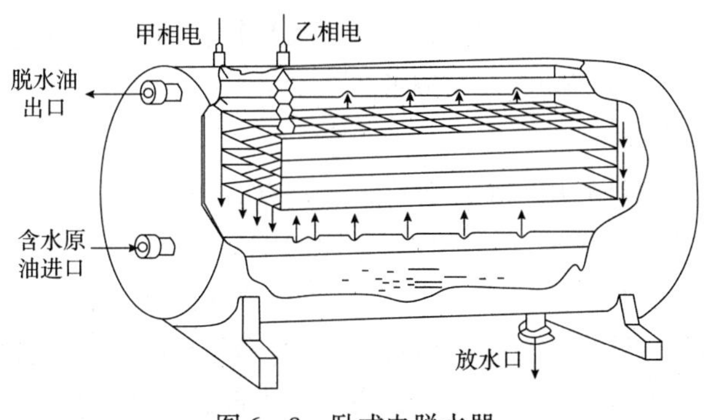

图6-8　卧式电脱水器

③电化学脱水

电化学脱水方法是上述两种脱水原理的综合，工作原理是含水原油在进入加热器前加入破乳剂，然后进入电脱水器脱水，可以提高脱水效果。

(2)脱水工艺流程

①化学沉降脱水流程

这种脱水方式不受含水量多少的限制，目前主要用于含水量大于30%以上原油的脱水处理。此方法是在含水原油中加入破乳剂，通过破乳剂的破乳作用使原油脱水，脱出水经过一段时间静置沉降即可分离。为了增强脱水效果，脱水前需将原油加热至60~70℃，称为热化学沉降脱水。化学沉降脱水工艺流程如图6-9所示。

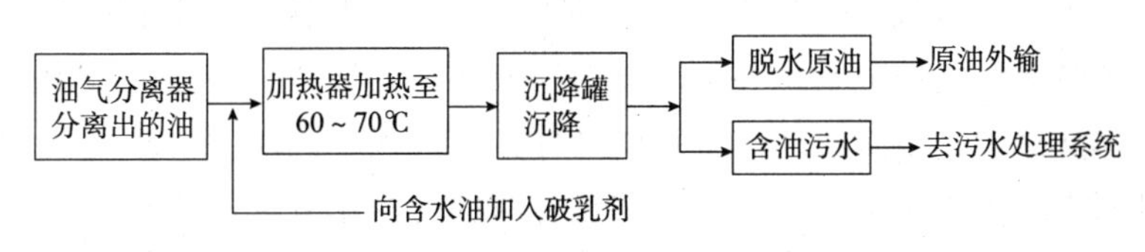

图6-9　化学沉降脱水流程示意图

②电脱水流程：电脱水流程用于含水量小于30%的原油，其流程如图6-10所示。

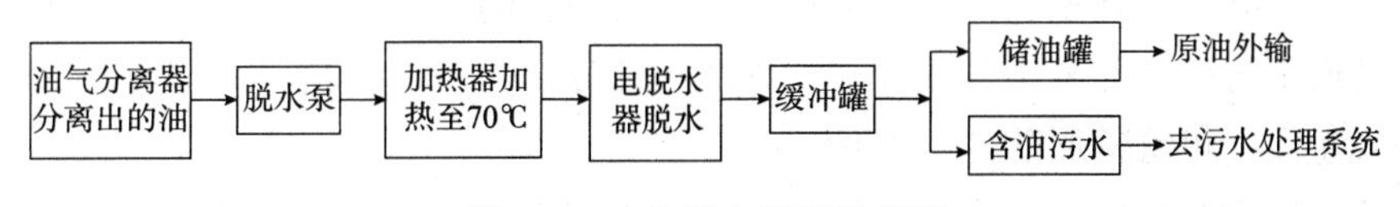

图6-10　电脱水流程示意图

(3)脱盐

原油中所含的盐一般是溶于水的，脱水的同时盐也脱出。含盐量高的原油，在温度压力变化的情况下可能出现结晶，此时可采用热的淡水和其他化学溶液洗涤的方法脱盐(包括脱硫)。

(4)除砂

随原油从井中带出的泥沙需要清除。此时需采用加热原油降低黏度的方法，使砂在油罐中沉降下来。

经过处理的原油要求含水量 <0.5%，含盐量 <50mg/L，以达到商品原油的标准。

3. 原油稳定

原油稳定是为了降低油气在集输过程中的蒸发损耗，而将原油中易挥发的轻烃尽可能脱除，使原油在常温、常压下的蒸气压降低。

(1)原油稳定的工作原理

原油稳定的工作原理是利用原油组分在同一温度、同一压力下蒸气压大的轻组分容易挥发，蒸气压小的重组分不易挥发的物性，把原油中 $C_1 \sim C_4$ 组分分离出来。

(2)降低蒸气压的方法

降低蒸气压常用的方法有闪蒸法和分馏法两种。闪蒸是流体通过阀门或进入低压容器等装置时，由于压力突然降低而引起急骤蒸发，产生部分气化，形成互成平衡的两相。闪蒸法一般是通过减压阀和闪蒸罐完成分离过程。分馏是对某一混合物进行加热，针对混合物中各成分的不同沸点进行冷却分离成相对纯净的单一物质的过程。分馏法是分离几种不同沸点的挥发性物质混合物的一种方法。分馏过程可分为简单蒸馏、平衡蒸馏、精馏和特殊精馏。

6.4 海上天然气处理系统

经油、气分离的天然气，在高温下仍带有未被分离的轻质油、饱和水、二氧化碳及粉尘等物质，如不处理，一则浪费，二则会造成管路系统的堵塞和腐蚀。

天然气处理主要是指脱水、脱硫及凝析油回收，有的天然气还要求除去二氧化碳。

一般海上平台天然气处理是将由高压分离器分离出的气体和各级闪蒸出来的气体分别进入相应的气体洗涤器，以除去气体携带的液体，再进入不同压力等级的压缩机，分段施压，达到设计压力，图6-11是一个典型四级分离的气体压缩和凝析油回收系统。各级气体洗涤器收集的凝析油分别进入各级闪蒸罐的原油管线中。为防止管线被天然气水化物堵塞，采用甘醇-气体接触器，吸收天然气的水分。

由于天然气处理压缩系统投资高、重量大、占用空间面积大，有的平台由于生产的伴生气较少，通常将生产分离出来的天然气处理一部分作为平台燃料，一部分送火炬放空烧掉。如果气量大，可管输回陆地再处理。

经气体压缩和凝析回收后出来的气体，一般仍需进一步脱水、脱硫和凝析油回收。脱水主要采用自然冷却法、甘醇化学吸收法、压缩冷却法等，脱水的同时可以脱出轻质油。对含硫的天然气还要脱硫，同时可以回收硫。海上天然气加工与陆地生产系统相同，不再赘述。

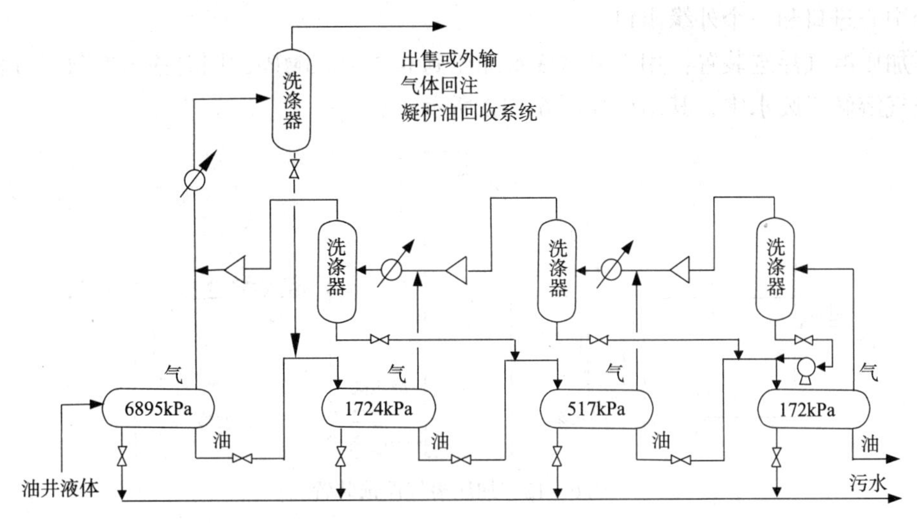

图6-11　气体压缩和凝析油回收四级分离系统

6.5　海上水处理系统

随着全球工业的迅速发展，自然环境受到污染，严重影响了生物的生长和人类的健康。海上作业同样需要环境保护与可持续发展。

1. 含油污水处理系统

(1)污水处理方法

含油污水处理主要采用物理法和化学法，在生产实践过程中两种方法往往结合应用。归纳目前海上主要应用的含油污水处理方法如下：

①沉降法：主要用于除去浮油及部分颗粒直径较大的分散油。

②混凝法：向污水中加入化学混凝剂(反向破乳剂)使乳化液破乳，使油颗粒发生凝聚，油珠变大，上浮速度加快。

③气浮法：向污水中通入或在污水中产生微细气泡，使污水中的乳化油或细小的固体颗粒附在气泡上，随气泡一起上浮到水面，然后采用机械的方法撇除，达到油水分离的目的。

(2)污水处理系统设备

污水处理装置的类型很多，例如浮式生产装置的储油舱，固定式平台的储油罐也可以看成一个沉降脱水装置。过滤罐可分为带压滤罐和无压滤罐；按处理量不同可选用立式过滤器或卧式过滤器等，种类繁多。

部分污水处理系统设备结构及工作原理如下：

①API矩形多道分离器(沉降隔油池)：由一个或多个具有矩形水平断面和垂直断面的流槽组成，当污水沿这些流槽纵向流动时，悬浮的油滴会上浮至表面以便去除。这种分离器水槽的深度/宽度比应在0.3~0.5之间。

②沉降罐：在油田上应用较为广泛，这种罐是按照标准容器制造的圆筒形分离器，它

有一个中心进口和一个外缘出口。

③加压溶气浮选装置：用水泵将废水加压到0.2～0.3MPa，同时注入空气，在溶气罐中使空气溶解于废水中，其结构如图6－12所示。

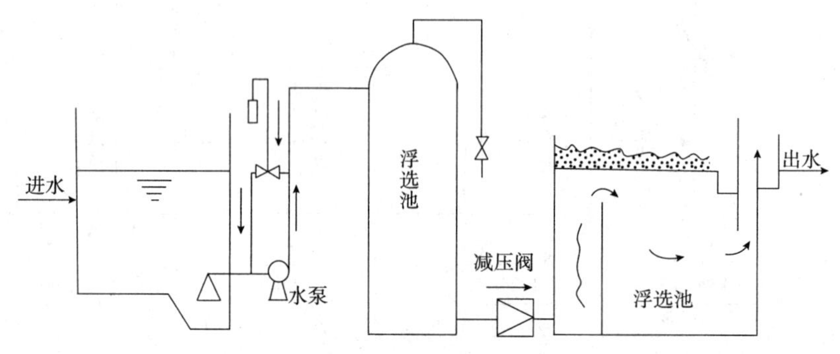

图6－12　加压溶气浮选装置

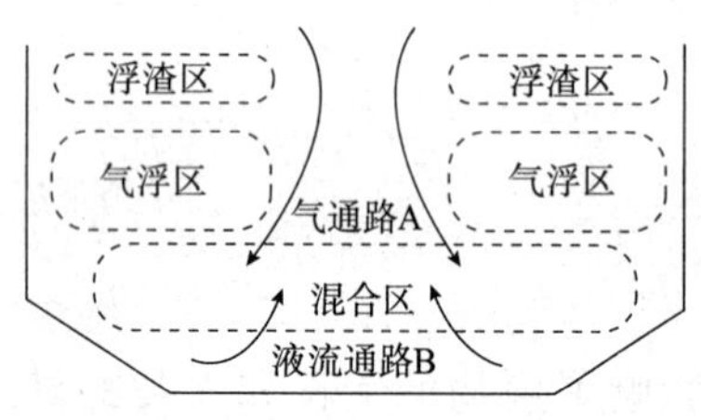

图6－13　叶轮式气浮装置气浮室水力特性图

④叶轮式气浮装置：有两个流体通路，即气体通路和液体通路。它分为混合区、气浮区、浮渣区等三个不同的区，如图6－13所示。对于提高设备的除油效率，三个区的作用都是重要的。

⑤喷嘴自然通风浮选池：结构如图6－14所示。水喷射泵将含油污水作为喷射流体，当污水从喷嘴高速喷出时，在喷嘴处形成低压区，造成真空，空气被吸入到吸入室，再注入浮选池。

(3)海上污水处理流程

海上污水处理流程是管线、泵及含油污水处理装置的组合。该流程可以使含油污水逐级通过处理装置，从而脱除含油污水中的有害物质。

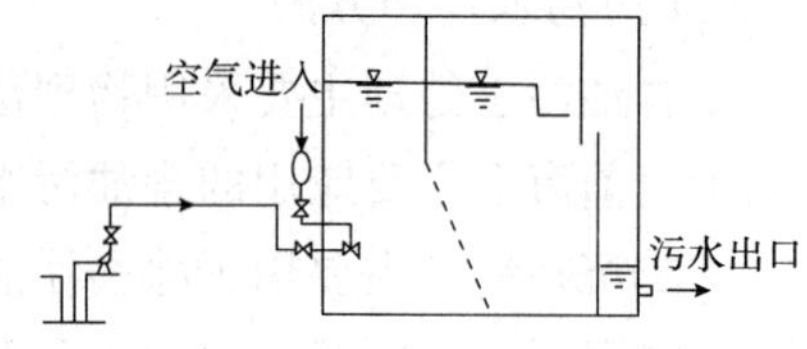

图6－14　喷嘴自然通风浮选池

由于海上油气田的处理量大小不同，原油及伴生水的性质不同，处理后的污水要求标准不同，还有海域、经济效益等因素不同，所选择的处理设施不可能相同。以埕北油田污水处理流程为例进行说明，埕北油田污水处理系统工艺流程如图6－15所示。

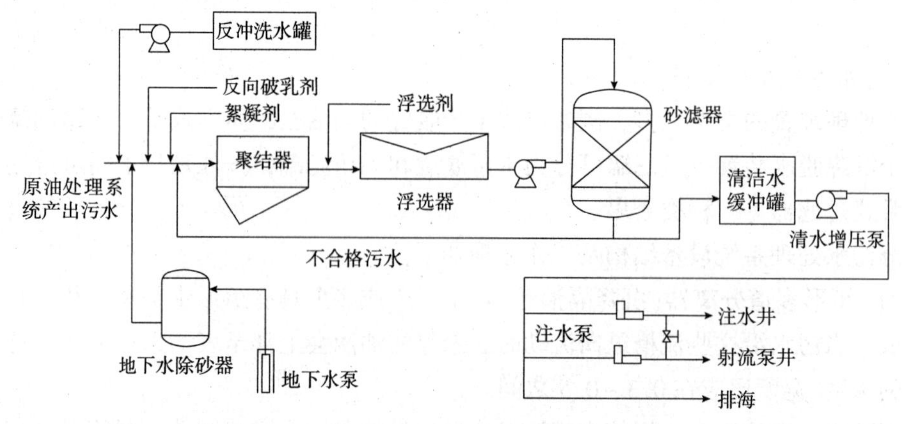

图6－15　埕北油田污水处理系统工艺流程图

埕北油田污水处理流程所配置的污水处理装置包括聚结器、浮选器、砂滤器和缓冲罐。来自原油处理系统产出的含油污水，首先经聚结器(V-301A/B)，在聚结器入口前加入絮凝剂，在聚结器中，通过絮凝和重力分离，较大颗粒原油及悬浮固体上浮并被撇入导油槽。

处理后的污水靠位差进入浮选器(F-301A/B/C)，设计为加气浮选，由底部加入少量天然气，作为附着小油滴载体与油珠一起上浮到顶部，上部撇油装置将油撇出。处理后的污水由下部出口流出。

来自浮选器的污水由泵加压输送到过滤器，由上至下通过滤料层，处理后的污水进入缓冲罐(T-301A/B)。此时的污水即为处理后的合格水，可用作注入水或动力液，剩余部分排入海中。

2. 注水及水质处理

海上油田注水水源有三个：一是海水，这对海上油田来说是取之不尽的水源；二是地层水，地层水是油气伴生的产物，经处理合格后作为注入水回注地层，既减少了污水排放的污染，又能达到很好的配伍性；三是采用浅层水作为注入水，这是由于一些海上油田在浅层部位含有大量的浅层水，且采用浅层水工艺简单。另外，根据油田的具体情况可以采取海水、地层水和浅层水混注方式。无论采取何种水源，都必须在充分研究注水对油层是否造成伤害以及是否配伍后才能决定。

(1)注水处理的主要方法及设备

①加氯装置

加氯装置是由给水泵、发生器、除氢罐、鼓风机、加压泵及整流器等组成，如图6-16所示。

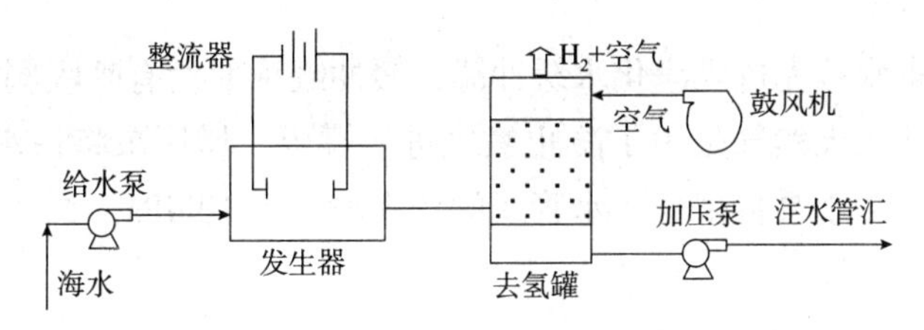

图6-16　加氯装置示意图

从海底抽取海水，在发生器中电解产生次氯酸钠和氢气；电解后的产物在除氢罐中由鼓风机在上部吹入空气，稀释氢气，并安全排入大气；次氯酸钠溶液由增压泵送至注水管汇中，起到杀菌和杀灭海生物的作用。

②过滤装置

海水过滤采用多级过滤的方式进行，一般在海水注入井口之前设有三至四级过滤。首先，在提升泵入口处，海底阀门下端，有一个较粗的滤网，挡住体积较大的杂物、海生物和藻类，使这些体积较大的物体不至于进入到流程中来；第二级过滤是粗滤器，滤除海水中较大的悬浮固体；第三级为细滤器，滤除大多数颗粒较小的悬浮固体；第四级是在进入井口之前，再增加一级精细过滤器，进一步滤除直径更小的悬浮固体颗粒。海水过滤装置中主要设备是粗、细过滤器。

③脱氧装置

为脱除海水中存在的对注水流程、井身及地层有害的溶解氧和其他气体，海水处理系统必须设置脱氧装置。脱氧塔装置一般由二级脱氧塔、真空泵、空气注射器及其他配套管系、压力表和安全阀等构成。脱氧塔一般具有真空脱气和化学脱气两种功能。

④配套的化学药剂注入系统

化学药剂注入系统包括相应的化学药剂罐，通过比例泵将防腐剂、防垢剂、缓蚀剂、脱氧剂、催化剂、杀菌剂、消泡剂等加压送至流程中设计的各工艺节点，流程设备简单。

(2)污水回注

回注污水来源于油田伴生水，是经污水处理系统处理后达到国家规定排放标准的工业废水。当这种污水符合油田回注水标准时，不需再增设深度处理的流程和设备。否则，就需增设深度污水处理设施，对经污水处理系统处理后的污水进行再处理，以满足回注水水质要求。

在不需要对污水进行再处理的前提下，来自污水处理系统的污水只需要通过缓冲罐，由注水泵加压输送至注水管汇后再分配给单井，其流程简单。具体以注污水较早的埕北油田污水回注流程为例，如图6－17所示。

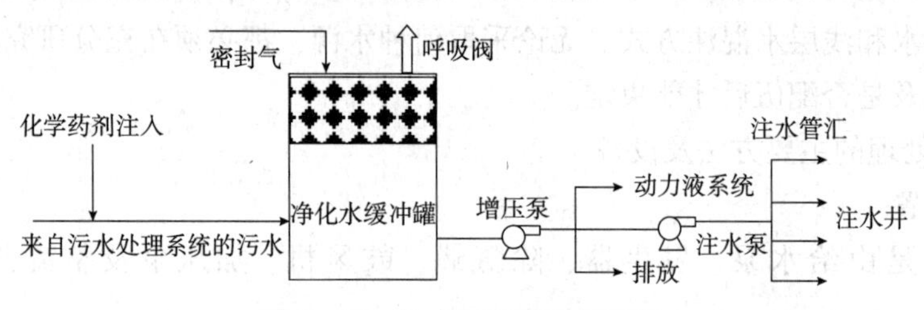

图6－17　污水回注流程示意图

污水处理流程来水首先进入净化水缓冲罐，缓冲罐顶部设有呼吸阀。缓冲罐上部设计有天然气注入口，注入天然气是为了防止氧气进入罐内。增压泵将污水提取供给注水泵、动力液系统及排海。注水泵将来自注水管线的污水增压至10MPa，再通过注水管汇分配至各注水井。

(3)注地下水

①地下水的来源及水质

海上油田的地下水，是否取自所在油田区域内的浅层水，这取决于油田所在位置是否存在足够量的可采浅层水。例如渤海海域内由于馆陶组层系发育普遍，具有较厚地层和储量较大的浅层水，所以一般都有足够的水源。

采用地下水作为注入水水源，其水质一般都具有较高矿化度，含有一定量的铁、锰等离子，以及带有一定量的悬浮固体颗粒等。不同地域、不同层系，其对作为注入水中的各种有害物质含量有不同的要求。

②地下水处理方法

地下水的处理方法，取决于水源中所存在的有害于注水流程及油层等物质的存在情况，处理目的是除去这些有害物质。

针对地层水中含有一定量的固体悬浮颗粒，设置了除砂、粗滤器、细滤器，进行逐级过滤予以消除。由于过滤装置的构造和原理与海水处理系统基本相同，这里不再重复叙述。

作业思考题

1. 简述海上油气集输系统的组成和功能。
2. 海上油气集输方式有几种类型？各有什么特点？
3. 简述海上原油处理主要包括哪几部分？
4. 简述立式油气分离器结构及其工作原理。
5. 简述原油净化处理的内容及合格标准。
6. 简述原油稳定的工作原理。
7. 简述海上天然气处理系统的组成和工艺流程。
8. 简述海上含油污水处理方法及其特点。
9. 简述油气开采水下处理系统的组成和工艺流程。

第7章　海洋油气储运设备

海上油气的储存与运输在整个海洋油气田开发工程系统中是一个独立的项目，它包括海底管线、海上储油和装油系统。据北海油田统计，储运设施的投资约占油田总投资的23%。

海上油气储存和运输有各种不同的组合分式，其主要区别在于原油是在陆上储存还是海上储存，是管线输送还是船舶运输。

从海上原油输送的安全和管理角度看，海底管线输送是最理想的方式，而且也是海上油田开发必不可少的手段。虽然海上油田开发方式正向全海式和浮式生产系统发展，但还需要海底出油管线、集油管线、输油管线、注水管线、注气管线、海上立管等，所以海底管线是海上油田开发必不可少的工程设施。

7.1　海上储油设施

对一些不具备铺设输油管线的油田，需要在海上建设原油储存设施。目前普遍采用的储油方式有：平台储油，油轮储油，海底油罐储油及装油、系泊、储油的联合装置储油。

1. 平台储油

对油田产量小、离岸远或浅水海区，铺设海底管线不经济，或者油田虽大，离岸也不太远，但处于开发初期，海底管线尚未铺设，这时就需要在平台上设储油罐临时储油，然后再用油船装运上岸或直接运送到用户。根据墨西哥湾的经验，平台储罐容量一般不超过1370m^3。我国渤海埕北油田就采用这种储油方式。

平台储油受固定平台甲板面积和承载能力的限制，容量小，建支承平台要增加投资，不经济，同时受风浪影响较大，不安全，故目前采用较少。

2. 油轮储油

油轮储油容量大，不受水深条件限制，可停泊在平台附近，亦可用单点系泊或多点系泊锚底。随着海上油田开发向深海发展以及浮式生产技术的应用，油轮不仅作为储油设施，而且可作为油田的生产设施，例如将油田的油气处理设施安装在油轮的甲板上，使其发展成为生产储油轮，这种方法可广泛应用于海上油田开发。它的缺点是：受环境影响大，在恶劣的气候条件下不能连续生产。目前我国已能自己设计建造生产储油轮，已有多艘投入使用。

生产储油轮要接收油田各油井开采出来的油井液，并进行油气计量、油气分离，使原油经过油气处理达到商品原油质量标准后储存待运。因此，在生产储油轮上不仅要有商品原油储油舱，还要有未处理原油舱以及油气处理后的污水舱等。在甲板上要能设置油气分离、原油脱水、污水处理、天然气放空等生产设施，以及动力发电、消防、救生、系泊、装船等辅助设施，因此要求储油轮具有足够的储油舱室和安装设备的甲板面积。

确定油轮系泊点与平台距离时，应考虑停泊海区风、浪、流条件及运油轮的停靠方式，一般距离不应小于 3 倍船长。

3. 海底储油

海底储油的特点是：油罐位于水面以下，同火源、雷电隔离，不仅油气损耗小、不易着火、使用安全，而且在天气恶劣时，油井可以继续生产；油罐置于水下，受波浪力小；与水上储油方式相比，可以省去昂贵的平台建造费用，而且罐容不受限制，具有巨大的储油能力。

随着我国海上油气田开发技术的发展，现已着手于水下储油设施的研究工作。下面介绍水下储油工艺及国外采用的两种海底原油储罐。

(1) 水下储油工艺

水下储油是采用油水置换工艺将储油罐稳定在海床上。

油水置换工艺是利用油水重力差的原理，在水下油罐就位后，立即向罐内充满水。当储油时，原油注入油罐，将海水置换出去；输油时，向油罐注入海水将油置换出来。即进油排水，进水排油，使油罐始终处于充满液体状态，罐壁内外压力保持基本平衡，以保持罐体在水下的重力稳定。实践证明，这是一种降低工程投资、保证油罐结构安全行之有效的方法。

水下储油技术安全、经济，早在 20 世纪 70 年代初，我国海上油田开发初期，就着手该项技术的应用研究。我国海上生产的原油大部分属于含蜡、高凝原油，高凝原油需要加热至凝固点以上方可储存。对这类原油能否采用水下储存？能否采用油水置换工艺？海洋石油公司和大连理工大学前后进行了 20 多年的专项研究，揭示出油水置换中油水界面的传热规律，取得了可喜的成果，并获国家技术发明专利，为我国采用水下储油提供了技术支持。

(2) 无底储油罐

无底储油罐是利用油比水轻，油浮在上部，海水沉在下部的原理制成的。它适用于大容量的储油罐。图 7－1 所示是 1969 年在中东波斯湾迪拜海区建成使用的，形状如一把摇铃的钢质无底油罐。该罐容积 8 万 m^3，油罐工作水深 49m，上部露出海面 13.8m，罐体总质量 1.27 万 t，下部罐体直径 76.2m。油罐下部的圆柱形部分的侧壁是由双层薄金属板构成，板间距为 1.2m，中间灌满混凝土，这样可以降低油罐的重心，提高其稳定性；油罐底部是开口的；侧壁用 24 根直径为 Φ600mm、横跨底部的肋条连接，以增加结构的刚性；油罐中间设置了一个直径为 Φ24m 呈瓶状的内罐。整个油罐向海底下沉时先将内罐充满水，以提高下沉时油罐的稳定性。油罐沉底就位以后，内罐上的所有人孔均打开，使内罐成为整个储油容器的一部分，油品可自由出入内罐。油罐就位后，在其四周打桩 30 根，桩的直径为 Φ914mm，桩深 30m，并把桩柱与罐体连接在一起。

油品的收发作业采用油水置换的原理。利用设置在罐内的深井泵向外发油，海水从底部进入罐内，使油罐始终充满油或海水。罐内油水界面随着向外发油而不断上升。由于油

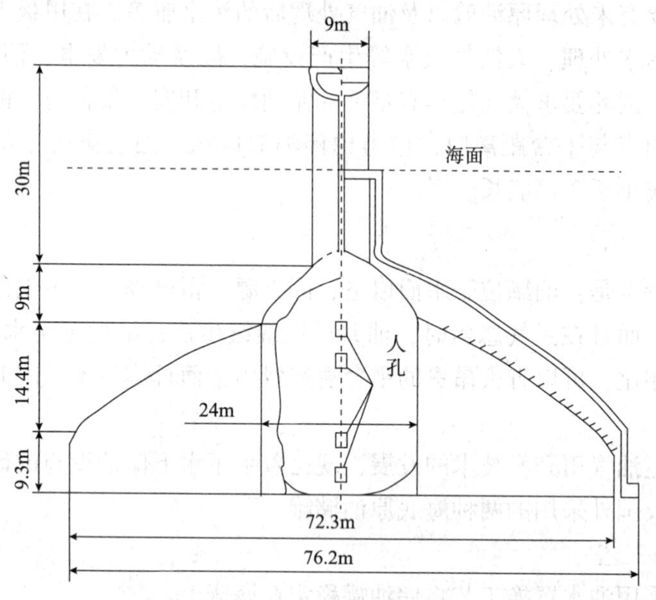

图 7－1　无底储油罐

罐的截面积很大，进出油时油水界面的升降速度只有 0.3m/h，界面不会出现剧烈的波动，因而不会造成油品的乳化。油水界面的位置可从专门的测量仪表测知，也可以根据力的平衡原理，从上部圆筒中的油面高出海面的高度计算出来。

油罐的内表面涂沥青，外表面涂漆和环氧树脂，采用阴极保护，防止油罐内、外表面的腐蚀。

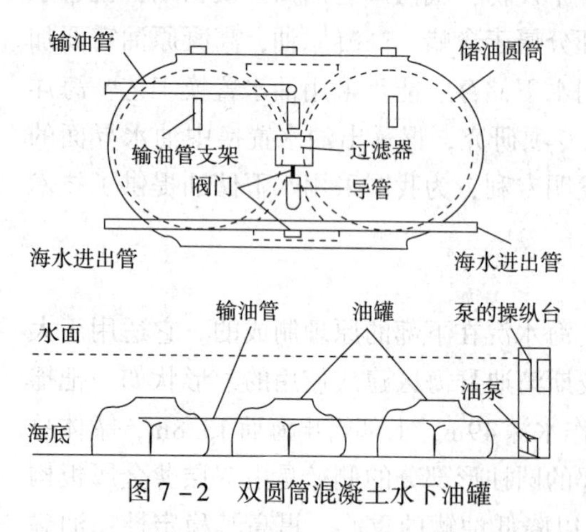

图 7－2　双圆筒混凝土水下油罐

(3)双圆筒混凝土水下油罐

油罐采用预应力钢筋混凝土建成，呈双圆筒形，如图 7－2 所示。两个圆筒壳体有共同的分界壁，每个壳体又被一些横向舱壁隔成几个舱室。分隔舱室的目的是为了在油罐向海底下沉时罐内水面不致过分晃动。油罐就位后，打开舱壁上的连通口，使油或海水在整个圆筒壳体内自由出入。每个油罐的几何尺寸为长 99.4m、宽 31.7m、高 16.5m，容积为 32000m³，放置在水深 48m 的海底。当需要的储油容积较大时，可将几个油罐平行排列在一起，输油管线架设在油罐的支架上，将输油管道与各个油罐接通。

每个储罐的双圆筒壳体之间有上、下两个小室。上面小室充油，下面小室充海水。输油管中的来油先进入上部小室，再经过过滤器进入圆筒壳体内，这样就降低了进入圆筒时的油流速度。油进入储罐把罐中的海水置换出来，海水从下部小室经海水进出管排出。深井泵的操作平台露出海面，把海水泵入油罐就可以把油从罐中挤压出来。当油罐所处的海底较深，上部的海水液柱高度较大时，可利用油柱和海水液柱的压差，使海水自然流进油罐内而把原油挤压出来。

这种油罐的结构形式和城市地下车辆隧道相似，受力性能好，节省材料。油罐是在岸上建造好后拖运至预定地点，再下沉坐稳，有较好的稳定性。

(4)储油、系泊、装油联合装置

这种装置把海上油田设施和油轮的系泊与装油设施联合在一起，因而紧凑实用。实际上，这是把系泊浮筒扩大作为储罐，并在上面增加原油装卸设备。北海布伦特油田的 SPAR(单锚腿单点系泊)的储油浮筒如图 7－3 所示。此浮筒由上、中、下三个部分组成。上部为平台结构，安装发电设备、控制设备、生活设施、直升机降落台、系泊转盘和输油软管等；下部直径大，有可容纳约 40000t 原油的油舱和压载舱，组成浮筒的主体；中部直径最小，以减少波浪力，内装油泵和污水处理设备；中部和下部之间有一浮力控制舱。浮筒下部有软管，与从生产平台来的输油管线连接。此装置的装油速度为 5000t/h，储油能力为 40000t。

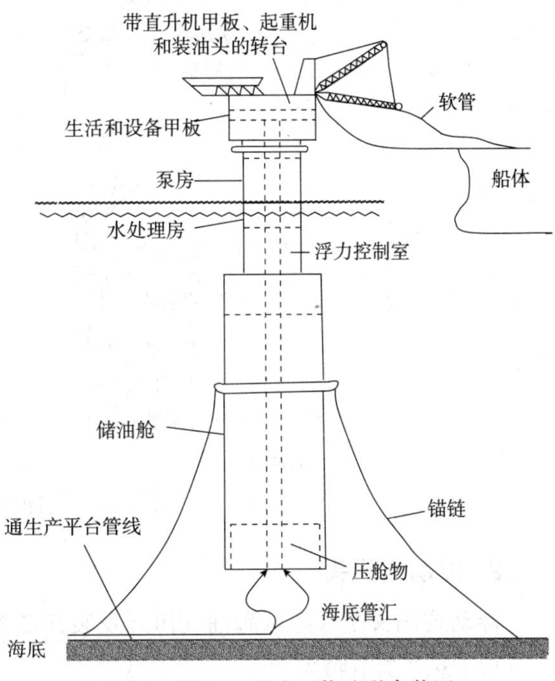

图 7－3　储油、系泊、装油联合装置

除上述海上储油设施外，还有半潜式、自升式油罐和海底储油囊等，但这些储油设施容量有限，故采用不多。

7.2　海上装油系统

海上装油系统即海上输油码头，国外称为油田终端。无论采用哪种储运方式，都涉及海上装卸油问题，即使是管输上岸也需要岸边的输油码头装船外运，这是海上油田开发系统的重要组成部分。

海上装油系统的作用：提供海上油轮停靠设施；提供油轮系泊设施；提供原油及压舱水装卸设施。

海上装卸油的码头按其结构形式可分为固定式和浮动式。固定式又称为岛式码头或固定船台，分栈桥结构和墩式结构；浮动式主要有多点系泊浮动码头和单点系泊码头。

由于这些装卸油码头离岸较远，或要求靠岸处水较深，因此都属于开敞式码头，如图 7－4 所示。

1. 固定式码头

固定式码头结构基础坐落在海床上，故适用于较浅的水域，如渤海埕北油田及大连新港输油码头。固定式码头虽然操作条件好、维修费用低，但建造周期长、投资费用高、适应性差，已不能满足远海油气开发的需要。

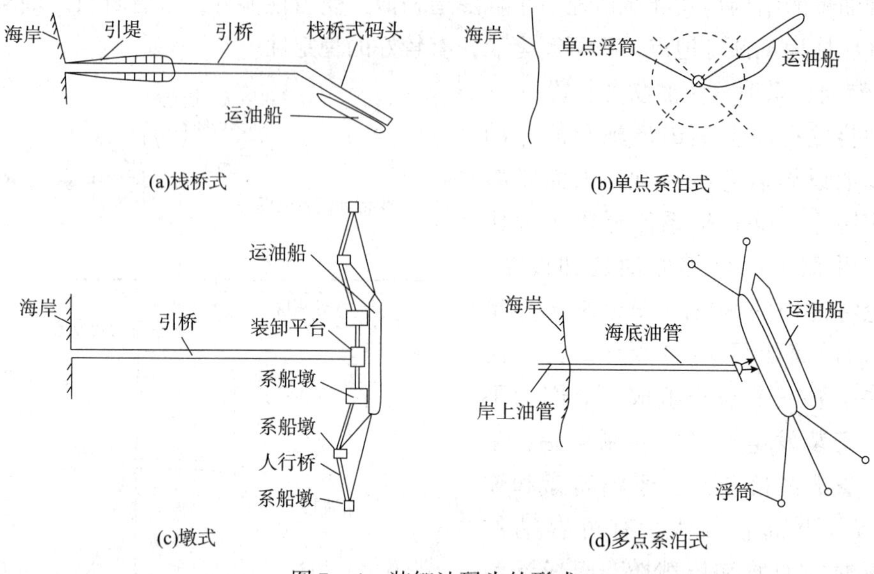

图 7-4　装卸油码头的形式

2. 浮动式码头

浮动式码头是远海深海油气田开发装卸油系统的必然选择。

(1)多点系泊码头

多点系泊码头是一种简易而经济的海上系泊设施。它采用 4~8 个系泊浮筒，借助于一个多点系泊的浮船，作为浮动式装油作业平台，进行装卸油作业。1974 年我国在青岛建造的黄岛临时原油码头，是用一条旧油轮作浮动码头，用四个浮筒系泊，如图 7-5 所示。胜利油田的原油从陆地管线输至黄岛，通过 500m 的海底管线送至浮动码头，它是胜利油田原油外输的临时码头。

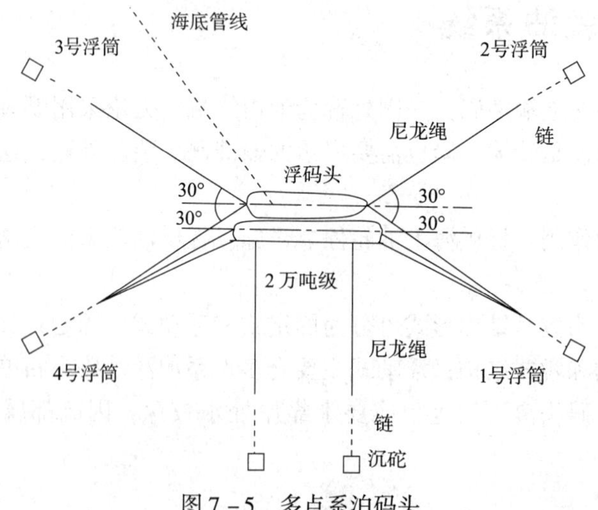

图 7-5　多点系泊码头

多点系泊简单、经济，但抗风浪能力差，船必须迎着强风停泊。这对于风浪方向多变的海区，使用受到限制。此外它系缆复杂，油船停靠时间长。

(2)单点系泊系统

单点系泊系统采用一个大直径的圆筒形系泊浮筒，用锚及锚链固定在海底，油轮系泊在浮筒上可转动的系泊构件上，可随海流和风向沿浮筒旋转360°。浮筒的甲板上有装油、卸压舱水、装卸燃油等管线设施，原油从海底管线通过立管或软管进入浮筒的中央旋转装置，延伸至油轮的管汇系统。

单点系泊系统主要由浮筒及其锚系、系船设备等组成。

浮筒是单点系泊系统的主要组成部分，是一个钢质的扁圆形筒，直径一般为10～15m，高3.1～5.5m，内部有许多舱格。浮筒顶部设有转盘、油管回转接头、系船臂、输油臂和平衡臂等。这些设备都是为了适应船舶绕单点旋转而设置的。浮筒的侧面还装有防冲设施。有时将浮筒加高，下部作储油罐用，如图7－3装油储油联合装置所示。浮筒一般用4～8条锚链和锚系碇，锚链直径通常都在Φ100mm以上。

根据单点系泊系统原理，结合不同的工作海区和使用要求，目前已研制出多种不同形式的单点系泊系统，下面简要介绍几种。

①悬链式单点系泊系统(CALM系统)

悬链式单点系泊(Catenary－Anchor Leg Mooring，简称CALM)系统是最基本的一种单点系泊形式，主要包括浮筒、漂浮软管、水下软管、水下管汇平台、系泊缆、锚泊系统等部件，见图7－6。

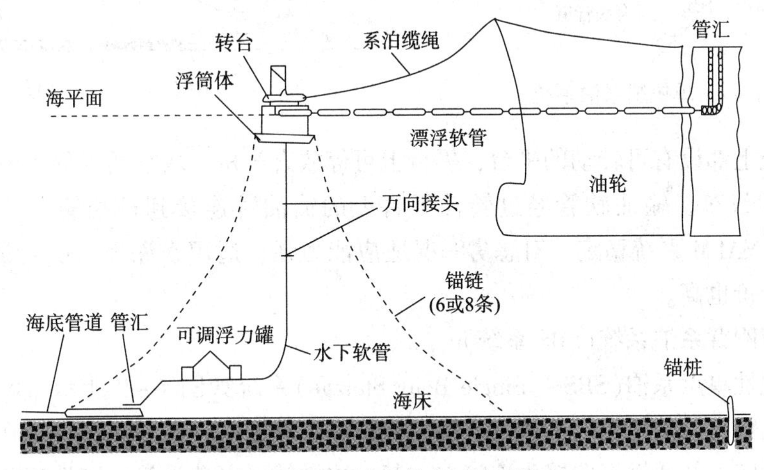

图7－6 悬链式单点系泊系统

悬链式单点系泊系统结构简单，便于制作和安装，造价低廉，已成为海上油气田开发生产中近岸浅水单点系泊的首选方案，是单点系泊中数量分布最多的一种。

②单锚腿系泊系统(SALM系统)

单锚腿系泊(Single Anchor Leg Mooring，简称SALM)系统分为带立管和不带立管两种。不带立管的系泊系统如图7－7所示，它具有一个细长的圆柱形浮筒，直径一般为Φ4～Φ7m，高度10m以上。基座用桩固定在海床上，输油旋转接头固定在基座上，通过上、下两个万向接头，锚链(亦称锚链张力腿)分别与浮筒和旋转接头相连。输油软管下端与旋转接头出口相连，软管的下半段沉没于水中，上半段漂浮在海面上，以便与油轮连接。不带立管的SALM系统适用水深约30～50m。

带立管的SALM系统与前者不同之处是在基座和锚链之间加进一段称为立管的钢管，立管的上端和下端分别用万向接头与浮筒及基座连接，适用水深达100m以上。

③铰接塔式系泊系统(ALT系统)

铰接塔式系泊(Articulated Loading Tower，简称ALT)系统构造如图7－8所示。它与SALM系统相似，但其浮筒则与用钢管或型钢制成的刚性桁架腿连成一体，形成所谓塔柱，而桁架腿的下端利用万向接头连接在用桩固定于海底的基座上。为了调节浮力，桁架腿下部的四周装有压载物。因浮筒在水面附近，故能产生较大的恢复力矩。

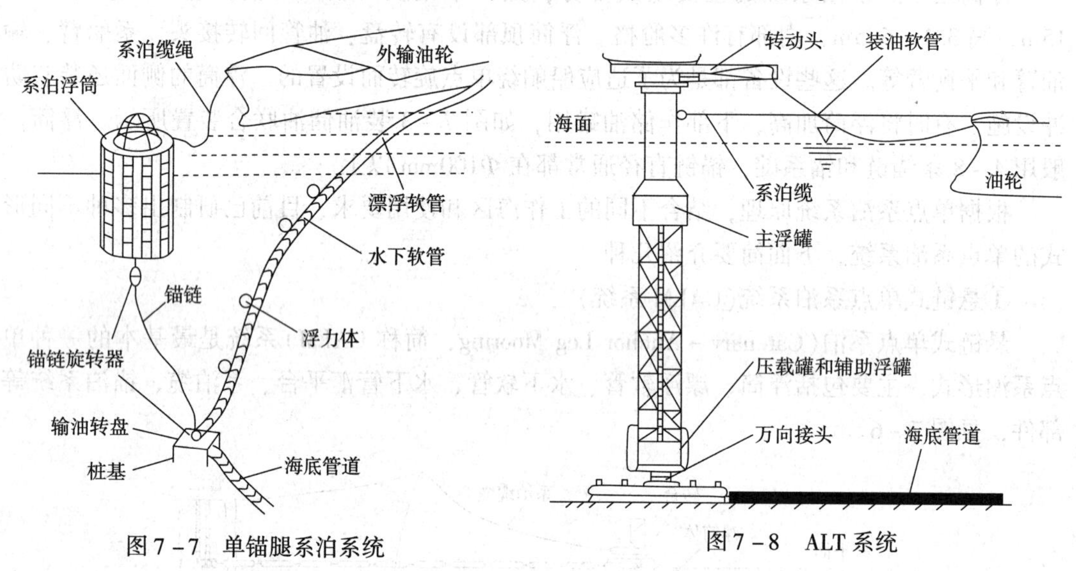

图7－7　单锚腿系泊系统

图7－8　ALT系统

ALT系统上部设有可转动的平台，平台上可停放直升机，塔柱的浮筒内有收放输油软管和系泊缆的绞车，输油软管经过转动平台上的输油臂连接到运油船上。ALT系统比CALM系统和SALM系统稳定，对恶劣海况适应能力强，适用水深为100～300m，但其结构规模大，造价也高。

④单浮筒刚臂系泊系统(SBS系统)

单浮筒刚性单点系泊(SBS－ Single Bouy Storage)系统如图7－9所示。该单点系泊系统中，刚性轭臂与储油轮之间的铰链连接，允许产生纵摇；它的另一端支撑在浮筒上，可以围绕浮筒旋转，并通过万向接头连接在一起；这样就可以使浮筒、刚性轭臂、游轮的摇摆角各自相对独立。

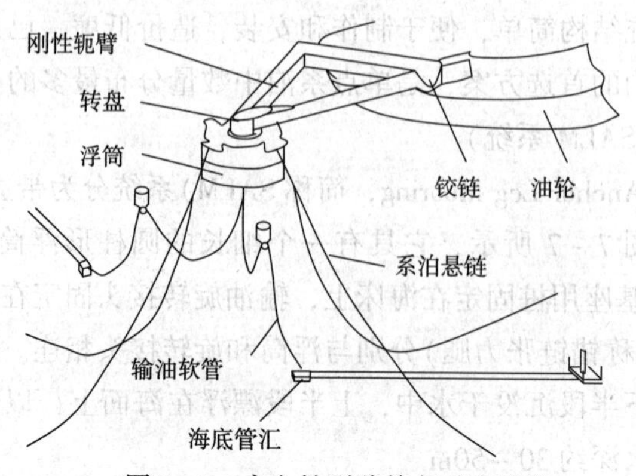

图7－9　永久性刚臂单点系泊系统

⑤软刚臂系泊系统(SYMS 系统)

我国渤海油田使用的单点生产储油轮系泊系统，单点与储油轮之间采用刚臂铰链连接，使油轮和单点保持一定距离，既避免碰撞，又能随风浪相对上下运动，这种结构形式称为软刚臂单点系泊(SYMS - Soft Yoke Mooring System)系统，如图7-10所示。该单点为导管架式结构，属于固定塔式单点系泊形式之一。它适用于水深在60m以内的浅海海区。

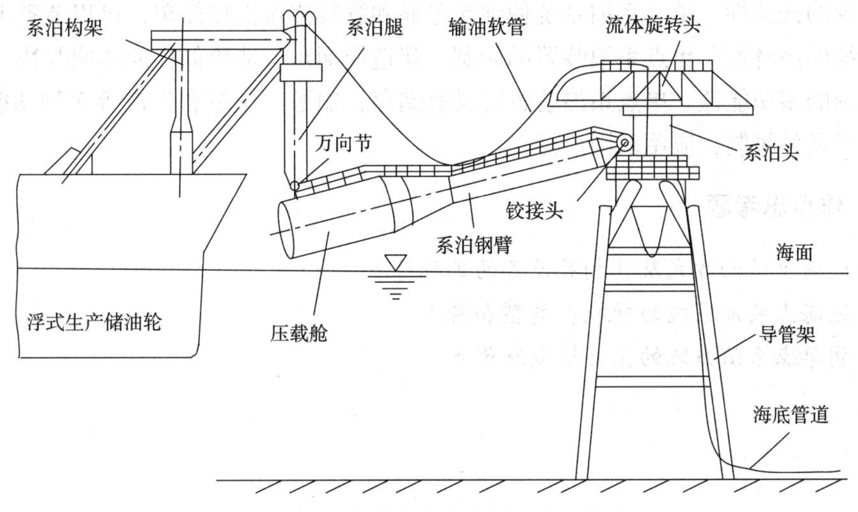

图7-10 软刚臂单点生产储油轮系泊系统

目前，国内外装油系统主要采用单点系泊、多点系泊及固定码头三种类型。为了比较，现对一般情况下三种装油系统的操作性能进行分析，结果汇于表7-1。

表7-1 装油系统操作性能比较

比较内容 \ 装油系统	固定码头	多点系泊	塔式单点系泊
年理论工作天数	280	300	330
陆地人员和设备的通路	直接	海路	海路
船身自动与风、浪及海流的合力对中的可能性	不能	小范围内能	能
软管数/根	1~8	1~4	1~3
开始系泊至泵油所需的时间/h	2	5	2
在30n mile/h风速下仍可系泊的最大浪高/m	1~2	1.5~2	2~2.5
在40n mile/h风速下仍可系泊的最大浪高/m	1.5~2	2~2.5	2.5~3.5
在超过40n mile/h风速下油轮必须离开系泊设施的最低浪高/m	—	2~3	3~4
易于系泊和解缆的等级	3	4	2
潮汐的影响	受	不受	不受
最易发生事故的设备	码头护舷	浮筒链	塔架及漂浮软管
系泊所需的外界援助	拖轮及拖绳艇	拖绳艇或拖轮	拖绳艇或拖轮
解缆所需的外界援助	拖轮及拖绳艇	拖绳艇	拖轮

综上所述，单点系泊系统的特点可以归纳如下：

①系统的弹性。单点系泊装置是一种弹性系统，具有吸收、消耗能量的性能；可以缓冲外力冲击，使缆绳的受力大大降低，延长使用寿命。

②系统的风向标性。单点系泊装置设有可转动360°的系泊转台，可以适应风浪、海流变化，以系泊点为中心在360°内任意转动，能使油轮的运动与系泊载荷减小到最低程度。

③系统的适应性。具有足够水深系泊大型油轮，大型油轮进出方便，进出周转率高。

④系统的操控性。单点系泊系统使油轮停靠和管线连接操作简单，可以节省工时。

⑤系统的经济性。单点系泊装置的研制、建造周期短，造价低，成本回收快。

⑥系统的多功能性。单点系泊装置可具有储存，输送，居住和生产等多种功能，不受水深、海况条件限制，应用范围广泛。

作业思考题

1. 简述海上储油方式及其相关设备的工作特点。
2. 简述海上装油系统的功能、类型和特点。
3. 说明单点系泊系统的主要组成及优点。

第8章　海上修井作业装备

各类油井在自喷、抽油或注水、注气生产过程中，井下设备经常会发生故障，另外可能出现生产油层枯竭，造成油井减产，甚至停产。为了恢复油井的正常生产，采取相应措施排除故障、更换井下设备、调整油井参数等作法，统称为修井作业。

海上油井根据其钻井、完井所采用的方法不同，可分为两种形式：把井口装置引到水面以上安装，称为水上井口；把井口装置安装在海底或潜水员可能到达的水下某个深度，称为水下井口。关于水上井口的修井，基本上可用一般陆上修井机进行，但在总体方案上要相应地做某些修改以适应海上修井工作特点。

8.1　海上修井作业概述

修井作业内容可归纳为以下三方面：

(1)起下作业，如把发生故障或损坏的油管、抽油杆、深井泵等井下设备和工具提出修理、更换，再下入井内，以及抽吸、捞沙、机械清蜡等；

(2)液体在井内循环作业，如冲沙、热洗、循环泥浆及挤水泥等；

(3)旋转作业，如钻沙堵、钻水泥塞、扩孔、重钻、加探井孔和修补套管等。

影响油井正常生产的原因很多，大致有以下三方面：

(1)油井本身的故障，如井下沙堵，井筒内严重结蜡、结盐，油层堵塞，渗透率降低，油、气、水层互相串通或生产油层枯竭等；

(2)油井结构损坏，如油管断裂，油管连接脱扣，套管挤扁、断裂和渗漏等；

(3)采油设备发生故障，如抽油杆弯曲、断裂和脱扣，深井泵头失灵等。

1. 修井设备

要完成上述修井作业，对修井设备的要求同普通钻井设备相似，它们均包括井架、绞车和起重作业设备、循环洗井的高压泵与管系、旋转转盘设备等。这些设备大多数是由与钻机相类似的机组组成，不同的是这些设备的功率和体积相对小些。修井作业最多的是起下作业，主要是起下油管、抽油杆、深井抽油泵等，这些设施重量较轻，只有在起下油层套管时，其起重量才相当于钻井起重量。一般陆地采油井口不设修井设备，而是根据每口井要进行的修井作业内容，选用不同型号和功能的机动修井机。一般中型和重型修井机都配有转盘和高压泵，一些重型修井机就相当一台钻机，轻型钻机可用于修井作业。

2. 海上油田修井方式

海上油田井口平台修井主要有以下几种方式：

(1)对于井数多的大型井口平台、人工岛或大的综合生产平台，钻完生产井后可保留一台钻机，该钻机除承担平台上的修井任务外，还可用于钻预留井、加密井或增补井；

(2)对于中小型井口平台，钻完井后撤走部分钻井设备(如钻盘、泥浆泵和泥浆净化系统)，保留井架和上、下井架底座作为修井机使用，也可保留上、下底座，另配修井井架、旋转及循环修井设备，埕北油田生产平台是采用后一种修井方式；

(3)平台不设修井设备，需要修井作业时，用悬臂活动式钻井平台的钻机进行修井作业，或者用专用修井作业船进行修井作业；

(4)对修井船不能及的大、中型平台，采用各种组装式的平台修井设备是较为经济的。这种组装式的平台修井设备可以拆成若干组件，其中最重的主泥浆泵和柴油机约20t。全部修井设备用40m长的供应船可以运到平台，由平台上的吊机吊到井口的一个通用底座上，组装调试后可进行各种修井作业。目前，较新型的组装式平台修井设备的最重组件仅8t，可以由直升机运送到平台上。

3. 水下井口的修井方法

水下井口的修井方法，一般可分为两大类：

(1)将水下井口变成水上井口的修井法

这种修井法通常是从水面把隔水管、导管等接到水下采油树上，也有用沉箱沉入海底，并用单向阀或水泥塞堵住井口，拆除套管头后，将管子接到出油管上，再从沉箱内引出到水面以上。这样即可把水下井口延伸到水面以上，用一般陆上修井机进行修井。

(2)通过出油管线修井法

这种修井法是采用一种特殊的修井工具，将出油管线下到水下井口以进行各种修井作业。修井工具可以靠自重或用钢丝绳下入，也可用液压输送；起出时，可用绳索打捞工具，也可用反循环泵送。采用泵送起下的修井工具称为泵送工具，这时除了出油管线外，还必须装有第二条管线通至集油站。

8.2 海上修井装置

1. 海上修井装置组成

海上修井装置包括作业装置和支持系统两大部分。

(1)修井作业装置

①修井机系统；

②泥浆(修井液)系统；

③防喷系统。

(2)支持系统

①辅助设施：工具材料房、值班房及油水罐等；

②生产动力设施：提供电源、压缩空气、蒸汽和海水、淡水及作业人员的吃住等生活设施；

③吊运手段、通信及场地：提供吊机及通信手段和材料管材工具等堆放甲板。

2. 海上修井装置分类

海上平台修井装置按是否带支持系统和是否为水下井口，可分为三类。

(1)和采油平台共用支持系统的固定平台修井装置

这种固定平台修井装置的电、气、水、油一般由采油平台公用系统提供；生活系统、靠船及吊运系统和通信系统一般也由采油平台提供或公用；作业甲板或作业专用区域也由采油平台提供。主要有如下几种类型：

①轨道式修井装置：修井机安装在轨道上，有上、下底座可进行 X 轴及 Y 轴方向平移。泥浆泵、罐系统有的安放在底座上，也有的安放在平台上。

②简易修井装置：在渤海油田的国产平台上曾用过简易的二腿陆上作业井架和通井机来进行修井作业。

③液压式修井装置：液压式修井装置装在井口上，用液压缸来进行起下作业。

(2)自带支持系统的修井装置

①自升式修井平台：有带自航能力的修井平台；也有不带自航能力的修井平台可用拖轮移动；有的不带有修井机等装置，但可作为修井作业的支持平台使用。

②驳船式修井装置：利用驳船携带修井装置及支持系统进行作业。

③钻井船：利用钻井船上的钻井设备作为修井装置，有的为半潜式钻井船。

(3)其他修井辅助装置

利用钻井及修井平台对水下井口的油气井进行井下作业时，除了使用钻井及修井平台设备以外，还需要使用水下导向、防喷作业等设备进行作业工作。

8.3　轨道移动式修井机装置

1. 固定平台修井机装置

轨道移动式修井机采用模块结构，橇装组成，一般由下底座橇、上底座橇(也称钻台橇)、井架三大组块。修井机在平台修井甲板焊接的固定轨道上移动，上底座可以在下底座轨道上移动，即修井机可以在 X 方向和 Y 方向上移动，满足固定平台的修井作业需要。这种修井机装置又分下底座带修井配套设施和不带修井配套设施两种。

(1)下底座带修井配套设施移动的修井机

泥浆泵、泥浆罐系统以及井控系统等修井用配套设施，全部悬挂于钻台下面，并随修井机的移动而移动；值班房、发电机房、临时住房、材料房等都集中于钻台上。这样相对要求平台甲板面积要小一些。由于井口甲板轨道承重量较集中，因此要求平台结构相对特殊一些，如图8－1所示。

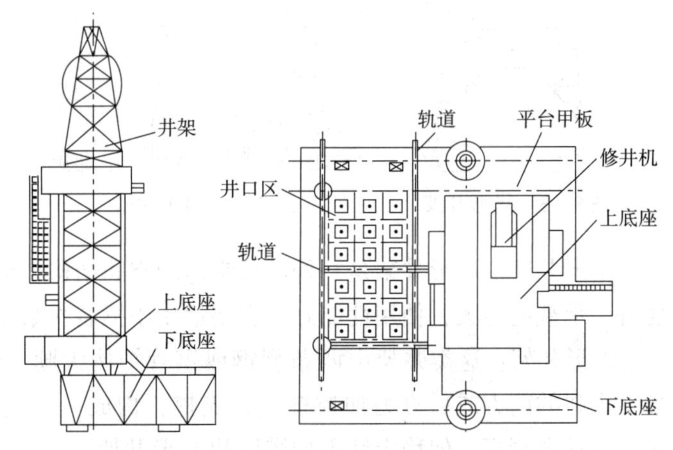

图8－1　W12－1平台修井机和平台甲板示意图

(2)下底座不带修井用配套设施的修井机

修井配套设施泥浆泵、泥浆罐系统以及井控系统、材料房、值班房和作业人员住房放置于甲板油管场地周围，这样相对要求，修井甲板面积稍大一些。由于甲板承重较分散，甲板轨道和油管场地各部分承载较均匀，对平台结构没有特殊要求，如图8-2所示。

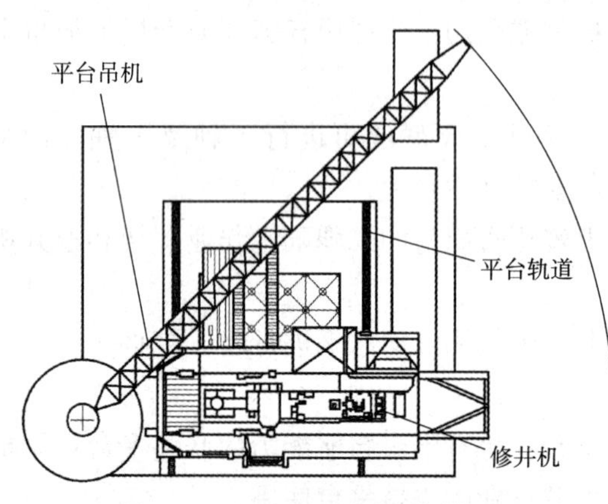

图8-2　SZ36-1B 平台修井机和平台甲板示意图

2. 设备组成与性能

(1)井架结构与分类

①海洋平台修井机井架特性

由于海上平台面积的限制，海洋修井机井架为直立、无绷绳井架。井架除了有足够高度和承载能力外，在海洋环境中作业，都必须具有较强的抗风能力。根据 API 标准，轻型井架为满立柱时抗风能力大于 70kt(36.0m/s)，无立柱时抗风能力大于 93kt(47.8m/s)；塔形井架满立柱时抗风能力大于 90kt(46.3m/s)，无立柱时大于 108kt(55.6m/s)；同时满足抗 8 级地震烈度要求，并且井架要有良好的防腐措施。

②井架分类

井架按其整体结构形式可分为三种基本类型，即塔形、A 形和 K 形(Π形)井架，如图8-3～图8-5所示。

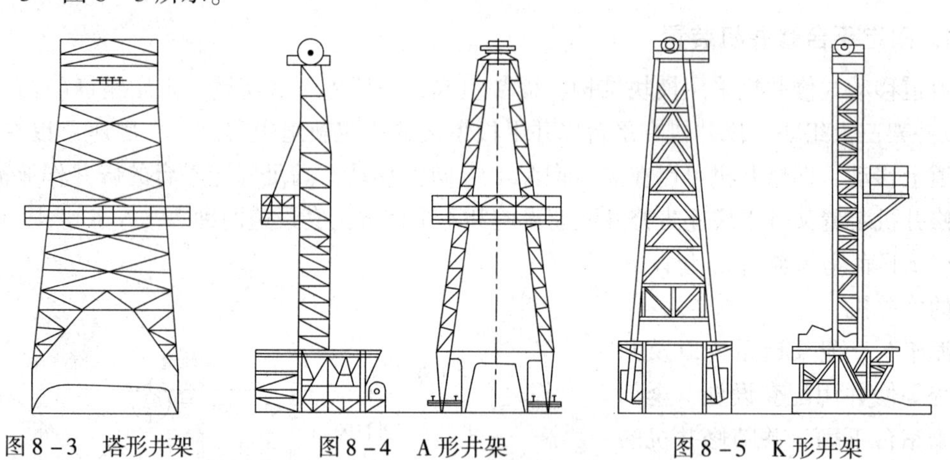
图8-3　塔形井架　　图8-4　A 形井架　　图8-5　K 形井架

塔形井架：塔形井架是一种四棱锥体的空间结构，横截面一般为正方形。它整体稳定性好，承载能力大，使用性能好。主要适用于拆装次数少的深井钻机和海洋钻机井架。

A 形井架：这类井架由两条型钢或钢管结构大腿，通过天车及附加杆件连成“A”字形，大腿的前方或后方另加撑杆进行支撑，构成一个完整的空间结构。井架大腿结构简单，司钻视野好，但稳定性不如塔形和 K 形井架。

K 形井架：这类井架为前开口型塔架，又称Π形井架，稳定性不如塔形井架，但比 A 形井架好。

(2)底座结构

海洋修井机底座分上、下底座，上底座面又称为钻台面，转盘、绞车、柴油机均装在钻台上；下底座为承载上底座的装置，下底座承载梁上开有供上底座移动的步进孔。下底座有支柱式、框架式和箱式结构几种。

(3)井口对中方式

海洋采油平台油水井为丛式井，井口间距1500~3000mm，靠修井机在X方向、Y方向上的移动对中井口，修井机移动装置为液压控制。

(4)绞车

按配备滚筒的数目分：单滚筒和双滚筒绞车。单滚筒绞车只安装有一台主滚筒，用以起下管柱；双滚筒绞车除了主滚筒外还装有一台捞砂滚筒。

按绞车安装的轴数分：单轴绞车、双轴绞车、三轴绞车、多轴绞车和独立猫头轴绞车。

(5)动力配备

海洋修井机大多都采用高速柴油机，由压缩空气启动，并带有高水温、低油压、失水、超速(飞车)四种保护装置。国外海洋修井机也有采用电驱动装置的，但目前国内海洋平台修井机都采用高速柴油机驱动，电驱动装置正在研究开发过程中。图8-6所示为刹车装置。该装置工作过程为：下压刹把→曲轴旋转→拉紧刹带→刹车转动手柄→调整调压阀的开启量→气缸充气→曲柄旋转→拉紧刹车带→刹车平衡梁→平衡两刹车带的作用力，使其力相等。

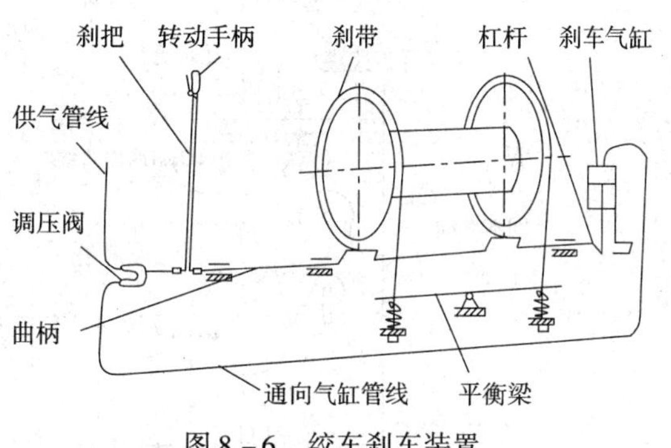

图8-6 绞车刹车装置

3. 适用作业条件

由于海洋修井机的设计原则是采用模块化结构，而且上、下底座的净空高度须满足一套井口防喷器悬挂高度，而上、下底座又能沿X方向、Y方向上移动来对中作业井口，因此它适用多口井的多腿导管架作业平台。这种修井机在设计制造时，选择设备、防腐措施都充分考虑了海域的作业环境条件，以及50~100年一遇的最恶劣的环境条件和地震灾害的影响，为此，这种修井机适合于各种环境条件的海域作业。

海洋平台修井作业机有上、下底座移动机构，具备覆盖整个平台所有油水井能力，能提双根立柱，加快作业速度。根据钩载负荷的不同，可进行各种油水井的常规作业，增产、增注措施作业或者其他一些简单大修作业。

4. 配套设施

(1)泥浆泵及泥浆循环系统

1)泥浆泵

目前海洋修井机使用的泥浆泵主要是三缸单作用活塞泵或柱塞泵。为了保证作业效率，在泥浆泵型号的选取上，都按高泵压、大排量来选取泥浆泵。由于往复式三缸柱塞泵体积相对小一些，占据空间位置小，而排量压力又能满足油水井小修作业的需要，因此，一般只进行油水井小修作业，且平台面积有限，一般选用柱塞泵。

由于柱塞泵的柱塞与缸套间隙小，要求使用的介质受到一定范围的限制，因此近年人们对三缸单作用活塞泵的应用很感兴趣。活塞泵的排量大，缸套的更换方便、容易，只是体积比柱塞泵大，因此，在平台面积能满足的条件下，一般选用活塞泵。

2)泥浆循环系统

每个修井平台都根据井深及井底压力大小配置一套泥浆循环系统设备(固相控制设备)，它主要包括搅拌器、砂泵、喷枪(泥浆枪)、混合漏斗、泥浆罐、泥浆循环管汇等。

由于目前只考虑油水井常规作业，固相控制设备中未考虑振动筛、除砂器、清洁器、分离器等设备。泥浆循环系统如图 8 - 7 所示。

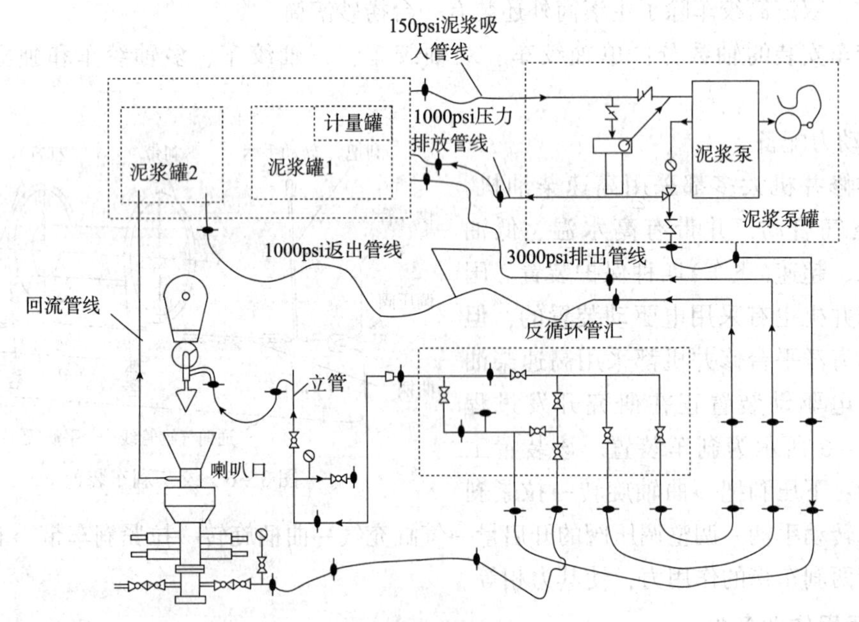

图 8 - 7 泥浆泵循环系统示意图

(2)防喷器组及井控系统

海上修井作业的安全性比陆地显得更为突出，不论是不压井作业(包括连续油管修井)，还是常规修井作业，都需配备防喷器组。国内宝鸡石油机械厂、华北石油机械二厂生产各种型号的 F 系列防喷器；北京石油机械厂和广州番禺石油机械厂生产防喷器液压控制系统。修井用防喷器一般选用环形防喷器和闸板防喷器。

(3)转盘

转盘在修井机各部件中的工作条件最为恶劣，除承受大的扭矩和负荷外，还遭受压井液喷溅、油水污浊和井中钻具振跳的冲击等。转盘主要由转盘壳体、轴总成、轴承等几部分组成。

(4)修井用动力工具

修井用机械化动力工具种类比较多，主要有：动力油管钳、动力卡盘、液压猫头等。在修井作业中，这些动力工具根据需要可以单独使用，也可以几个同时配合使用。

8.4　海上不压井液压修井机

1. 概况

不压井修井设备可按其功能、结构形式和应用场合的不同进行分类。

(1)按不压井作业设备的安装方式可以分为独立液压式(图8-8)、车载式和橇装式或井口吊装式。

(2)按不压井作业设备的油缸行程可以分为长冲程和短冲程。

图8-8　海上独立液压式不压井作业机

不压井液压修井机是指对井压较高的自喷井不用循环液压井，而可以直接进行作业的特殊修井机设备。目前，这种修井机设备的生产仍集中在美国。

我国自20世纪60年代中期开始，对不压井修井机装置(属短冲程)间断地做了一些研究工作，对不压井修井机用万能防喷器及其液压储能和压力平衡(稳压)系统进行了实验研究。由于防喷器芯子质量不过关，而且我国生产的多是无倒角直角式油管接头，在使用时更加剧了对防喷器芯子的刮损。对于自封防喷器，油田等科研单位进行了部分实用研究，但适用井压多在5MPa以下。

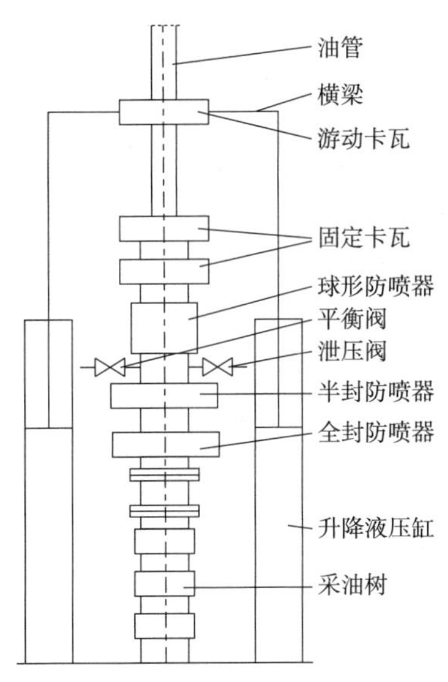

图8-9　不压井液压修井机的井口装置主要构成

2. 不压井液压修井机的井口装置主要结构

不压井液压修井机的井口装置主要结构如图8-9所示，包括油管、横梁、游动卡瓦、固定卡瓦、自封头或球形防喷器、平衡阀、泄压阀、半封防喷器、全封防喷器、举升液压缸和采油树等。

3. 不压井液压修井机工作原理

在井口中心，采油树上部连接防喷器组，一般包括一个全封防喷器，一个半封防喷器和一个球形防喷器，其作用是控制井口压力，防止井喷。平衡阀的作用是当需要打开半封防喷器或全封防喷器时，先打开平衡阀，引井口压力到半封防喷器或全封防喷器上方，使防喷器闸板上、下压力平衡以便于防喷器平稳操作。泄压阀的作用是当用半封防喷器或全封防喷器封住井口时，从泄压阀泄掉防喷器上方液体压力以便于更换球形防喷器胶芯。在球形防喷器上面又连接两个固定卡瓦，其中一个上卡瓦、一个下卡瓦，以分别卡住上冲和下落的油管柱。油井中心两侧有两个长冲程升降液压缸，两活塞杆在顶端通过横梁相连，横梁上装有一个游动卡瓦，工作时通过两长冲程液缸带动游动卡瓦上下运动，使游动卡瓦和固定卡瓦按顺序“倒步”，达到起下油管的目的。如起升油管时，先由固定卡瓦卡住油管（如油管上冲就用上卡瓦，如油管下落则用下卡瓦），液压缸带动游动卡瓦下行（空行程）到下行程终止位置，而后游动卡瓦先卡住油管，再松开固定卡瓦，然后液压缸通过卡住油管的游动卡瓦带动油管上升到上行程终止位置（不管油管的载荷是上冲还是下落），而后固定卡瓦卡住油管，摘开游动卡瓦，活塞又下行到下止点，完成一个“倒步”循环。油管的卸扣一般用液压动力钳。下放油管时过程相反；油管上扣也用液压动力钳。

4. 不压井液压修井机的主要特点

(1) 由于不用重泥浆压井，因此不会污染和损坏油层，减少了后续增产措施的需求。

(2) 节省了压井液及其泵送设备的费用。

(3) 设备体积小，重量轻，需求作业面积小，便于拆装和移运，更适合于丛林和海洋修井作业。

(4) 操作简单，维护方便，所需班组人员较少。

(5) 适于较高井口位置的安装，容许井口安装位置可高达18m。

5. 作业能力及范围

液压修井机最初是用来处理紧急情况的，目前，已经广泛应用于多种工作环境下的常规作业。液压修井机被认为是对常规钻井和连续油管作业的补充。

液压修井机的作业范围：开窗侧钻、小井眼钻进、钻水泥塞、坐封隔器、打捞、磨铣、起下管柱、固水泥。

作业思考题

1. 海上修井作业与钻井有何异同？
2. 简述海上修井的主要方法和特点。
3. 简述海上修井装置的类型和系统组成。
4. 简述海上不压井液压修井机的系统组成和工作原理。

第9章　海洋石油装备检测技术

9.1　海洋石油装备检测意义

9.1.1　海洋石油专业设备

依据原国家安全生产监督管理总局(应急管理部)《海洋石油安全生产规定》，海洋石油专业设备是指海洋石油开采过程中使用的危险性较大或者对安全生产有较大影响的设备，包括海上结构、采油设备、海上锅炉和压力容器、钻井和修井设备、起重和升降设备、火灾和可燃气体探测、报警及控制系统、安全阀、救生设备、消防器材、钢丝绳等系物及被系物、电气仪表等。这些设备专业性强、危险性大，必须由应急管理部安全生产执法局认可的海洋石油专业设备检测检验机构进行检测检验。

海洋石油专业设备都是安装于或位于海洋石油作业设施或海洋石油生产设施上的。海洋石油作业设施是指用于海洋石油作业的海上移动式钻井船(平台)、物探船、铺管船、起重船、固井船、酸化压裂船等设施；海洋石油生产设施是指以开采海洋石油为目的的海上固定平台、单点系泊、浮式生产储油装置、海底管道、海上输油码头、滩海陆岸、人工岛和陆岸终端等海上和陆岸结构物。

根据国家法规要求，承担海洋石油天然气专业设备检测检验的机构应具备业务主管部门应急管理部颁发的资质证书。

9.1.2　海洋石油装备分类

根据《海洋石油安全生产规定》和海洋石油开采活动的实际情况，海洋石油专业设备共有12类。

1. 海上结构(水上部分、水下部分)

海上结构主要包括7类，分别是固定式平台结构、漂浮式平台结构、固定式单点系泊结构、浮式单点系泊结构、海底管道、斜坡式砂石人工岛结构、混凝土人工岛结构。

2. 海上采油设备

海上采油设备主要包括井口装置和采油树、采气树。

井口装置是指安装在井口用于控制气、液(油、水等)等流体的压力和方向，悬挂套管、油管，并密封油管与套管及各层套管环形空间的装置。一般由套管头、油管头、防喷器组、四通、旁通管件组成。采油树、采气树也具有井口装置的相应功能。

海上采油设备还包括井口设备、电解氯化装置、加药装置、脱氧装置、输油泵、有杆泵、水力泵、采油井口等设备。

3. 海上锅炉和压力容器

锅炉包括电站锅炉、热煤锅炉、加热炉、水套炉等。

压力容器包括油气分离器、洗涤器、换热器、储油罐、沉降罐、集输管道、热交换器等。

4. 钻井和修井设备

钻井设备主要有钻机绞车、转盘、井架、底座、天车、顶驱、水龙头、游动滑车、大钩、高压管汇、防喷器组、电气仪表系统、井口工具、压力容器、钻井泵、固井泵、模块钻机结构、吊环、吊卡、大钳、辅助绞车、载人绞车等。

修井设备主要有修井绞车、转盘、井架、底座、天车、水龙头、游动滑车、大钩、高压管汇、BOP、防喷器组、井口工具、压力容器、修井泵等。

5. 起重和升降设备

根据 CCS《船舶与海上设施起重设备规范》，起重和升降设备是指安装于海上的吊杆装置、吊杆式起重机、起重机以及升降机和跳板，用以吊运或装卸货物、设备、物品及人员等的设备。

6. 火灾和可燃气体探测

海洋油气田火灾和可燃气体探测设备主要有热探测器、烟雾探测器、火焰探测器、可燃气体探测器、H_2S 及 CO 探测器等。

热探测器是用探测元件吸收入射辐射而产生热，造成温升，并借助各种物理效应把温升转换成电量的原理而制成的器件。最常见的有温差电偶、测辐射热计、高莱管、热电探测器。

烟雾探测器也被称为感烟式火灾探测器、烟感探测器、感烟探测器、烟感探头和烟感传感器，主要应用于消防系统。

火焰探测器是在探测物质燃烧时，产生烟雾和放出热量的同时，也产生可见的或大气中没有的不可见的光辐射。火焰探测器又称为感光式火灾探测器，用于响应火灾的光特性，即探测火焰燃烧的光照强度和火焰的闪烁频率的一种火灾探测器。火焰探测器包括红外线火焰探测器和紫外线火焰探测器。

可燃气体探测器是对单一或多种可燃气体浓度响应的探测器。可燃气体探测器有催化型和红外光学型两种。

H_2S 气体探测器被设计用以监测环境空气中 H_2S 气体的浓度，它的测量范围从标准型的 0～20/50/100ppm（可在工作现场调节）到高测量范围型的 10000ppm。H_2S 气体探测器一般采用固体金属氧化物半导体传感技术。

CO 气体探测器，根据安装方式的不同可分为固定式 CO 气体探测器和便携式 CO 气体探测器。CO 在不同的使用场合其气体性质也不一样，一种是当 CO 在一些工业可燃性场所时，与 O_2 混合，遇到火源会发生爆炸；另外一种是在一定条件下当 CO 到达一定浓度时，会有损人体健康，或危害作业安全，这种场合 CO 气体就被定性为有毒有害气体。

7. 报警及控制系统

报警及控制系统包括火灾报警及控制装置、有毒气体报警及控制装置、可燃气体报警及控制装置、应急关断系统、手动报警点和报警装置及系统。

报警装置及系统是指火焰探测器、热感探测器、燃烧物探测器、触发的火警装置及系统。

8. 安全阀

安全阀是一种安全保护用阀，它的启闭件在外力作用下处于常闭状态。当设备或管道内的介质压力升高，超过规定的安全值时自动开启，通过向系统外排放介质来防止管道或设备内介质压力超过规定的安全值。安全阀属于自动阀类，主要用于锅炉、压力容器和管道上，控制压力不超过规定的安全值，保护设备和管道正常工作，防止发生意外，对人身安全和设备运行起重要保护作用。

9. 救生设备

根据《国际海上人命安全公约》，海上救生设备主要有救生艇、救生筏、救生圈、救生衣、抛绳设备、求救信号设备及空气呼吸器。

10. 消防器材

消防器材包括水灭火系统、水幕系统、喷淋冷却系统、CO_2灭火系统、干粉灭火系统、灭火剂、灭火器、防火衣、消防泵、软管、储存容器、消防管线。

11. 钢丝绳等系物及被系物

钢丝绳等系物及被系物包括钢丝绳吊索具、吊带、吊链、绳缆、链索、箱件、箱体、橇装构件、载人吊篮、吊网。

12. 电气仪表

电气仪表包括发电机组、变压器、电动机、避雷器、电力电缆、断路器、开关柜、二次回路、接地装置、漏电保护器、电焊机、移动式电动工具、压力仪表、压力变送器、温度仪表、温度变送器、压力开关、温度开关、液位计、电流表、电压表、功率表、控制柜。

9.1.3　海洋石油装备检测的目的和意义

为了保证海洋石油装备的安全性、完整性和可靠性，必须在从建造安装开始到投入使用以后的全寿命周期内进行定期或不定期的、局部或全局的检测，或对与结构完整性、安全性有关的特性参数进行连续不断的监测。检测的目的是为了了解和掌握海洋石油结构装备当前或随机状态。常规检测的目的主要是了解结构的历史发展和变化趋势。意外事故检测则着重于检查诊断结构的损伤、损坏情况以及找出原因；并根据可靠的检测数据，通过计算分析，对结构的完整性作出正确评估；以及提出合理的维修策略，从而保证海洋石油结构装备的安全；同时也为采取重大措施时的决策提供必要的数据和理论依据。

水下和水上结构检测的根本目的都是为保证海上设施的结构安全，以经常性有意义的小投入换取长远的安全保证。水下结构检测是海上油田生产设施在役检测的重点。水下结构检测的主要目的是通过了解结构的变化情况，掌握海洋石油结构装备的安全程度，为采取相应措施提供依据。

通过按计划、有规律、经常性地对海洋石油结构装备进行检测，能够随时掌握结构装备的安全状态，使业主做到心中有数，把握决策的主动性，减少盲目性，从而最大限度地避免事故的发生，以保证国家财产和业主的利益不受损害。

海上油气的开采投资大、风险大，尤其是结构装备的损坏有可能导致设施的整体失效。投入较少的费用，进行最佳的检测，能有效地保证结构物的安全，不仅有利于降低开发成本，提高投资效益，更有利于避免资源和财力的浪费，产生良好的社会效益，因此意义重大。

9.1.4 海洋石油装备检测的一般步骤

海洋石油装备检测一般为五个步骤：

(1)全面完整地收集设计、建造、安装的原始资料和使用过程中的维修保养记录，对所收集的资料进行整理、分析、处理和评估；

(2)完成资料收集的基础上，依据法律、规范、技术标准，参照国际惯例和检测经验，编制中长期检测计划；

(3)根据中长期检测计划制定可行的检测方案，执行现场检测；

(4)对检测结果进行分析；

(5)根据检测数据对海洋石油装备进行评估，提出合理的维修方案，并在当年检测结果基础上，修改下年度检测计划及调整中长期检测计划，形成完善的、周期性的检测系统。

9.2 海洋平台检测技术

9.2.1 海洋平台检测的主要内容

依据《海上固定平台安全规则》，平台结构检测分为年度检测和定期检测。

1. 平台结构年度检测内容

(1)外观目检水面以上的全部结构，应特别注意平台飞溅区腐蚀及船舶、漂浮物对结构意外碰撞造成的损坏。必要时，对局部构件采用无损探伤方法进行检测。

(2)检查平台结构的重要受力节点，尤其是应力集中的部位。必要时应进行无损探伤，发现裂缝必须立即修复。对于非焊接形式连接的松弛、疲劳、脆断等损坏应采取合适的方法予以修复。

(3)检查可能影响平台结构完整性的结构和载荷变化情况。

(4)检查甲板、通道、梯道的栏杆、踏板等安全设施。

(5)检查连接平台群的栈桥结构及其保护栏杆。

(6)检查平台结构、设备、管道涂层的完好情况，尤其是平台下部结构飞溅区和潮差带的涂层完好情况。

(7)采用外加电流系统进行保护时，应检查电源设备与平台的电连接状况，检测电流和电位。

(8)牺牲阳极检测，采用牺牲阳极进行阴极保护时，牺牲阳极水下检测应根据其设计寿命确定。

2. 平台结构定期检测内容

定期检测不仅包括年度检测项目，还应进行下列各项检测和试验，检测项目中涉及的功能试验、模拟功能试验、演习和压力试验应由发证检测机构或检验机构和平台作业者根据平台实际条件确定可行的试验方案。主要检测项目包括：

(1)结构整体的状况；

(2)裂纹和疲劳损伤检测；

(3)海底状况(地基冲刷、穿刺等情况)；

(4)船舶或其他原因产生的损伤；

(5)海洋环境腐蚀和牺牲阳极水下检查以及外加电流阴极保护系统的有效性；

(6)设备管道内部、外部腐蚀状况。

检测的内容包括构件的机械性损伤、节点开裂、腐蚀与防护系统、海生物附着、海底基础冲刷与淤泥以及结构的振动特性等。

对平台结构进行全面的检测(包括直升机甲板结构)。应特别注意飞溅区内船舶或漂浮物对结构碰撞引起的损伤、因腐蚀引起的损坏、重大改造的部位以及历次检测时所发现的损坏修理部位。

对水下结构，包括导管架、隔水套管、立管和立管卡以及靠船构件和登船平台等，采用水下录像或其他适宜的手段进行一般性的水下检测；对有代表性的区域，例如高应力节点、高应力杆件区域、低疲劳寿命节点区域以及发生过损坏修理的区域，或做过改装、改造的区域以及飞溅区等进行重点检查；检测前对这些重点区域进行表面清洁，主要检测有无明显的腐蚀、机械损坏和变形等；此外，在检测时还应该注意在以往的检测中发现的异常区域。

9.2.2 海洋平台检测分类和顺序

1. 结构检测技术

海上结构检测技术可分为软件技术和操作技术。软件技术包括：对原始资料的收集整理、对结构现状的分析评估、检测计划的编制、结构装备重要程度辨别、检测种类与检测顺序、检测技术评估与结果再分析。操作技术包括：水上结构外观检查、无损探伤检测和水下结构检测技术。

外观检查是各类检查中最基本也是最重要的检查。一般性外观检查是目视观测。近观详细检查要借助测量工具、照明灯光，必要时要打磨清理，并随时做好检查记录。外观检查的主要项目有：构件机械性损伤、构件变形、焊接部位、结构底部、腐蚀与牺牲阳极、海生物附着等。无损探伤主要是进行磁粉探伤、阵列交流电磁场检测(ACFM)探伤、超声波探伤、着色探伤、腐蚀电位测量和壁厚测量。水下检测要由具有资格的潜水员借助水下录像系统和专门的检测仪器来完成。检测的难点和重点关键在水下结构部位。在水质能见度差的情况下需要潜水员的触摸来确定结构的完好性。

在对一座海洋平台进行检测之前，首先要对原始资料和结构装备的记录进行收集整理。经过分析对结构装备做出基本评估，即原始结构是否存在隐患？服役状况如何？哪些地方可能发生问题？发生问题的后果如何？应采取哪些相应措施？以便再作检测计划时具有针对性，同时也作为积累检测数据的基础。

2. 结构检测分级和检测顺序

API标准(American Petroleum Institute，美国石油学会)将平台结构检测分为Ⅰ、Ⅱ、Ⅲ、Ⅳ四个等级。

(1)Ⅰ类检测

Ⅰ类检测是一般性外观检查，通常不需要对被检查的物体进行清理。主要是通过目测或水下录像进行外观上的检查。

Ⅰ类检测多用于水下检查，由潜水员携带水下录像机，对水下结构进行一般性外观检查，以了解构件的损伤、损坏、杆件的变形或脱落、腐蚀情况、海生物附着、阳极块、桩腿周围的基础冲刷情况等。

潜水员要在行走的过程中随时报告线路、方位及发现问题的情况，对重要发现要在水下做好记录。潜水员出水后要立即同记录人员核对，以便及时纠正错误的信息，并在24h内完成检测记录。

(2)Ⅱ类检测

Ⅱ类检测是详细的外观检查，检测的部位可根据检测计划中规定的项目进行。Ⅱ类检测既要考虑结构的横向比较，又要有历年累积比较，同时也要安排检测Ⅰ类检测中发现问题的部位。做Ⅱ类检测需要进行相应的打磨处理，并且要测量损坏或缺陷的形状和尺寸，作出定性判断和定量描述。

①机械性损伤检查

Ⅱ类机械性损伤检查是针对Ⅰ类检测中发现的有机械性损伤杆件、节点进行测量记录。节点的选择一般是有针对性的，检查中发现局部的小凹陷、小变形等要详细地描述清楚，必要时做相应的处理。对于损伤严重的杆件或节点，需附加照片或录像说明。对于承受高应力以及容易损伤的杆件要着重检查。

②结构腐蚀检查

水下结构腐蚀检测包括Ⅰ类检测中发现的重点腐蚀部位，检测计划中规定的测量部位。测点的选择要有代表性、类别性和规律性。

腐蚀检查分为一般性腐蚀和斑点性腐蚀两种检查方法。对于一般性腐蚀的检查，在发现大面积锈蚀的部位要测厚和加密测点，以确定腐蚀的减少量、剩余量及结构受保护的程度。对于严重的斑点性腐蚀，除现场测量小孔的深度、直径、分布率外，还要用印模的方法对斑点腐蚀做进一步室内检查测量，确保数据准确。

③海生物检查

Ⅱ类海生物检查要区别硬质和软质的比率，确定海生物的厚度、面积范围、覆盖率，分辨海生物的性质及确定海生物的类型。硬质海生物的测量要选择离焊道50cm以外的部位，测量的面积为50cm×50cm，用测量工具直接测量。对软质海生物的厚度测量则要在顶流的部位或潜水员用手轻轻地按下去使海生物贴在构件上进行测量。Ⅱ类海生物检查要在结构清理前测量。测点选择要在历年相同的位置，以便比较和评估。对拍照的部位要做好标识，例如结构名称、方位、测点编号、检查日期等都要写在牌子上连同海生物一起拍照，以防混淆。

④牺牲阳极块的检查

Ⅱ类阳极块的检查数量及位置是由Ⅰ类检测结果和检测计划中选择的块数及位置确定。牺牲阳极块的详细检查主要是为了了解阳极块的工作情况是否正常。其内容主要包括：

a. 阳极块是否仍然完好地固定在结构上，阳极有无破碎、脱落，固定阳极块的支架是否完好；

b. 测量阳极块的剩余周长和长度，确定阳极块消耗情况(每个阳极块选两端和中间共三个测点)；

c. 阳极块外观检查，确定腐蚀范围、白色覆盖程度及点状腐蚀深度；

d. 对于损坏严重的阳极需照片说明。

⑤基础冲刷检查

对水下结构的基础部分，如桩腿周围基础、底层水平拉筋、隔水套管等部位都要进行基础情况检查，确定冲刷、淤积及其速率。Ⅱ类基础冲刷检查的内容包括：

a. 导管架底层水平杆件的悬空和淤泥情况；

b. 桩腿周围冲刷、淤泥的深度和扩展范围；

c. 海床在冲刷、淤泥处的土质情况说明；

d. 结构外围的冲刷、淤泥及掉落或沉淀物的情况。

⑥电位测量

电位测量是一种用来检查水下结构腐蚀保护程度的简单方法。通过电位读数可以证实结构的保护是否满足设计要求。需要做电位测量的部位有：

a. 检测计划中规定的有代表性的杆件、节点和阳极块；

b. 水下结构腐蚀严重的地方；

c. 局部冲刷的杆件、桩腿以及被掉落积压的部分；

d. 消耗异常的阳极及附近结构。

⑦杆件、靠船件、潮差带的检查

选择一定比例的杆件做Ⅱ类详细检查。为了了解杆件的变化情况，如腐蚀的影响、海生物的生长，需要进行尺寸测量以及壁厚测量。检查时要做表面清理，随时做记录和进行草图描述，必要时附照片。Ⅱ类检测报告主要是潜水员的水下记录。

检查靠船件及连接结构主要是检查靠船件的橡胶体是否损坏和损坏数量，发现撕裂、破碎、掉落等情况要报告清楚；检查固定螺丝、轴杆、固定卡箍等的牢固性，包括腐蚀、海生物、损伤等情况也必须报告清楚。

潮差带检查主要是对桩腿结构的检查，包括船的撞击、海上漂浮物以及掉落伤害，要认真检查和详细记录。

⑧海管立管检查

a. 机械损伤：外观检查凹痕、裂纹、断裂、变形、涂层损坏和其他缺陷。

b. 腐蚀检查：外观检查腐蚀和涂层情况，检查焊缝和弯曲部位，进行测厚。

c. 电位测量：对管壁、阳极、法兰和涂层损坏区进行电位测量。

d. 阳极检查：对阳极的总体情况、白色覆盖物、阳极消耗率、损伤情况、破裂情况等进行检查。

e. 海生物：检查立管上海生物的类型、厚度和覆盖率等。

f. 管子轴向和侧向位置：测量立管轴向和侧向到结构的距离，并对测点进行记录。

g. 立管支撑：检查立管卡子，螺栓的松紧程度，螺栓有无脱落情况等。同时对立管在海床的支撑情况进行检查。

h. 管道入口壁厚的测量：对腐蚀比较严重的立管入口部位选择测量。

i. 现场连接处接口 MPI 探伤。

(3) Ⅲ类检测

Ⅲ类检测在结构方面主要是针对焊接部位的裂纹检测。测点的设计主要是根据对结构部位的受力分析结果和实际使用情况来确定。探伤检查时，探伤人员要按程序操作，操作人员所使用的仪器设备都要有资质或合格证书，以保证测量精度和取得可靠的检查结果。对怀疑有问题的部位要清理打磨、拍照，潜水员的作业过程也需有必要的录像。常用的无损检测(NDT)方法有磁粉探伤(MPI)及 ACFM 探伤。

(4) Ⅳ类检测

Ⅳ类检测包括对预选区的检测和根据Ⅲ类检测的结果，对已知或怀疑损坏的区域进行水下无损测试。Ⅳ类检测还包括对损坏部件的详细检查和测量。

(5) 检测顺序

①做Ⅰ类外观检查以确定结构的整体情况。

②根据Ⅰ类检测评估结果，决定是否增加检测内容，并按计划项目做Ⅱ类检测。

③评估Ⅱ类检测结果，必要时补做和调整Ⅱ类测点，并完成Ⅲ类检测项目。

④评估Ⅲ类检测结果，以确定是否还要增加新的检查内容或改变检查方法。

9.2.3 海洋平台结构检测方法

结构检测方法大体可以分为有损伤检测和无损检测。

有损检测会造成结构的局部破坏，该方法在实际应用中受到了很大的限制。

相对于有损伤检测，无损检测方法具有简便易行、测试效率高等优点，在结构损伤检测中得到了广泛的应用。目前有多种无损检测方法，如目测法、射线检测、超声波法、声发射法、红外线热像法、渗透法、电位法、涡流检测法、交流电位降法、交流电磁场测量法、光测法、磁粉探伤等检测方法，这些方法都属于无损伤检测方法。海洋平台水下结构检测较弱的视觉条件以及海生物的覆盖等因素，限制了局部损伤检测方法的应用。

根据 DNV、API 和 CCS 等制定的规范标准要求，目前海洋平台结构的检测主要是局限于局部损伤检测。检测技术一般包括以下两类：目测和无损探伤检测。

1. 目测(外观检查)

外观检查是各类检查中最基本、最重要的检查。一般性外观检查是目视观测，在 API 标准中磁粉和渗透检测技术被看作是改进了的目测。近观详细检查要借助测量工具、照明灯光，必要时要打磨清理，并随时做好检查记录。水下结构外观检测是由具有检查资质的潜水员携带水下摄像机完成的。在水质能见度差的情况下还要靠潜水员的触摸来确定结构的完好性；在深水或作业危险的情况下要用 ROV 进行外观检查。检查的项目包括：构件机械性损伤、构件变形、焊接部位、结构细部、腐蚀与牺牲阳极、海生物、海底基础等。每个检查项目都要按一定的格式记录数据和填写报告。

CCS、ABS、DNV 和 API 等制定的海洋平台检查规程(规范)中，目测是一种重要的检测方法，包括外观检查、摄影、录像、测厚等。目测具有直观可靠的特点，普通的目视检测，其目的是发现明显的表面损伤，但是对于表面微观缺陷和内部缺陷却无能为力。

2. 无损探伤检测

无损探伤必须由持证的探伤人员完成。无损探伤是一门不断发展的新技术，目前有 X 射线探伤、γ 射线探伤、超声波(UT)检测、磁粉探伤(MPI)、着色(PT)、涡流探伤、腐蚀电位测量等。另外，一些无损检测新技术的出现，如磁致伸缩的超声导波检测法、磁膜检测、漏磁检测、红外热像检测、声发射检测技术和金属磁记忆检测技术等，丰富了无损检测技术。ACFM 探伤设备(涡流电磁探伤仪)已经在水下结构检测中得到了应用。DNV、ABS、BV 等对 ACFM 检测方法认证时，确认了 ACFM 用于海洋石油工程结构的检查是目前水下结构检测的重要方法。

采用磁致伸缩导波检测技术对导管架平台进行全面测试时，重点部位用交流电磁场检测(ACFM)、电场特征检测法(FSM)、水下检测成像技术和其他无损检测技术相结合的综合测试方法。

(1)射线检测(RT - Radiographic Testing)

射线照相法是指用 X 射线或 γ 射线穿透试件，由于射线衰减而在有缺陷的部位和无缺陷的部位射线的穿过量不同，从而在胶片上留下影像以区分不同缺陷，如图 9 - 1 所示。

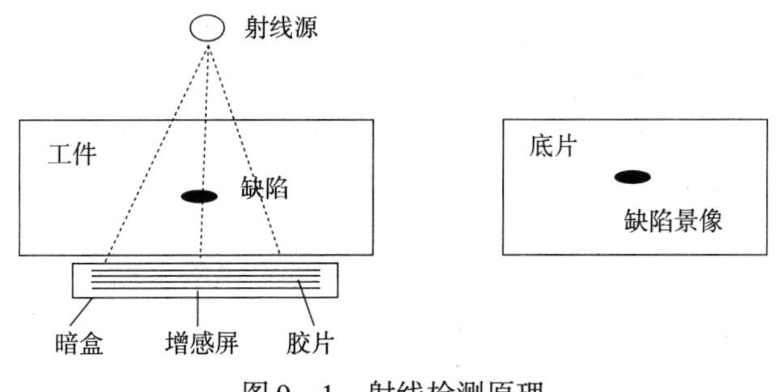

图 9 - 1　射线检测原理

射线探伤有利于检验出夹渣、气孔等体积形缺陷，对平行于射线方向的开口性缺陷有检出能力。射线探伤的主要特点如下：

①图片上有完好部位与缺陷部位的黑度差形成的缺陷平面投影图像，一般无法测量缺陷的深度；

②基本不受焊缝厚度限制；

③要求焊缝双面靠近，检测成本高，时间长；

④对操作人员有射线损伤，用于水下结构检测困难，费用相对较高。

20 世纪 80 年代中后期，射线数字化实时成像无损检测技术得到了发展。X 射线数字成像方法与 X 射线胶片照相方法基本原理相同，胶片照相方法是 X 射线穿透工件，部分射线能量被材料吸收，其余的射线能量穿过工件后使胶片感光，在底片上产生黑度差异的影像，从而达到检测目的。X 射线数字成像方法同样是 X 射线穿透工件，部分能量被材料吸收，其余的射线能量则经图像增强器转换为可见图像，经计算处理后，在显示器屏幕上观察检测结果。

X 射线数字成像方法与 X 射线胶片照相方法在表现形式上有所不同，如表 9－1 所示。

表 9－1　X 射线数字成像方法与 X 射线胶片照相方法不同点

内容	X 射线胶片照相方法	X 射线数字成像方法
检测的载体不同	胶片	计算机
检测结果的显示媒体不同	底片	计算机
检测影像(图像)大小不同	与实物大小相同	放大了检测图像
曝光方式不同	间断	连续
检测时间不同	不少于 3min	仅需几秒钟
图像处理方法不同	需要暗室处理	不需要

水下射线检测(UWRT)是采用射线源放在气相空间中，胶片放在水中的方法。在 UWRT 应用中，必须妥善解决四个问题：确定安放的气相空间之外的胶片与射线源的相对位置；装有射线胶片暗袋的密封和固定；降低海水的背散射线对射线照相质量的影响；UWRT 人员的安全防护。

由于海洋工程结构件的形状一般比较复杂，尺寸也较大(如 T、K、Y 管节点)，用射线照相法往往难以得到较满意的图像质量，因此，水下射线检测方法目前用得较少。

(2)超声波检测(UT－Ultrasonic Testing)

超声波是超声振动在介质中的传播，其实质是以波动形式在弹性介质中传播的机械振动。超声检测是使超声波与被检测工件相互作用，根据超声波的反射、投射和散射的行为，对被检工件进行缺陷检测、几何特性测量、组织结构和力学性能变化的检测和表征，进而对其应用性进行检测的一种无损检测技术，是应用广泛的一种无损检测方法。超声波检测原理如图 9－2 所示。

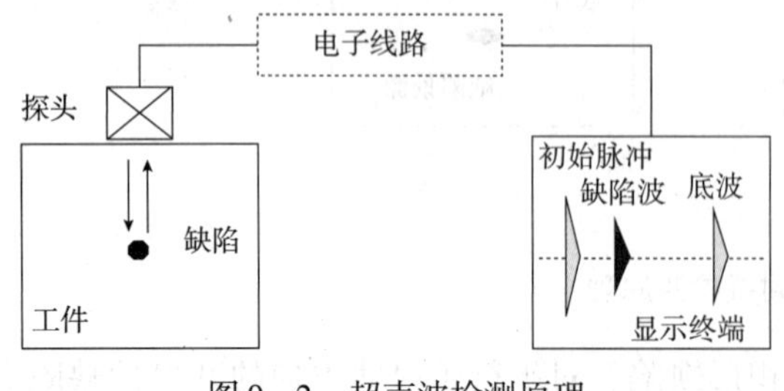

图 9－2　超声波检测原理

超声波用于无损检测诊断，主要优点如下：

①适用范围广，无论是金属、非金属，还是复合材料都可以采用超声波进行无损检测；

②检测过程不影响工件的正常使用，所施加的作用应力远远低于弹性极限；

③超声波对确定内部缺陷的大小、位置、取向、深度等参数更有优势；

④只需要从一侧接近被测工件，便于形状复杂工件的检测；

⑤更为环保及安全；

⑥设备轻便，适合现场检测；

⑦参数设置及波形均可以存储，便于调用。

超声检测诊断技术是无损检测中应用最为广泛的方法之一，适用于各种尺寸的锻件、轧制件、焊缝和某些铸件。无论是有色金属还是非金属，都可以采用超声法进行检测，包括各种机械零件、结构件、电站设备、船体、锅炉、压力容器、化工容器、非金属材料等。用超声波可以无损检测厚度、材料硬度、淬硬层深度、晶粒度、液位和流量、残余应力和胶结强度等。

超声检测法是一种接触式单点检测方法，测量壁厚精度较高，但检测效率低。近 10 年来，由于电子技术及压电陶瓷材料的发展，使超声检测技术得到了快速的发展。超声检测方法出现了以电磁超声和激光超声为代表的新检测技术，并将小波变换方法应用于超声波检测的信号处理，大大提高了检测效果。电磁超声技术在工业无损检测中已有较多的应用并取得了较好的效果。激光超声技术由于设备庞大、发射和接收灵敏度受到一定限制，而未应用于实际工程领域。

(3)磁粉检测(MT – Magnetic – particle Testing)

磁粉检测是利用物理学上的磁化原理，即磁化材料进行检测，例如钢铁等被磁化后，在不连续区域会产生漏磁现象，这时在该区域放置小的磁粒，会沿着漏磁区域分布，从而使不连续区域能够被显示出来，原理如图 9 – 3 所示。

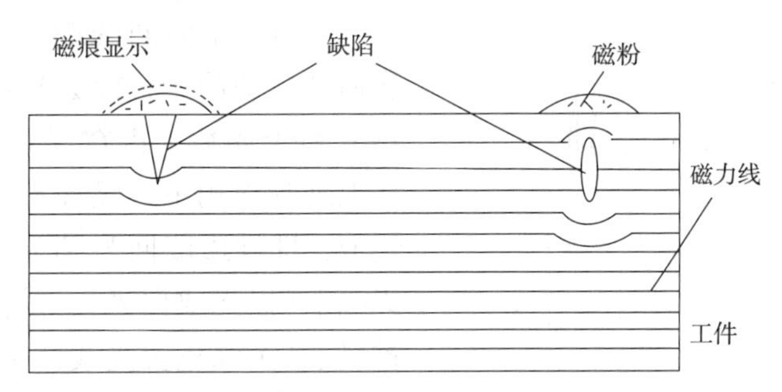

图 9 – 3　磁粉检测原理

根据选用的磁粉探伤仪器的不同，磁粉检测可以分为线圈、磁轭和探针三种方法。磁粉检测可用来检测材料表面和近表面的缺陷。

①磁粉检测的使用范围：

a. 未加工的原材料(钢坯)、半成品、成品及在役或使用过的工件；

b. 管材、棒材、板材、型材和锻钢件及焊接件；

c. 被检测的表面和近表面的尺寸很小、间隙极窄的铁磁性材料；

d. 可用于检测马氏体不锈钢和沉淀硬化不锈钢材料，但不适用于检测奥氏体不锈钢焊条焊接的焊缝，也不适用于检测铜、铝、镁、钛合金等非磁性材料；

e. 可用于检测工作表面和近表面的裂纹、白点、发纹、折叠、疏松、冷隔、气孔和夹杂等缺陷，但不适用检测工件表面浅而宽的划痕、针孔状缺陷、埋藏较深的内部缺陷和延伸方向与磁力线方向夹角小于20°的缺陷。

②磁粉检测优点：

a. 对于铁磁性材料，其表面和近表面的开口和不开口的缺陷都可以检测；

b. 检测灵敏度较高，检测精度达到微米级；

c. 直观显示缺陷的大小、位置、形状和严重程度，并大致确定缺陷性质；

d. 检测结果重复性好；

e. 单个工件检测速度快，工艺简单，成本低，污染小；

f. 综合使用多种磁化方法，可以检测出工件各个方向的缺陷，几乎不受工件大小和几何形状的影响；

g. 利用磁粉探伤——橡胶铸型法，可间断检测小孔内壁早期疲劳裂纹的产生和扩展速率。

③磁粉检测的局限性：

a. 只能检测铁磁性材料及其表面、近表面缺陷；

b. 单一的磁化方法检测受工件几何形状影响(如键槽)，会产生非相关显示；

c. 通电法和触头法磁化时，易产生打火烧伤。

磁粉检测是五种常用的无损检测方法之一，在DNV、ABS和API标准中，将磁粉检测列为一种特殊的外观检测方法。

(4)渗透检测

渗透探伤是以毛细管作用原理为基础的检查表面开口缺陷的一种常规的无损检测方法。其工作原理是零件表面被施加含有荧光染料或者着色染料的渗透液后，在毛细管作用下，经过一定时间的渗透，渗透液可以渗进表面开口缺陷中，经去掉零件表面多余的渗透液和干燥后，再在零件表面施加显像剂，在毛细管作用下，显像剂将吸引缺陷中的渗透液，即渗透液回渗到显像剂中，在一定的光源下(黑光或白光)，缺陷处的渗透液痕迹被显示(黄绿色荧光或红色)，从而探测出缺陷的形貌及分布状态，工作原理如图9－4所示。

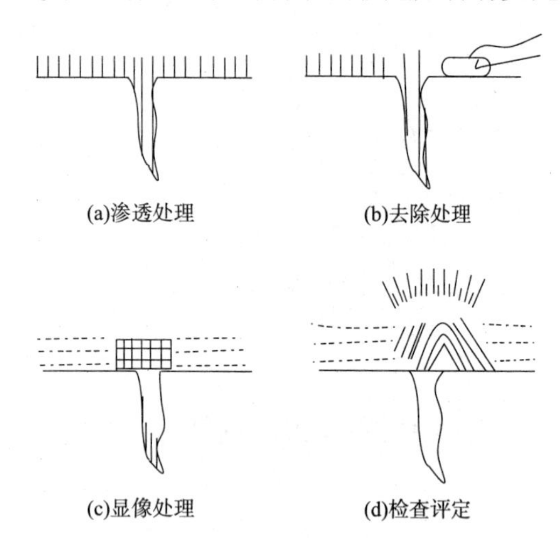

图9－4　渗透检测原理

根据渗透液中所含染料的成分，渗透检测可分为着色法、荧光法和荧光着色法。着色法是渗透液中含有红色染料，在白光或日光下对缺陷进行观察的检测方法；荧光法是渗透液中含有荧光染料，在紫外线的照射下观察缺陷处有黄绿色荧光显示的方法；荧光着色法兼备荧光和着色两种方法的特点，即缺陷的显示图像在白光下显色，而在紫外线的照射下又能激发出荧光。

渗透检测操作简单、方便，但只能检测表面开口缺陷，溶剂对人有一定影响。渗透检测技术是平台结构检测常用方法之一，用来检测平台水上结构表面裂纹。

(5)涡流检测(Eddy - current Testing，简称 ET)

利用电磁感应原理，通过测定被检工件内感应涡流的变化评定导电材料及其工件的某些性能，或发现缺陷的无损检测方法，称为涡流检测，检测原理如图 9 - 5 所示。

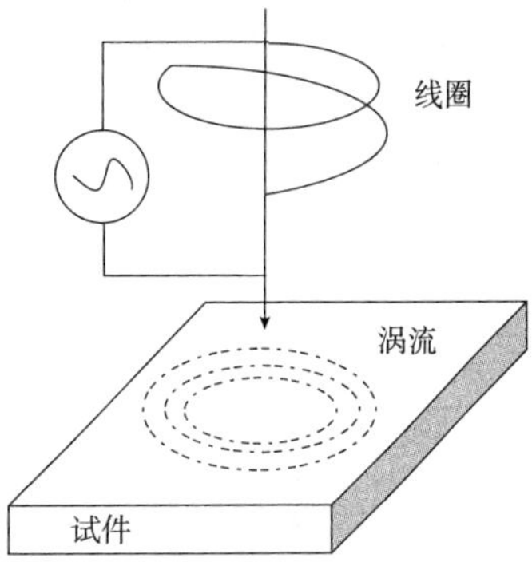

图 9 - 5　涡流检测原理

涡流检测是以电磁感应原理为基础，只能用于导电材料的检测，对管、棒和线材等型材有很高的检测效率。

①涡流检测的优点：

a. 检测时，线圈不需要接触工件，也不需要耦合介质，所以检测速度快；

b. 对工件表面或近表面的缺陷，检出灵敏度高，且在一定的范围内具有良好的线性指示，可用作质量管理与控制；

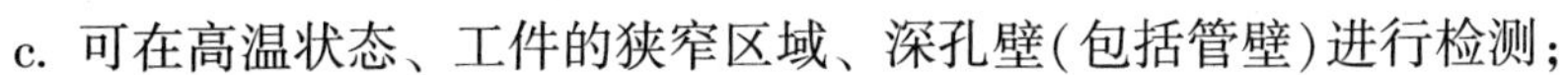

c. 可在高温状态、工件的狭窄区域、深孔壁(包括管壁)进行检测；

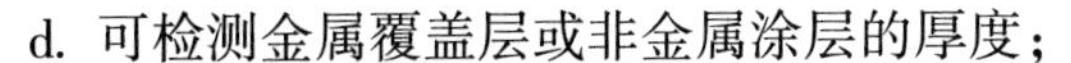

d. 可检测金属覆盖层或非金属涂层的厚度；

e. 可检测能感应涡流的非金属材料，如石墨；

f. 检测信号为电信号，可进行数字化处理，便于存储、再现及进行数据比较与分析。

②涡流检测的缺点：

a. 对象必须是导电材料，只适用于检测金属表面缺陷；

b. 检测深度与检测灵敏度是互相矛盾的，对一种材料进行 ET 时，需根据材质、表面状态、检验标准作综合考虑，确定检测方案与技术参数；

c. 采用穿过式线圈进行 ET 时，对缺陷所处圆周上的具体位置无法判定；

d. 旋转探头式 ET 可定位，但检测速度慢。

近几年，阵列涡流检测技术和脉冲涡流检测技术得到了充分的研究，提高了涡流检测的效率和检测精度，在工业中得到应用。脉冲涡流用于定量检测带有绝缘层的管道、容器、热交换器、储油罐壁及飞机机身多层合金复合板内的腐蚀缺陷，并可对金属工件的表面和近表面裂纹缺陷的大小和深度进行定量分析。

脉冲涡流可透过任意非导电层对金属工件进行测厚，非导电层有绝缘体、涂层、油漆、混凝土、沥青、结垢、矿泥等。非导电层的厚度最大可达 200mm，可检测的钢管厚度最大可达 30mm。由于脉冲涡流可在复杂的环境条件下进行测厚工作，应用于炼油厂、化工厂、海上钻井平台中的表面带有涂层、隔热层、隔层(如铝、不锈钢、镀铝钢等)或被测表面粗糙、有结垢的管道进行壁厚腐蚀减薄的在役检测工作。

渗透检测、磁粉检测及涡流检测三种表面检测技术比较如表 9 - 2 所示。

表 9 - 2　渗透检测、磁粉检测、涡流检测技术比较

内容	渗透检测(PT)	磁粉检测(MT)	涡流检测(ET)
检测原理	毛细管现象	磁力作用	电磁感应作用
主要作用	缺陷检测	缺陷检测	缺陷检测、测厚、材料分选
检测范围	任何非疏松孔性材料	铁磁性材料	导电材料
检出缺陷	表面开口缺陷	表面及近表面缺陷	表面及表层缺陷

续表

内容	渗透检测(PT)	磁粉检测(MT)	涡流检测(ET)
缺陷显示方式	渗透液回渗	缺陷处产生漏磁场有磁粉吸收	检测线圈的电压相位变化
缺陷性质判定	基本可判定	基本可判定	难判定
缺陷定量评价	缺陷大小、色深随时间变化	不受时间影响	不受时间影响
显示器材	显像剂、渗透液	磁粉	记录仪、示波器
灵敏度	高	高	较低
检测速度	慢	快	很快，可实现自动化
缺陷方向对检出概率的影响	不受缺陷方法影响	受缺陷方向影响，易检出垂直磁力线方向的缺陷	受缺陷方向影响，易检出垂直涡流方向的缺陷
表面粗糙对检出概率的影响	表面越粗糙，检出概率越低	受影响，但比渗透检测小	受影响大
污染情况	高	高	高

(6)电位检测

腐蚀可导致海洋平台结构部件壁厚减薄，甚至导致构件腐蚀穿孔，严重影响了结构的安全。腐蚀分类较多，常见有电化学腐蚀、应力腐蚀、腐蚀疲劳、缝隙腐蚀和浓差电池腐蚀，除此之外，还有摩擦腐蚀、生物腐蚀以及冲刷腐蚀等。在各种腐蚀形式中，与水下电位测量关系最大的是电化学腐蚀、孔蚀和缝隙腐蚀。

电位检测主要是用来测量牺牲阳极的保护电位和阴极保护系统的结构保护电位，以评价平台阴极保护系统的有效性。按照 API 标准要求，阴极保护系统正常运行之后，应当每年对阴极保护系统进行检验，测量平台的电位。测量电位时在水深方向和水平层面上都应当有足够的测量点，以进行综合评价。测电位采用的电位仪有两种：一种是水面上采用电压表读数；另一种为水下潜水员读数。

水下电位测量，作为独立的 UWVT 手段，是通过测量出不同部位的电位数值，评价海洋工程结构件的腐蚀状况、防腐系统的性能及保护效果，为下一步采取必要的修理和维护提供科学的依据。DNV TNA802 和 TNA705 规范中对电位检测作出了要求和规范。

测量平台的保护电位以评定阴极保护效果是海洋平台检测的重要检测内容之一。利用潜水员或水下 ROV 进行测量，测量时需要对结构电位和阳极电位进行测量。钢结构正常保护电位如表 9－3 所示，采用 Ag/AgCl 参比电极的保护电位如表 9－4 所示。对于测得的电位值，当负小于上限值时，钢为欠保护；当电位极化至负大于其下限值时，为过保护。对于阳极，当采用 Ag/AgCl 参比电极进行测量时，因阳极成分和环境的不同，其保护电位有所不同。

表 9－3　钢结构正常保护电位

条件		参比电极/V		
		$Cu/CuSO_4$	Ag/AgCl	Zn
含氧环境下钢材如在海水中	上限值	－0.85	－0.80	＋0.25
	下限值	－1.10	－1.05	＋0.00

续表

条件		参比电极/V		
		$Cu/CuSO_4$	Ag/AgCl	Zn
缺氧环境下钢材如在海泥中	上限值	-0.95	-0.90	+0.15
	下限值	-1.10	-1.05	+0.00
高强度钢材 $\sigma_s \leq 700MPa$	上限值	-0.85	-0.80	+0.25
	下限值	-1.00	-0.95	+0.10

表 9-4　采用 Ag/AgCl 参比电极时的保护电位

阴极合金	环境	Ag/AgCl 参比电极/V
Al-Zn-Hg	海水(5~30℃)	-1.00~-1.05
Al-Zn-In	海水(5~30℃)	-1.05~-1.10
Zn	海水	-1.00~-1.05

(7)交流电磁场检测方法

交流电磁场检测(ACFM-Alternating Current Field Measurement)技术是 1980 年由英国 TSC 公司发明的无损探伤技术，ACFM 是从交流电位降和涡流检测方法发展而来的一种新兴的无损检测技术。在 20 世纪 80 年代后期，ACFM 技术首先被用于水下结构关键部位焊缝质量的检验以及有表面涂层金属结构的检验，1997 年巴西国家石油公司将 ACFM 技术用于海上石油平台的结构检验。随着对其不用去除涂层而实现表面疲劳裂纹检测的价值认可及该技术进一步发展和成熟，开始被广泛地应用到石化、核工业、钢铁工业、铁路、土木工程、航空航天等领域中。ACFM 技术原理是在工件中感应出均匀的交变电流，检测工件表面磁场的变化，从而实现缺陷的评定；主要是利用电磁场在不需要直接接触样本表面的状况下可找出表面裂纹的长度及深度。该技术具有非接触检测、定性定量检测一次完成等特点。ACFM 检测时，在工件中通以交变电流，若金属中有裂缝出现时，金属表面磁场便会产生变异，仪器探头迅速将检出信号输到计算机分析，经软件运算后，可将裂缝的准确位置、长度及深度显示出来。

ACFM 目前有三种可视化的方式：时基扫描图、蝶形图和等值线彩色图。等值线彩色图适用于阵列型探头，将微探头检测到的数据以对应的颜色在屏幕上显示出来，此时图形中的分辨率与阵列的密度有关。

ACFM 技术有如下优点：操作简单快捷，具有高经济效益，能穿透金属及非金属涂层，检测时无需打磨；提供多种类型探头，可针对不同几何形状结构的对象进行检测，精度高；具有高稳定性及高解像度，能准确检测出裂缝的长度及深度；探头的设计可使信号对材料磁导率和探头与工件间距离变化不敏感；软件设计在视图环境下操作，可立刻计算出裂缝的深度、长度。ACFM 对于垂直于扫描方向的裂纹是无法检测出来的，在垂直裂纹方向的情况下，须将探头旋转 90°扫描。

ACFM 检测技术与涡流检测、磁粉检测和渗透检测技术的对比如表 9-5 和表 9-6 所示。ACFM 检测技术在海洋结构检测中广泛应用，ABS、DNV、BV 等船级社都将其列入海洋石油平台结构检验标准规范中。

表9－5　电磁技术的比较

特点	ACFM	涡流
裂缝深度判定	可行	无
校正	对含铁金属不需要校正	需要
裂缝深度测定	可行	非常有限
最大深度	30mm	5mm
裂缝位置	可测	可测
涂层穿透能力	有	无
高度清洁被测表面	不需要	需要
结合电脑操作	需要	不需要
操作技术需要	中高度	高度
数据记录	有	无
探头离开被测物时信号变异	小	大
检测转折位置的能力	强	不适用
使用并列探头	可能	无

表9－6　ACFM与MT磁粉技术及PT渗染技术的比较

特性	ACFM	MT/PT
裂缝深度	有	无
数据记录	有	无
涂层穿透能力	有	无
分辨刮纹	可以	无

(8)水下结构检测

水下结构检测包括水下目测(成像)和其他水下无损检测方法。在浅海，一般采用蛙人进行水下检测；在深海，一般采用ROV进行水下检测。ROV不仅提高了工作效率、扩展了工作范围，还保证了人员安全，正逐渐取代蛙人成为最主要的水下检测设备。ROV系统是由水下潜器(TMS)、脐带缆、收放系统(包括A吊、绞车等)、控制系统和动力系统组成。

综上所述，对于海洋平台结构水上部分主要采用目测、磁粉、渗透和超声测厚及超声探伤等方法进行检测；而对于海洋平台结构水下部分主要采用目测(潜水员探摸和摄影)、电位测量和ACFM等进行检测。

3. 振动测试

为了解决整个结构特别是大型复杂结构的损伤诊断问题，在多学科交叉渗透研究成果基础上出现了许多全局损伤诊断技术。对于工程结构，全局检测技术可分为静态检测方法和动态检测方法两种。静态检测方法是对结构进行静态试验，测量与结构性能相关的静力参数，这种结构损伤检测技术从结构的症状入手进行分析，结构症状由采集的信号分析得到。动态检测是基于振动测试数据分析和识别结构损伤的一种新型检测方法。结构损伤识别多年来一直是工程界关注的课题，特别是近 10 年，国内外学者不断在寻找一种能适用于复杂结构的整体损伤评估方法。目前，结合系统识别、振动理论、振动测试技术、信号采集与分析等跨学科的试验模态分析法(或基于振动分析的损伤识别方法)是普遍认同的一种有前途的方法。该方法在发达国家已被广泛应用于航空、航天、精密机床等领域的故障诊断、荷载识别和动力学修改等问题中。基于振动信号数据分析的损伤识别方法基本思想为：模态参数(固有频率、振型、模态阻尼等)是结构的物理参数(质量、刚度、阻尼等)的函数；当结构出现损伤时，模态参数就会发生相应的变化；通过对模态参数的变化分析，识别损伤的位置及损伤程度；最后进一步预测结构的剩余寿命或指导结构安全管理。

国内对结构损伤识别问题也开展了大量的研究工作，从采用的数据来看可分为静态测试数据和动态测试数据。静态测试数据是指结构在静载荷下的响应，如位移、应变等参数；动态测试数据是结构的固有频率、振型等模态参数。比较而言，目前，国内在利用静态测试数据进行结构损伤识别方面开展的工作较少，而利用动态测试数据或将静态测试数据与动态测试数据结合起来进行损伤识别的较多。

模型修正方法主要用试验结构的振动响应记录与原模型计算结构进行综合比较，利用直接或间接测试的模态参数、加速度时程记录、频率响应函数等，通过条件优化约束，不断修正模型刚度分布，从而得到结构刚度变化的信息，实现结构的损伤识别。

振动测试技术在桥梁结构、建筑钢结构等检测中得到了较多应用。海洋平台结构振动测试也进行了较多的研究，在国内外平台结构损伤和安全评估中也得到了较多的应用。

9.3 起重设备检测技术

9.3.1 起重设备

1. 起重设备基本形式

海上起重设备一般指在海洋平台上使用的起重机，是一种海洋平台装卸货物和吊运人员到平台的设备，是海洋石油生产中最重要的生产和安全设备之一。

海上起重设备分类：

(1)轻小型起重设备：千斤顶、手拉葫芦及电动葫芦。

(2)桥式类型起重设备：梁式起重机。

(3)臂架式起重设备：固定式旋转起重机。

2. 吊机形式及主要参数

(1)吊机形式

吊机根据传动方式不同可分为机械传动、电力传动和液压传动三类；根据吊臂形式不同可分为桁架式和箱形臂式；根据变幅方式不同可分为液压缸变幅和钢丝绳变幅。

目前吊机大部分采用液压传动，一般以柴油机或以外接交流电带动交流电动机为动力(主要根据平台具体情况)，带动液压泵，再由液压泵带动液压马达来驱动上升、变幅、旋转机构。

(2)吊机类型

根据 API Spec2C——2012(Specification for Offshore Pedestal Mounted Cranes)和 SY/T 10003—2016《海上平台起重机规范》关于海上平台吊机使用类型规范，目前海上使用的吊机有五种类型，吊机的一般组成如图 9-6 所示。

图 9-6　吊机组成

(3)吊机基本参数

吊机基本参数是设计、制造、选型和安装的主要依据，一般参数有最大起重量、起升高度、幅度、工作速度、工作级别等。

①最大起重量

起重机在各种工况下，所允许起吊物品的最大质量，称为额定起重量，简称为“起重量”，单位吨(t)。依据相关国际标准，最大起重量如表 9-7 所示。

②起重高度

起重高度一般指吊机从工作地面至取物装置上极限位置的距离，单位为米(m)。平台吊机起升高度以海平面为基准时，起升高度为海平面至上限距离。

③工作幅度

工作幅度指旋转起重机旋转轴线至取物装置中心线间的距离，通常以 R 表示，单位为米(m)。海上平台吊机最大工作幅度 R 是一个重要参数，它不但负责平台与外界货物的搬运，还负责平台内部货物的搬运。根据 API 2C 的要求，平台吊机的最大幅度必须覆盖平台吊装区及主要甲板面。

表 9-7　吊机最大起重量系列表

最大起重量/t	最大起重量/t	最大起重量/t	最大起重量/t	最大起重量/t	最大起重量/t
0.0	1.25	(11.2)	(36)	(112)	(360)
0.125	1.6	12.5	40	125	400
0.16	2	(14)	(45)	(140)	(450)
0.2	2.5	16	50	160	500
0.25	3.2	(18)	(56)	(180)	(560)
0.32	4	20	63	200	630
0.4	5	(22.5)	(71)	(225)	(710)
0.5	6.3	25	80	250	800

续表

最大起重量/t	最大起重量/t	最大起重量/t	最大起重量/t	最大起重量/t	最大起重量/t
0.63	8	(28)	(90)	(280)	(900)
0.8	10	32	100	320	1000
1					

注：1. 最大起重量是指起重机在设计最大起重量时所选择的有效数值；

2. 括号中的最大起重量参数尽量避免选用。

④工作速度

平台吊机的工作速度一般指吊钩起升(下降)速度。吊机各机构的工作速度 V 根据工作要求而确定。

⑤安全工作负荷

安全工作负荷(*SWL*)指通过正确安装的起重设备在设计作业工况下能吊运的最大静载荷。

⑥吊机的使用等级

吊机的设计预期寿命是指设计吊机时预先设定的吊机从开始使用到最终报废完成的总工作循环数。吊机的一个工作循环数是指从起吊一个物品起，到开始起吊下一个物品时止，包括吊机运行及正常停歇在内的完整过程。根据 GB/T3811－2008《起重机设计规范》，将起重机可能完成的总工作循环数划分成 10 个等级，用 U_0、U_1、U_2、U_3、U_4、U_5、U_6、U_7、U_8、U_9 表示，如表 9－8 所示。

表 9－8　起重机等级表

使用等级	起重机总工作循环数 C_T	起重机使用频繁程度
U_0	$C_T \leqslant 1.60\times10^4$	很少使用
U_1	$1.60\times10^4 < C_T \leqslant 3.20\times10^4$	
U_2	$3.20\times10^4 < C_T \leqslant 6.30\times10^4$	
U_3	$6.30\times10^4 < C_T \leqslant 1.25\times10^5$	
U_4	$1.25\times10^5 < C_T \leqslant 2.50\times10^5$	不频繁使用
U_5	$2.50\times10^5 < C_T \leqslant 5.00\times10^5$	中等频繁使用
U_6	$5.00\times10^5 < C_T \leqslant 1.00\times10^6$	较频繁使用
U_7	$1.00\times10^6 < C_T \leqslant 2.00\times10^6$	频繁使用
U_8	$2.00\times10^6 < C_T \leqslant 4.00\times10^6$	特别频繁使用
U_9	$4.00\times10^6 < C_T$	

9.3.2　起重设备检测检验技术

1. 起重设备检验要求

(1)一般要求

起重设备在首次使用前应进行检验，投入使用后应进行定期试验和检验。在首次使用可拆卸零部件前，以及在使用中更换或修理影响其强度的部件，应进行验证试验和全面检查。当发生重大事故或发现重大缺陷，更换或修理影响其强度的部件时，应对起重设备进行再次检验。

起重设备的检验种类有初次检验、年度检验、定期检验、临时检验。另外，若起重设备搁置或者修理时间在12个月以上时，重新投入使用前需进行一次检查。试验和检验的范围根据搁置和修理期间进行的检验种类而定。

(2)年检要求

在初次检验或定期检验后，应进行年度检验，包括：吊杆装置的吊杆和附连于吊杆、桅或起重柱和甲板上的固定零部件外部检查；可拆卸零部件全面检查；钢索外部检查；绞车、起重机、货物升降机、车辆跳板全面检查。年度检验的时间间隔不超过12个月，检查项目和内容如表9－9、表9－10所示。

表9－9　吊杆装置的检查项目和内容

序号	项目	吊杆装置
1	吊杆和桅上的零部件	检查吊杆和桅头部分的眼板等 检查鹅颈轴和根部轴销的变形、磨损、刻痕或其他缺陷 检查吊杆根部滑车的系牢情况
2	甲板上的零部件	检查甲板上的眼板、钢丝绳制止器等
3	吊杆和桅	检查腐蚀情况，特别应注意吊杆和撑架接触的部分，必要时可要求测厚 检查刻痕或凹陷和吊杆是否弯曲 吊杆头部和根部的附件应保证处于良好的工作状态，如有必要，吊杆所有工作位置均进行操作检查
4	滑车(包括稳索滑车)	检查滑车，应特别注意滑车的转动、有效的润滑和无严重的磨损，必要时可拆卸检查 检查滑车的安装位置、绳索穿法及其安全工作负荷
5	卸扣(包括稳索卸扣)、链环、环、吊钩、三角板	各种零件应清除油漆、油污、污垢后，检查磨损、变形和其他缺陷 检查零件的安装位置和安全工作负荷
6	钢索	检查绳索，注意端头连接以及断丝和内部腐蚀
7	千斤链条	链条应清除油漆、油污，并应拆下，检查变形、磨损或其他缺陷
8	试验	修理或更换的零件若没有试验证明，吊杆装置应做试验 吊杆装置进行了影响强度的修理，应做负荷试验

表9－10　起重机的检查项目和内容

序号	项目	吊杆装置
1	布置	按照起货设备布置图和制造手册检测钢索布置和各类滑车的装配
2	固定的滑轮、滑车、轴销和罩壳	检查轮盘有无裂纹，必要时应拆去有碍检查的部件 检查索槽的磨损情况 检查全部滑轮装置处于工作状态 检查轴销的固定情况 检查轮盘在轴销上的转动情况 检查轴销和轮盘衬套的磨损，必要时拆开检查 检查罩壳和隔离板内的状况

续表

序号	项目	吊杆装置
3	起重臂根部轴销	检查润滑和确认无严重伤害
4	转盘	检查润滑和螺栓的紧密性、确保无磨损伤害和过渡移动 注意内圈和外圈过渡宽松和轨道过渡磨损 当起重机或转盘制造有特别要求时，应按要求进行
5	钢索	沿钢索的全长做检查 检查断丝、扭曲和腐蚀，若断丝、扭曲和腐蚀的钢丝超过标准限制应更换 检查末端固定和插接，应注意在连接过渡处的断丝，任何插接的附件检查时应移去 钢索重新装配前应全面润滑
6	结构	检查全部螺栓紧固情况，被更换的螺栓其形式和材质以及固定应同前一样 检查螺栓基座腐蚀情况 检查焊缝情况 检查结构的腐蚀，必要时除去污垢做锤击试验 检查起重臂、塔架、基座和门式起重架、跳板、升降机导轨等的局部缺陷或变形
7	卸扣、环、吊钩等	检查有无裂纹、变形、磨损或其他缺陷，检查时应将油污、油漆和锈皮等清除 若卸扣变形应校正、热处理并重新试验 若卸扣销子换新，该卸扣应重新试验
8	链	清除油漆、油污等，检查变形、磨损或其他缺陷 换新的链环应与原链环材料和强度相当，并做热处理和重新试验
9	钢索、滚筒	确认在全部操作位置上钢索在滚筒上至少保留2圈 检查全部钢索的固定是否有效 检查滚筒有无裂纹和损害钢索的缺陷 检查排缆装置工作的有效性
10	液压缸、绞车等及其附件	检查液压管路状况 检查活塞、枢轴销和轴承等的过量磨损和变形 检查座架及其肘板的变形和损害情况
11	主枢轴、回转轴承等	检查主枢轴和轴承的工作状况，应无过分的自由窜动，确认枢轴销没有超量磨损或变形 确认润滑装置工作正常
12	试验	修理或换新的零件若没有试验证明，则吊杆装置应做试验 若装置进行了影响强度的修理，则应做负荷试验 检查时应操作机械装置，验证其工作安全、有效，并校核升降、旋转、变幅和行走运动，以及在超限时升降、旋转、变幅和行走时限位开关的工作状态

(3)定期检查

在初次检验或换证检验后，每隔4年，应进行下列项目的换证检验：

①吊杆装置的吊货杆和附连吊货杆、桅或起重柱和甲板上的固定零部件进行全面检查，检查项目和内容与年检要求一致，吊杆装置负载试验；

②起重机及可拆卸零部件全面检查及负载试验。

(4)试验

①可拆卸零部件的试验

每个可拆卸零部件都要进行验证试验，验证负荷符合表9－11所示的要求。验证负荷可用试验机或悬重法进行，保持验证负载的时间不少于5min。

表9－11　可拆卸零部件验证负荷

<table>
<tr><th>序号</th><th>名称</th><th>验证负载/kN</th></tr>
<tr><td rowspan="2">1</td><td>单饼滑车 $SWL \leq 122.5$kN</td><td>$4 \times SWL$</td></tr>
<tr><td>$SWL > 122.5$kN</td><td>$2.44 \times SWL + 196$</td></tr>
<tr><td rowspan="3">2</td><td>多饼滑车 $SWL \leq 245$kN</td><td>$2 \times SWL$</td></tr>
<tr><td>245kN $< SWL \leq$ 1568kN</td><td>$0.933 \times SWL + 265$</td></tr>
<tr><td>$SWL > 1568$kN</td><td>$1.1 \times SWL$</td></tr>
<tr><td rowspan="3">3</td><td>链条、吊钩、环、卸扣、转环等</td><td></td></tr>
<tr><td>$SWL \leq 245$kN</td><td>$2 \times SWL$</td></tr>
<tr><td>$SWL > 245$kN</td><td>$1.22 \times SWL + 196$</td></tr>
<tr><td rowspan="4">4</td><td>吊梁、吊框、吊架与类似设备</td><td></td></tr>
<tr><td>$SWL \leq 98$kN</td><td>$2 \times SWL$</td></tr>
<tr><td>98kN $< SWL \leq$ 1568kN</td><td>$1.04 \times SWL + 94$</td></tr>
<tr><td>$SWL > 1568$kN</td><td>$1.1 \times SWL$</td></tr>
</table>

可拆卸零部件验证试验后进行全面检查，不允许存在残余变形、裂纹或其他缺陷；对能转动的部件，检查是否能自由转动。

每根吊杆应按表9－12规定的试验负荷进行试验。吊货杆应放置在经审查批准的设计图纸所规定的仰角位置。试验应使用具有质量证明的重物悬挂于吊钩或吊具上进行。重物吊离甲板后保持悬挂时间不少于5min。

表9－12　起重设备或货物或车辆升降机的试验负荷

安全工作负载 SWL/kN	试验负载/kN
$SWL \leq 196$	$1.25 \times SWL$
$196 < SWL \leq 490$	$SWL + 49$
$SWL > 490$	$1.1 \times SWL$

试验时慢速升降重物，并进行绞车的制动试验；吊杆应向左右两舷摆动并尽可能使摆幅增大。吊杆装置或吊杆式起重机有负荷指示器或超负荷保护器时，进行校核或动作试

验。对绞车应做紧急制动试验，以检查重物是否保持在原来位置。吊杆式起重机还应在带试验负荷情况下进行慢速变幅试验与回转试验。变幅角度按设计的工作角度。回转试验应在最低设计变幅角度下进行，回转极限角度按批准的设计图纸规定。吊杆装置或吊杆式起重机试验完毕后应进行全面检查，核实是否有变形或其他缺陷存在。

②起重机试验

起重机要使用具有质量证明的重物悬挂于吊钩或吊具上进行试验，重物吊离甲板后保持悬挂时间不少于5min。试验时，起重机在试验载荷下进行慢速起升、回转与变幅试验，同时应进行起升、回转与变幅机构的制动试验。对具有不同臂幅相应不同安全工作负荷的起重机，按照各个不同臂幅相应各个试验载荷进行试验；对要求减少中间臂幅试验载荷的试验，应予以特别考虑；对超负荷保护装置、超力矩保证装置，应进行动作试验。

起重机如起升全部试验载荷无法实现时，可减小试验载荷，但任何情况下所采用的试验载荷应不小于1.1倍安全工作载荷。

起重机经超负荷试验后，应进行安全工作负荷下的操作试验，试验起升、回转与变幅的各挡运转速度，以表明运转情况、超负荷效能、负荷指示器与限位器等均处于良好工作状态。起重机试验后应进行全面检查，核实是否存在变形或其他缺陷。

2. 起重设备检测检验仪器与设备

起重设备的检验仪器与设备主要有：软体称重试验水袋、载荷传感器、超声波探伤仪、磁粉探伤仪、钢丝绳探伤仪、接地电阻测试仪、兆欧表等。重点介绍称重试验水袋和载荷传感器。

(1)软体称重试验水袋

多功能试验水袋是一种新型多用途试重产品，相对于传统试重产品重量过大、运输不便等限制条件，新型多功能试重水袋有着得天独厚的优势。它重量轻、体积小、运输方便，而且安全环保、节能降耗，是一种逐渐取代传统试重方式的新式试重方式。试重水袋采用侧部泄水，减小了底部的压力，使其更安全，注水时更方便。水袋通过加载水达到设备安全负载要求，可实现无极递增或递减变载。

(2)称重传感器

称重传感器是一种将质量信号转变为可测量的电信号输出装置。在进行海上吊机称重试验时与软体称重水袋或配重块组合使用，用来显示吊机起重量。称重传感器按转换方法分为光电式、液压式、电磁式、电容式、磁极变形式、振动式、陀螺仪式、电阻应变式八类，以电阻应变式称重传感器使用最为广泛。

电阻应变式称重传感器利用电阻应变片变形时其电阻也随之改变的原理工作，主要由弹性元件、电阻应变片、测量电路和传输电缆四部分组成。电阻应变片贴在弹性元件上，弹性元件受力变形，其上的应变片随之变形，并导致电阻改变。测量电路测出应变片电阻的变化并变换为与外力大小成比例的电信号输出，电信号经处理后以数字形式显示出被测物的质量。

9.4 井口装置检测技术

9.4.1 采油设备

1. 采油树

采油树是指油管头以上的部分，它的作用是控制和调节油井的生产，引导从井中喷出的油气进入出油管线，实现下井工具仪器的起下等。一般包括油管头异径接头、阀门、三通、四通、顶接头盒节流装置。

2. 井口安全阀

井口安全阀是一种装在油气井内，在生产设施发生火警、管线破裂、发生不可抗拒的自然灾害(如地震、冰情、强台风等)等非正常情况时，能紧急关闭，防止井喷、保证油气正常安全生产的控制设备。海上作业中也称水下安全阀，当失去动力源时安全阀将自动闭合。

(1)作用

一般来说，井口安全阀有三方面的作用：

①正常情况下对生产井关停，如正常停产、维修、避台风等；

②紧急情况下对生产井进行井下关断，一般2级及以上级别关停；

③特殊情况下，如平台倾覆、被撞，地面阀门失效时，启动最后一道阀门关井。

(2)动作原理

从地面施加液压，高压液体经控制管线进入活塞腔，推动活塞下行，压缩弹簧，并顶开阀板，实现打开；保持地面控制压力，即保持开启状态；泄掉地面控制压力，阀板在弹簧作用下复位，实现关闭。

3. 井口控制盘

井口控制盘由液压部分、机械部分、电气部分组成。液压部分为井口安全阀提供压力源，电气部分为整个系统提供动力源。井口安全控制系统共控制2个安全阀，分别为地面井口安全阀(SSV)和水下安全阀(USV)。地面安全阀触动器控制压力一般为5000psi(34.5MPa)，水下安全阀触动器控制压力一般为10000psi(69MPa)。

(1)单井控制盘

单井控制盘适用于操作任何一口井的一个液动控制水下安全阀、一个或两个地面井口安全阀。单井控制盘将自动关闭安全阀以响应各种关闭警报。

单井控制盘按照动力源方式可分为手动控制系统、电动控制系统、电液控制系统、太阳能控制系统，最大工作压力为6000psi(41.5MPa)。

(2)多井控制盘

多井控制盘采用模块化设计，各井口之间互不干涉，具有可单独工作、便于操作维护等优点。控制盘为电－液控制系统。液压系统包括USV控制回路、SSV控制回路和先导回路。

井口控制盘主要功能包括：防火保护易熔塞功能、就地 ESD 功能、本地开/关各安全阀功能、现场管线高/低关断功能、快速释放功能。

9.4.2 井口装置检测检验要求及方法

1. 检测检验要求

(1)采油井口装置及采油树

根据原国家安全生产监督管理总局(国家应急管理部)《海洋石油专业设备检测检验暂行规则》的规定，采油井口装置及采油树的检测检验要求如表 9－13 所示。

表 9－13 采油井口装置及采油树检测检验要求

设备名称	主要检验内容	检验频次	备注
采油设备	井口设备：腐蚀、连接件预应力	1 年	井口设备主要包括：套管头、套管悬挂器、油管头、油管悬挂器，转换连接和转换法兰、连接紧固件、控制管线。 采油树主要包括：阀门、异形接头、油嘴、管路
	采油树：腐蚀、连接件预应力		
	井口设备：本体及焊缝缺陷	4 年	
	采油树：本体及焊缝缺陷		

(2)安全阀及井口控制盘

目前，国家应急管理部对安全阀及井口控制盘的检测检验要求尚没有明确规定，根据 API 要求及国内通常做法，安全阀及井口控制盘的检测检验一般应满足：对安全阀而言，主要是 USV 和 SSV 的功能复验和压力试验；对井口控制盘而言，主要是检测检验井口控制盘功能复验；检测检验由取得国家应急管理部颁发的海上油气井设备检测检验资质的机构实施。

2. 检测检验方法

(1)采油井口装置及采油树接收准则

①室温下的静水压试验：试验压力≤69.0MPa 时，在保压期间压力测量装置上观测到的压力变化小于试验压力的 5%，且在保压期间无可见泄漏，应予接收；试验压力 > 69.0MPa 时，在保压期间压力测量装置上观测到的压力变化 < 3.45MPa，且在保压期间无可见泄漏，应予接收。

②室温下的气压试验：保压期间，水池中应无可见连续气泡。

③最低/最高温度试验：在高温或低温下的静水压或气压试验，试验压力≤69.0MPa 时，在保压期间压力测量装置上观测到的压力变化小于试验压力的 5%，且在保压期间无可见泄漏，应予接收；试验压力 > 69.0MPa 时，在保压期间压力测量装置上观测到的压力变化 < 3.45MPa，且在保压期间无可见泄漏，应予接收。

④试验后检验：试验过的样机必须解体检查，有关项目应拍照。试验的样品不得有不符合其性能要求的永久变形，悬挂器的支撑必须能承受额定载荷，且不存在在通径尺寸下挤压管柱。试验样品不得存在不符合任何性能要求的缺陷。

(2)采油井口装置及采油树试验方法与验收要求

井口装置和采油树用闸阀试验、旋塞阀试验、止回阀试验、节流阀试验、急切断阀试验、井口装置和采油(气)树试验、井口装置(套管头、油管头)试验的方法与验收要求，满足 PR1 级和 PR2 级试验规范要求。

本体静水压(强度)试验压力：额定工作压力≤34.5MPa 时，试验压力为 2 倍额定压力；额定工作压力>34.5MPa 时，试验压力为 1.5 倍额定工作压力。静水压密封试验压力为额定工作压力。

3. 检测检验设备

(1)气密性试验装置

①气密封试压台

气密封试压台驱动气压范围一般为 0.1～1.03MPa，输出压力和驱动气压成正比；最大耗气量为 2.5Nm^3/min；压力测试范围为 0～269MPa；工作介质可以是压缩空气或氮气，可根据需求选择配置便携式自动记录仪或机械式圆盘记录仪。各型号气密试压台基本参数如表 9－14 所示。

表 9－14　各型号气密试压台基本参数

系列	型号	最大工作压力/MPa	质量/kg
HTX－8100	HTX－8100－24	24	50
	HTX－8100－40	40	50
	HTX－8100－70	70	50
	HTX－8100－105	105	65
	HTX－8100－120	120	65
	HTX－8100－140	140	65
	HTX－8100－180	180	65
	HTX－8100－220	220	65

②高压气密试验装置

高压气密试验装置可采用压缩空气或者氮气作为试压介质，实现 35MPa、140MPa、210MPa 等不同压力等级的气密性试验。整个试验过程全部电脑自动控制，所有试验设定和操作都可以在自动控制台完成，可以手动远程单独控制各个阀门，实现全方位试压的无人现场；计算机自动生成压力、时间曲线，实时显示，并将各种数据存储。设有计算机自动卸压和手动卸压双重卸压装置。高压气源可采用工业氮气瓶组、制氮机和氮气增压机、高压空压机等多种方案。

(2)液压试验装置

试验装置采用水或油作为试压介质，可以实现 35～280MPa 之间不同压力等级的压力试验。整个试验过程全部电脑自动控制，所有的试验设定和操作都可以在自动控制台完成，也可以手动远程单独控制各个阀门，实现全方位试压的无人现场。计算机自动生成压力、时间曲线，实时显示，并将各种数据存储，随时可打印出中英文检验报告。对试验对象全方位监控，全过程录像数据压缩存盘。设有计算机自动卸压和手动卸压双重卸压装置。

(3)操作规程

1)采油树水压试验操作流程如图 9－7 所示。

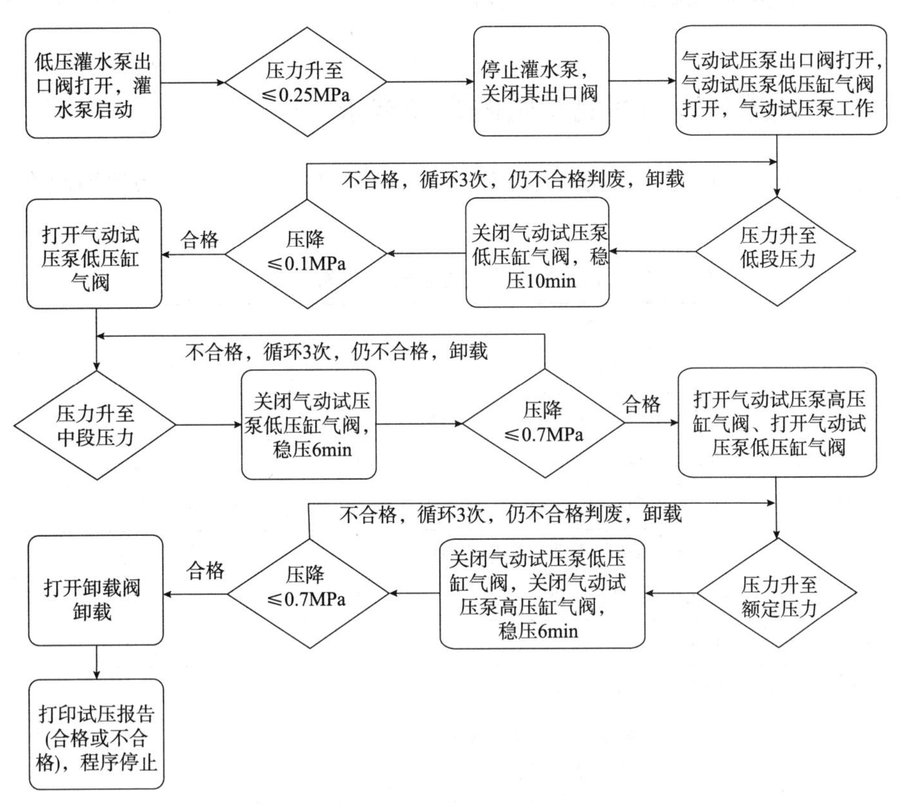

图 9－7　采油树水压试验操作流程

2)采油树气密封试验操作流程如图 9－8 所示。

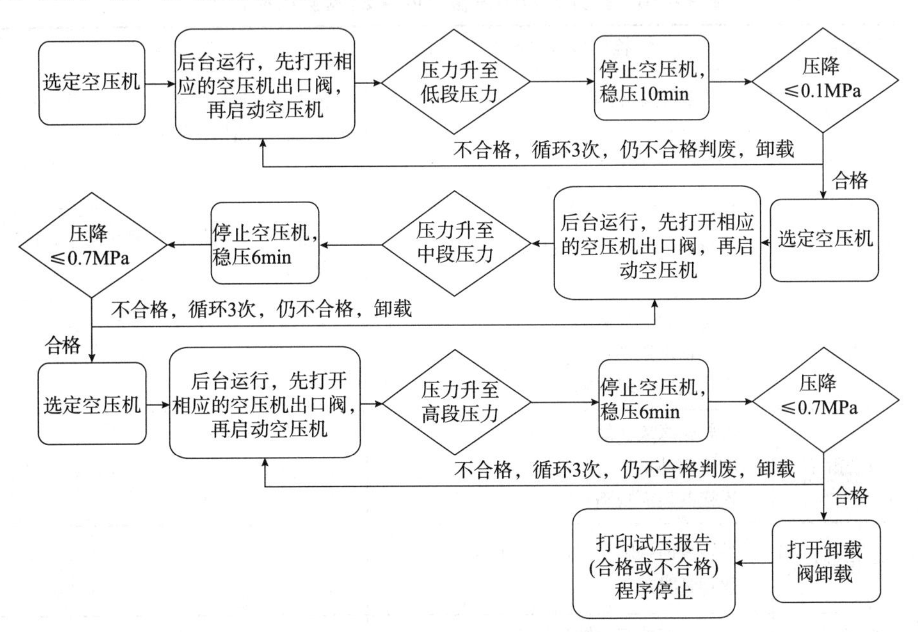

图 9－8　采油树气压试验操作流程

9.5 钻修井设备检测技术

9.5.1 钻修井设备检测检验内容及要求

根据原国家安全生产监督管理总局(应急管理部)的要求，钻修井设备检测检验内容一般如表9－15～表9－18所示。

表9－15 钻井设备检测检验内容1(检测周期1年)

序号	设备名称	检测检验内容	备注
1	绞车	刹车部件的磨损	刹车、刹车毂、盘刹、带刹
2	定位设备	死绳固定器、液压猫头焊缝表面缺陷	
3	防碰天车	功能性试验	
4	转盘	刹车部件的磨损	包括刹车片、刹车鼓
5	游动滑车	吊点表面缺陷、变形、磨损轮槽磨损	
6	大钩	表面缺陷、变形、磨损	
7	顶驱和水龙头	变形、磨损量	
8	BOP吊	表面缺陷、变形、磨损	
9	防喷器组	防喷器组密封性能试验、操作压力试验、防喷器控制装置功能试验	
10	井口工具	表面缺陷、变形、磨损	吊环、吊卡、吊钳、动力钳、卡瓦

表9－16 钻井设备检测检验内容2(检测周期2年)

序号	设备名称	检测检验内容	备注
1	钻井绞车	刹车部件、传动部件、平衡梁表面缺陷、传动部件	传动部分包括驱动齿轮、传动链条、轮；轴平衡梁包括曲柄、调节螺栓
2	转盘	转盘底座焊缝表面缺陷	
3	井架和底座	焊缝表面缺陷、变形、应力	底座基座、支腿、井架支座、后台底座、井架及二层台
4	天车	滑轮轮缘表面缺陷 天车轴承摆动量 天车底座焊缝缺陷	
5	游动滑车	滑轮轮缘表面缺陷 轴承摆动量 连接器表面缺陷	
6	顶驱和水龙头	吊环表面缺陷、损伤、变形 鹅颈管腐蚀	
7	BOP吊	结构底座的表面缺陷	

续表

序号	设备名称	检测检验内容	备注
8	防喷器组	防喷器壳体的耐压试验、表面缺陷	
9	钻井泵	传动部分的表面缺陷空气包的表面缺陷	传动部件包括曲轴、曲轴柄、十字头、上下导板、大小齿轮、链条及链轮
10	固井泵	传动部件的表面缺陷、机械损伤、变形动力端壳体的表面缺陷	传动部分包括万向节联轴器、曲轴柄、十字头、导向套、大小齿轮、链条及链轮
11	模块钻机结构	主结构焊缝缺陷	甲板、立柱、主斜撑、甲板横梁及纵桁
12	高压管汇	腐蚀、焊缝缺陷、耐压试验	压井管线、截流管线
13	压力容器	腐蚀、表面及内部缺陷	压缩空气瓶、储能瓶、灰罐、重晶石罐

表 9－17　修井设备检测检验内容 1（检测周期 1 年）

序号	设备名称	检测检验内容	备注
1	绞车	刹车部件、传动部件、平衡梁表面缺陷、传动部分固定设备底座焊缝表面缺陷、防碰天车功能性试验	刹车、刹车毂、盘刹、带刹 固定设备包括死绳固定器、液压猫头
2	转盘	刹车部件的磨损	刹车片、刹车毂
3	天车	磨损	
4	游动滑车	吊点表面缺陷、变形、磨损 滑轮磨损	刹车片、刹车毂
5	大钩	表面缺陷、变形、磨损	
6	水龙头	变形、腐蚀	
7	BOP 吊	表面缺陷、变形、磨损	
8	防喷器组	防喷器组密封性能试验、操作压力试验、防喷器控制装置功能试验	
9	井口工具	表面缺陷、变形、磨损	吊环、吊卡、吊钳、动力钳、卡瓦

表 9－18　修井设备检测检验内容 2（检测周期 4 年）

序号	设备名称	检测检验内容	备注
1	修井绞车	刹车部件、传动部件、平衡梁表面缺陷、传动部件	传动部分包括驱动齿轮、传动链条、轮；轴平衡梁包括曲柄、调节螺栓
2	转盘	转盘底座焊缝表面缺陷	
3	井架和底座	焊缝表面缺陷、变形、应力	底座基座、支腿、井架支座、后台底座、人字支座、井架及二层台
4	天车	滑轮轮缘表面缺陷 天车轴承摆动量 天车底座焊缝缺陷	

续表

序号	设备名称	检测检验内容	备注
5	游动滑车	滑轮轮缘表面缺陷 轴承摆动量 连接器表面缺陷	
6	水龙头	吊环表面缺陷、损伤、变形 鹅颈管腐蚀	
7	BOP 吊	结构底座的表面缺陷	
8	防喷器组	防喷器壳体的耐压试验、表面缺陷	
9	修井泵	传动部分的表面缺陷、机构损伤、变形、空气包的表面缺陷和腐蚀	传动部件包括曲轴、曲轴柄、十字头、上下导板、大小齿轮、链条及链轮
10	高压管汇	腐蚀、焊缝缺陷、耐压试验	压井管线、截流管线
11	压力容器	腐蚀、变形、焊缝缺陷	压缩空气瓶、储能瓶、灰罐、重晶石罐

9.5.2 井架检测标准规范及内容

井架作为钻修井设备重要的组成部分之一，主要用来安装天车、悬挂游车、大钩、水龙头和钻具等，承载钻井工作载荷，对井架安全性能的检测尤为重要。

1. 井架检测标准规范

SY/T 6326—2019《石油钻机和修井机井架承载能力检测评定方法及分级规范》

API Spec 4F《钻井和修井井架、底座规范》

NB/T 47013.4—2015《承压设备无损检测　第 4 部分：磁粉检测》

NB/T 47013.3—2015《承压设备无损检测　第 3 部分：超声检测》

2. 井架检测内容

海洋井架所处的自然环境恶劣，操作工况复杂，除承受垂直、水平及扭转的钻井载荷外，还要承受风、海浪、地震等作用引起的附加动力载荷，与陆上井架相比，海洋井架需要更高的安全性和可靠性。然而，随着服役时间的延长，井架钢结构必将面临腐蚀、疲劳和材料老化等各种损伤和缺陷，这在不同程度上将影响井架结构的承载能力，增加了结构服役期间失效的可能性。因此，对服役中的海洋井架结构进行检测评价，保证其服役期间的安全性和适用性具有重要意义。

海洋井架检测主要内容有：井架外观检查、井架结构杆件腐蚀测厚、井架结构关键部位无损检测、井架承载静动态应力测试等。

9.5.3 海洋平台井架检测

1. 井架外观检查

根据 SY/T 6326—2019《石油钻机和修井机井架承载能力检测评定方法及分级规范》，井架外观检查项目如表 9 - 19 所示。

表9-19 井架外观检查表

部件名称	检查项目	检查内容
井架大腿	1. 前腿、靠近司钻	□轻微弯曲 □较大弯曲 □需要修复 □锈蚀 □完好
		轴销连接：□不良 □完好 销轴孔：□不良 □焊缝开裂 □完好
	2. 前腿、司钻对面	□轻微弯曲 □较大弯曲 □需要修复 □锈蚀 □完好
		轴销连接：□不良 □完好 销轴孔：□不良 □焊缝开裂 □完好
	3. 后腿、靠近司钻	□轻微弯曲 □较大弯曲 □需要修复 □锈蚀 □完好
		轴销连接：□不良 □完好 销轴孔：□不良 □焊缝开裂 □完好
	4. 后腿、司钻对面	□轻微弯曲 □较大弯曲 □需要修复 □锈蚀 □完好
		轴销连接：□不良 □完好 销轴孔：□不良 □焊缝开裂 □完好
		所作标记的数目________
横拉筋和斜拉筋		□轻微弯曲 □严重弯曲 □焊缝开裂 □损坏 □锈蚀
		□需要修复 □完好 所作标记的数目________
二层台	1. 指梁平台	构架：□损坏 □焊缝裂纹 □完好 销子连接：□损坏 □完好
		安全销：□丢失 □完好
		指梁：□损坏 □焊缝开裂 □需要修复 □完好
	2. 操作台	□损伤 □焊缝开裂 □完好
	3. 栏杆	损伤：□较小 □较大 □焊缝开裂 □完好
		联结部件：□需要修复 □完好
	4. 钻杆支撑架	□损伤 □完好 连接部位：□需要修复 □完好
梯子		□焊缝开裂 □梯级不好 □连接不好 □锈蚀 □完好
		损伤：□较小 □较大 所作标记的数目________
起升装置和伸缩装置	1. 液压缸	起升液缸：□泄漏 □外露表面 □锈蚀 □完好 □无
		伸缩液缸；□泄漏 □外露表面 □锈蚀 □完好 □无
	2. 接头	□泄漏 □完好□无
	3. 软管和软管接头	□外露金属丝 □锈蚀 □损伤 □完好 □无
	4. 销孔	□椭圆 □完好 □无
	5. 伸缩液缸稳定器	□弯曲 □润滑 □完好 □无
	6 轻便井架导承	□经擦净并润滑 □完好 □无
		所作标记的数目________
锁紧转置伸缩式轻便井架	1. 销轴、棘爪	□损伤 □完好 □无
	2. 座架	□损伤 □完好 □无
	3. 机构	□损伤 □需要清洁并润滑 □完好 □无
		所作标记的数目________

续表

部件名称	检查项目	检查内容
绷绳系统	1. 绷绳	□损伤 □需更换 □完好 □无
	2. 绳卡	□松 □装置适当 □失落若干 □完好 □无
	3. 销子和安全销	□失落 □完好 □无
	4. 花篮螺栓	□锁紧 □损伤 □更换 □完好 □无
	5. 绳锚和埋桩	□更换 □完好 □无
		所作标记的数目＿＿＿＿＿
检装结构件	1. 所有螺栓连接点经检查符合要求，松动的螺栓已经上紧或完好 □无	
	2. 所有螺栓连接点经检查并抽查其上紧程度，无须再进行上紧或修复，完好 □无	
	3. 所作标记的数目＿＿＿＿＿	
死绳固定器及支座	1. 死绳固定器	□损伤 □锈蚀 □完好
	2. 支座	□损伤 □锈蚀 □完好　螺栓：□需更换 □完好
检验情况摘要	1. 是否应用了制造厂的总成图纸？□是 □否	
	2. 外观：□良好 □尚好 □不好	
	3. 需要修理的部位：□无 □较少	
	4. 缺少零件的数目　□无	

注：1. 检查时，应在损伤部位或设备上做醒目标记；根据检查情况在□里打钩；未检项目不做标记。
2. 涉及不同井架形式的底座和起升装置，可另设检查项目。

2. 井架结构杆件腐蚀测厚

检测标准：NB/T 47013. 3—2015。

测厚仪型号：DM5E。

灵敏度：70dB。

校验试块：阶梯试块。

耦合剂：油。

探头：DA512EN。

频率：5MHz。

理论上应对井架所有杆件进行腐蚀测厚，但考虑到实际工况，可以先通过数值计算，找到主要承载杆件，并结合现场井架外观检查，确定具体测厚杆件及位置。

3. 井架结构关键部位无损检测

检测标准：NB/T 47013. 4—2015。

白光照度：≥1000LX。

表面状态：打磨。

磁轭类型：电磁轭。

磁粉：Marktec/MT。

反差剂：Marktec/FA。

磁化电流：AC。

磁化方法：磁轭法。

磁化时间：BW。

提升力：240N。

坡口形式：30/100。

对井架结构关键部位焊缝进行无损检测，一般采用磁粉检测方法，磁粉检测需要将构件表面进行打磨，针对海上井架，由于海洋环境的特点，检测完毕后，需将打磨部位补漆，进行防腐保护。

4. 井架承载静动态应力测试

(1)井架应变测试技术

目前国内外比较先进的应变测试技术是采用无线测试技术。美国BDI公司STS－Wifi无线结构应变测试系统主要由无线测试硬件系统和有限元分析软件系统组成。系统中设备硬件采用智能传感器和STS微处理器，自动读出采集的数据而不需要鉴别通道号和灵敏系数，大大减少了现场测试的记录信息量，而且准备工作少，灵敏度和测试精度高；数据的记录，滤波以及放大均由STS微处理器完成，且数字模拟转换和平衡部件都是为结构测试专门设计的。该系统另一个特点是无线测试，采用标准802.11 b/g宽带无线通信协议，进行数据传输与采集控制。由于采用无线方式，省去了纷杂的电缆连接和寻找现场电源的问题，方便而实用。STS350应变传感器如图9－9所示，技术指标如表9－20所示；四通道无线节点如图9－10所示，主要技术参数如表9－21所示；数据采集过程如图9－11所示。

图9－9　STS350应变传感器

图9－10　无线节点

表9－20　STS350应变传感器技术指标

内容	技术参数
电路	带有四个激励型350Ω箔式应变计的惠斯通全桥
激励电压	+1.0～10.0V DC
应变范围	±4000με(标定到±2000με)
输出	mV等级，与激励电压成正比
灵敏度	约500με/mVout/Vin
精度	< ±1%
防护等级	设计超过IP67(水下30m深度可选)
工作温度	－50～+80℃

表 9-21 无线节点技术指标

内容	技术参数
测量模式	位移、应变、加速度等模拟信号输入和差分式 3kΩ NTC 热敏电阻
采样速率	模拟输入 1~1000 次/s，温度 1 次/s
可编程增益设置	11
模拟转换分辨率 ADC	24 位
锂电池供电	+10.8V DC，6.8Ah，73Wh
以太网供电	+48V DC(IEEE 802.3at)
无线网络	802.11b/g/n(2.412~2.484GHz)
接头类型	10-针防水型军用卡口弹簧锁
工作温度	-20~+60℃

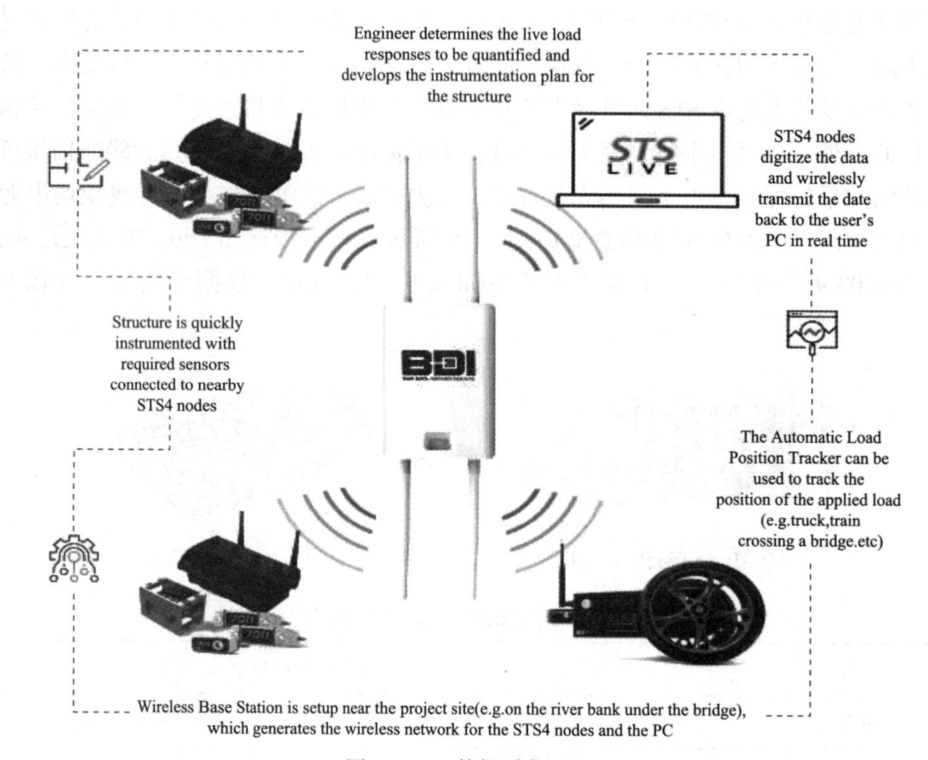

图 9-11 数据采集过程

电阻应变式传感器可以用于测量应变、力、位移、扭矩等参数。具有体积小、动态响应快、测量精度高、使用简便等优点，在航空、船舶、机械、建筑等行业里获得了广泛的应用。其工作原理是基于应变传感器发生机械变形时，其电阻值 R 会发生变化。

$$R=\frac{\rho l}{A} \tag{9-1}$$

式中 l——电阻丝长度；

A——电阻丝截面积，$A=\pi r^2$；

r——电阻丝半径；

ρ——电阻丝电阻率。

l、A、ρ 的变化将导致电阻 R 的变化，当每一可变因素分别有一增量 $\mathrm{d}l$、$\mathrm{d}A$ 和 $\mathrm{d}\rho$ 时，所引起的电阻增量为

$$\mathrm{d}R=\frac{\partial R}{\partial l}\mathrm{d}l+\frac{\partial R}{\partial A}A+\frac{\partial R}{\partial \rho}\mathrm{d}\rho \tag{9-2}$$

电阻的相对变化为

$$\frac{\mathrm{d}R}{R}=\frac{\mathrm{d}l}{l}-\frac{2\mathrm{d}r}{r}+\frac{\mathrm{d}\rho}{\rho} \tag{9-3}$$

式中　$\mathrm{d}l/l=\varepsilon$——电阻丝轴向相对变化，或称为纵向应变；

$\mathrm{d}\rho/\rho$——电阻丝电阻率的相对变化，与电阻丝轴向所受正应力σ有关；

$\mathrm{d}r/r$——电阻丝径向相对变形，或称为横向应变。

$$\frac{\mathrm{d}\rho}{\rho}=\lambda\sigma=\lambda E\varepsilon \tag{9-4}$$

式中　E——电阻丝材料的弹性模量；

λ——压阻系数，与材料有关。

当电阻丝沿轴向伸长时，会沿径向缩小，两者之间的关系为

$$\frac{\mathrm{d}r}{r}=-\nu\frac{\mathrm{d}l}{l} \tag{9-5}$$

式中　ν——电阻丝材料的泊松比

将式(9-4)、式(9-5)代入式(9-3)中，整理得

$$\frac{\mathrm{d}R}{R}=(1+2\nu+\lambda E)\varepsilon \tag{9-6}$$

$\lambda E\varepsilon$ 是由电阻丝的电阻率随应变的改变而引起的，对金属丝来说，λE 很小，可以忽略，因此上式可简化为

$$\frac{\mathrm{d}R}{R}\approx(1+2\nu)\varepsilon \tag{9-7}$$

$(1+2\nu)\varepsilon$ 项是由电阻丝几何尺寸变化引起的，对于同一种材料，$(1+2\nu)$ 项是常数。式(9-7)表明电阻相对变化率与应变成正比。

STS350 应变传感器接桥方式为全桥，进行应变采集时，系统读数即为实际输出的应变值。

(2)井架应变测点布置

应力测点应根据井架结构受力分析，在均匀应力区以及应力集中区和弹性挠曲区等危险应力区选定。测试杆件主要选择受力的杆件、有损伤的杆件和曾发生过破坏的杆件。根据不同的井架形式，测试断面选择在井架断面开口处、井架大腿断面突变处、大腿损伤处、井架二层台处。根据井架杆件截面不同，测试杆件上所贴的应变传感器的数量和位置如图9-12所示(方管截面、十字形截面布点与工字钢截面相同)。

应变传感器共计32个，主要布置在二层台与井架底部的主立柱上，每根主立柱布置四个传感器。

(3)井架应变采集

现场测试井架承载性能时，通过大钩悬挂钻具对井架施加大于20%最大设计载荷的力，通过无线wifi技术采集应变数据，利用DASYLAB软件提取井架上、下两层应变数据。

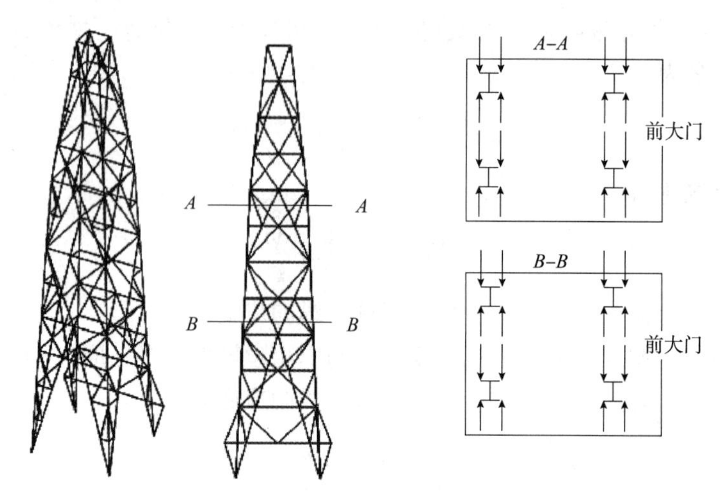

图 9 - 12　TJ315/46 型井架应力测试布点位置图

井架承载试验时分为两步进行，第一步为井架二层台主立柱应变测试，第二步为井架底部主立柱应变测试。记录每次试验载荷下指重表的读数。图 9 - 13 为某海洋平台井架应变测试曲线图，纵坐标为应变，横坐标为采集选取的时间；表 9 - 22 为测试应变值。

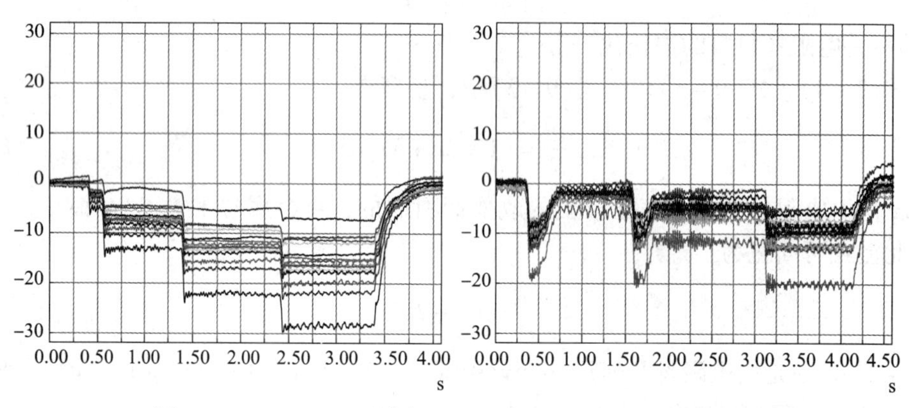

图 9 - 13　TJ315/46 型井架 1 ~ 32 号测点现场应变测试数据

井架二层台试验载荷：初始状态 17. 0klb(75. 6kN)，第一级载荷 22. 0klb(97. 9kN)，第二级载荷 33. 0klb（146. 8kN），第三级载荷 47. 0klb（209. 0kN），结束状态 18. 0klb（80. 0kN）。

井架底部试验载荷：初始状态 19. 0klb(84. 5kN)，第一级载荷 32. 0klb(142. 4kN)，第二级载荷 39. 0klb（173. 5kN），第三级载荷 49. 0klb（218. 0kN），结束状态 17. 0klb（75. 6kN）。

表 9 - 22　海洋平台 TJ315/46 型井架结构测点静、动应变、动载系数值

测点编号	井架二层台、井架底部测试载荷下井架应变测试结果			
	波高/με	波中/με	应变/με	动载系数
1#	- 11. 03	- 10. 77	- 10. 77	1. 02
2#	- 7. 25	- 7. 03	- 7. 03	1. 03

续表

测点编号	井架二层台、井架底部测试载荷下井架应变测试结果			
	波高/με	波中/με	应变/με	动载系数
3#	-15.88	-15.52	-15.52	1.02
4#	-20.99	-20.47	-20.47	1.03
5#	-22.34	-21.91	-21.91	1.02
6#	-11.59	-11.35	-11.35	1.02
7#	-14.49	-14.26	-14.26	1.02
8#	-29.19	-28.44	-28.44	1.03
9#	-16.59	-16.36	-16.36	1.01
10#	-20.48	-19.85	-19.85	1.03
11#	-17.42	-17.21	-17.21	1.01
12#	-12.20	-11.95	-11.95	1.02
13#	-15.42	-15.11	-15.11	1.02
14#	-17.01	-16.43	-16.43	1.04
15#	-18.30	-17.73	-17.73	1.03
16#	-16.75	-16.47	-16.47	1.02
17#	-13.17	-12.37	-12.37	1.06
18#	-6.62	-5.98	-5.98	1.11
19#	-9.33	-8.64	-8.64	1.08
20#	-21.18	-20.05	-20.05	1.06
21#	-8.64	-8.05	-8.05	1.07
22#	-5.61	-5.04	-5.04	1.11
23#	-9.38	-8.55	-8.55	1.10
24#	-10.50	-9.76	-9.76	1.08
25#	-13.83	-13.20	-13.20	1.05
26#	-9.93	-9.35	-9.35	1.06
27#	-9.04	-8.54	-8.54	1.06
28#	-7.72	-7.31	-7.31	1.06
29#	-11.28	-10.60	-10.60	1.06
30#	-13.36	-12.47	-12.47	1.07
31#	-10.37	-9.72	-9.72	1.07
32#	-8.85	-8.32	-8.32	1.06

5. 井架载荷构成

井架承受的载荷主要包括：恒定载荷，工作载荷，自然载荷，安装载荷等。

(1)恒定载荷

恒定载荷主要是井架结构自重以及安放在井架上面的各种设备和工具的重量，主要设备是天车、游车、大钩、钢丝绳等。

恒定载荷分配方案：井架自重，按其各层重力平均分配到井架相应各层的节点上；各种设备静载(包括天车、游车、大钩等)按其所在位置平均施加到顶部四节点上。二层台重力根据其所在位置施加到井架所对应层上的两节点上。

(2)工作绳作用力

工作绳作用力是在给定的游动系统下，大钩载荷在快绳和死绳上所产生的拉力的合力。其垂直分力近似为

$$P_{绳} = \frac{2(Q + G_{游})}{Z} \tag{9-8}$$

式中 $P_{绳}$——工作绳垂直作用分力，N；

Q——大钩载荷，N；

$G_{游}$——包括游车、大钩、钢丝绳等游动系统的重力，N；

Z——游动系统的有效绳数，一般海上井架轮系为 6×7，则 $Z = 12$。

对于井架而言，工作绳作用力作用在天车上，平均分配到井架顶部四个节点上。对于底座，工作绳作用力则施加在底座上的相应节点上。

(3)风载荷

井架所承受的风载荷为

$$F_m = 0.06115 \times K_i \times V_z^2 \times C_s \times A \tag{9-9}$$

式中 F_m——垂直于单个构件纵轴、或挡风墙表面、或附件投影面积的风力，N；

K_i——考虑单个构件纵轴与风之间有倾角 φ 时取的系数；当风垂直($\varphi = 90°$)于构件或附件(包括挡风墙)时，$K_i = 1.0$；当风与单个构件的纵轴成角度 φ 时，$K_i = \sin 2\varphi$；

V_z——风速，$V_z = V_{des} \times \beta$，$V_{des}$——最小额定设计风速，m/s，$\beta$——海拔高度系数；

C_s——外型系数，$C_s = 1.5$；

A——单个构件的投影面积，m^2。

表 9-23 所示为最小设计风速，表 9-24 所示为海拔系数 β。

表 9-23 最小设计风速 V_{des} m/s(kt)

	陆上			海洋		
	工作和起升	非预期	预期	工作和起升	非预期	预期
有绷绳轻便式井架	12.7(25)	30.7(60)	38.6(75)	21.6(42)	36(70)	47.8(93)
无蹦绳轻便式井架	16.5(32)	30.7(60)	38.6(75)	21.6(42)	36(70)	47.8(93)
塔式井架	16.5(32)	30.7(60)	38.6(75)	24.7(48)	36(70)	47.8(93)

表 9-24 海拔系数 β，地区：全部

在地面或平均海平面以上的高度/m	在地面或平均海平面以上的高度/ft	海拔系数
0-4.6	0-15	0.92
6	20	0.95
7.6	25	0.97

续表

在地面或平均海平面以上的高度/m	在地面或平均海平面以上的高度/ft	海拔系数
9	30	0.99
12.2	40	1.02
15.2	50	1.05
18.3	60	1.07
21.3	70	1.08
24.4	80	1.10
27.4	90	1.11
30.5	100	1.12
36.6	120	1.15
42.7	140	1.17

由浮动船体运动产生动力载荷时，井架动力载荷按式(9－10)～式(9－12)分别计算，即

$$F_{p}=\left(\frac{GL_{1}}{g}\times\frac{4\pi^{2}}{T_{p}^{2}}\times\frac{\pi\phi}{180}\right)+G\sin\phi \tag{9-10}$$

$$F_{r}=\left(\frac{GL}{g}\times\frac{4\pi^{2}}{T_{r}^{2}}\times\frac{\pi\theta}{180}\right)+G\sin\theta \tag{9-11}$$

$$F_{h}=G+\frac{2G\pi^{2}H}{T_{h}^{2}g}\sin\theta \tag{9-12}$$

式中 F_p、F_r、F_h——纵摇、横摇和升降所产生的作用力，kN；

G——所考虑节点的重力，N；

L_1——纵摇轴线到所考虑节点重心的距离，m；

L——横摇轴线到所考虑节点重心的距离，m；

H——升降总位移，m；

T_p——纵摇周期，s；

T_r——横摇周期，s；

T_h——升降周期，s；

ϕ——纵摇角，(°)；

θ——横摇角，(°)；

g——重力加速度，取 9.8m/s^2。

除非另有规定，横摇、纵摇和升降联合作用下的应力应考虑到下列三者中较大者：横摇力和升降力的合力；纵摇力和升降力的合力；横摇力、纵摇力和升降力的合力。

(4)立根载荷

由立根自重及立根排所受风载引起的立根载荷，通过二层台指梁按水平方向作用到井架相应节点上，在垂直方向直接作用在底座立根盒梁上。

立根自重对井架产生的水平靠力由下式计算

$$F_{根}=0.5q_0lN\mathrm{ctg}\psi \tag{9-13}$$

式中 q_0——立根单位长度的重量，N/m；

l——立根长度，m；

N——指梁上存放的全部立根数，根；

ψ——立根与钻台平面的倾角，这里取 $\psi=87°$。

6. 井架杆件强度校核

根据美国 API Spec 4F《钻井和修井井架、底座规范》第 7.2 条规定，许用应力可按照 AISC 360—05《钢结构建筑设计规范》第 1.6.1 条规定，同时受轴向压力和弯曲应力的构件，其设计应满足下列不等式

$$\frac{f_a}{0.6F_y}+\frac{f_{by}}{F_{by}}+\frac{f_{bz}}{F_{bz}}\leqslant 1.0 \tag{9-14}$$

$$\frac{f_a}{F_a}+\frac{C_{my}f_{by}}{(1-f_a/F'_{ey})F_{by}}+\frac{C_{mz}f_{bz}}{(1-f_a/F'_{ez})F_{bz}}\leqslant 1.0 \tag{9-15}$$

当 $f_a/F_a\leqslant 0.15$ 时，按式(9-16)校核

$$\frac{f_a}{F_a}+\frac{f_{by}}{F_{by}}+\frac{f_{bz}}{F_{bz}}\leqslant 1.0 \tag{9-16}$$

式中 f_{by}——由 y 向引起的弯曲应力，Pa；

f_{bz}——由 z 向引起的弯曲应力，Pa；

F_{by}——和 y 向相对应的许用弯曲应力，Pa；

F_{bz}——和 z 向相对应的许用弯曲应力，Pa；

F_y——材料的屈服极限，Pa；

F_{by}——和 y 向相对应的许用弯曲应力，Pa；

F_{bz}——和 z 向相对应的许用弯曲应力，Pa。

$$F'_e=\frac{12\pi^2E}{23\ (kl_b/r_b)^2} \tag{9-17}$$

式中 F'_e——除以安全系数后的欧拉应力，Pa；

E——材料的弹性模量，值为 2.10×10^{11} Pa；

C_m——系数，$C_{my}=C_{mz}=0.85$。

对于任一无支承部分的最大有效长细比 Kl/r(K 为有效长度系数，l 为杆件无支撑长度，r 为回转半径)小于 C_c 时的轴心受压杆件的容许压应力为

$$F_a=\frac{[1-(Kl/r)^2/(2C_c^2)]F_y}{5/3+3(Kl/r)/(8C_c)-(Kl/r)^3/(8C_c^3)} \tag{9-18}$$

$$C_c=\sqrt{\frac{2\pi^2E}{F_y}} \tag{9-19}$$

7. 井架有限元模型修正与仿真试验

依据井架结构图纸，利用三维有限元软件建立井架数值模型如图 9-14 所示。由于井架使用多年，井架整体、井架局部及井架安装等状态与未使用时发生变化，必须要通过实测数据进行模型修正，模型修正的目的是为了确保井架结构数值模型中完整地全面地呈现

现役井架整体结构和局部结构所赋予的特征。

该平台井架最大设计载荷 3150.0kN (6×7 轮系)。现场井架承载试验时按井架二层台位置与井架底部位置分别进行试验，每项试验载荷分为三级。由于现场条件所限，井架承载试验载荷较小，因此，在井架仿真试验中必须加大试验载荷，具体为：第一级载荷 500.0kN，第二级载荷 2000.0kN，第三级载荷 3150.0kN。

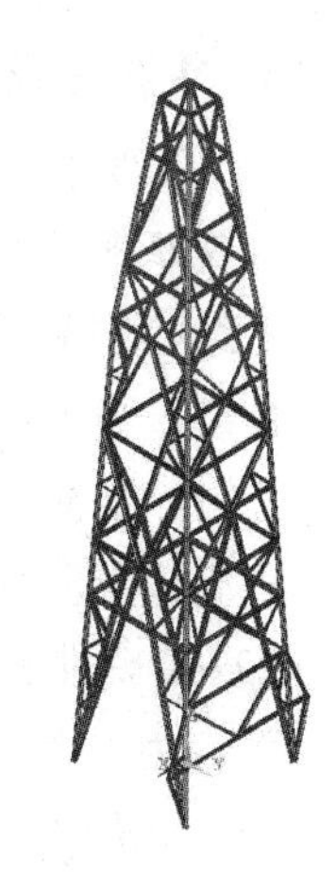

图 9－14　海洋平台井架原型与数值模型

根据井架承载能力测试试验应变测试结果，基于实测应变的模型修正后，得到了井架基准模型。通过该模型上多级载荷的井架仿真试验，获得井架最大设计载荷下应变测试结果，弥补了一般现场最大设计载荷不易获得的试验缺陷。

基准模型下井架仿真试验框图，如图 9－15 所示。

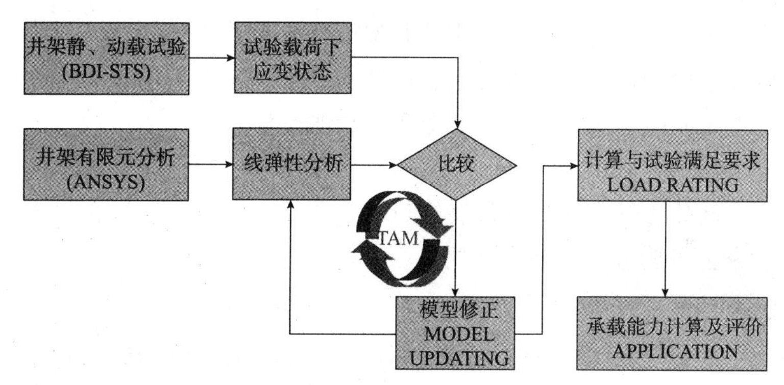

图 9－15　海洋平台井架仿真试验框图

基准模型下井架仿真试验结果如图 9－16、图 9－17 所示。“■”表示测试应变值，“·”表示计算机仿真试验应变结果。

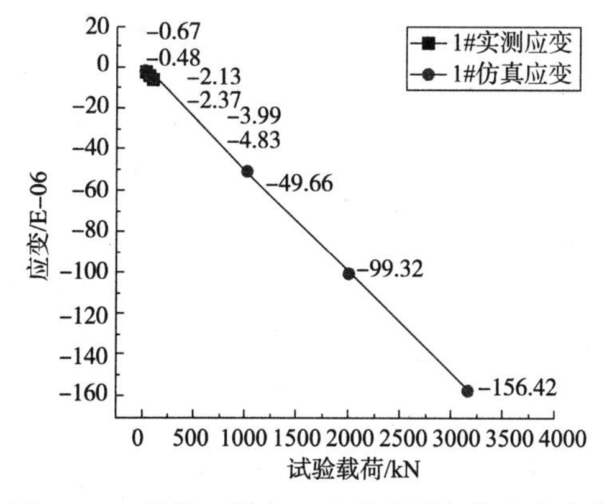

图 9－16　井架二层台 1#立柱实测与仿真应变值

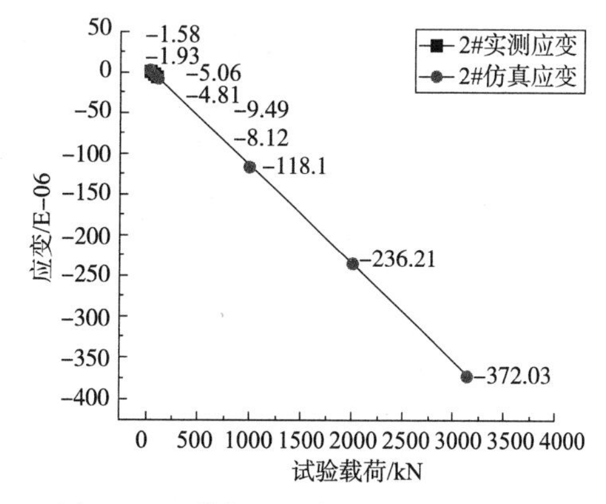

图 9－17　井架二层台 2#立柱实测与仿真应变值

8. 井架分级及报废准则

(1)分级准则

井架承载能力分为四级：

A级：当测评钩载大于或等于设计最大钩载的95%时；

B级：当测评钩载小于设计最大钩载的95%且大于或等于设计最大钩载的85%时；

C级：当测评钩载小于设计最大钩载的85%且大于或等于设计最大钩载的70%时；

D级：当测评钩载小于设计最大钩载的70%时。

(2)报废准则

评定为D级的井架应报废。

(3)井架评定周期

①井架出厂年限达到第4年，进行第一次检测评定；

②评为A级和B级且使用年限超过8年的井架每2年检测评定一次；

③评为C级的井架每年检测评定一次。

在加密井、交叉作业密集型或环境恶劣等风险性大的场所作业的钻机和修井机建议缩短检测周期。

(4)特殊情况下井架评定

发生但不限于下列情况之一的，应进行井架检测评定：

①主要承载件在使用过程中出现开裂、弯曲、变形等现象，经修复后的井架；

②在使用过程中发生井架摔落、顶天车等事故的井架；

③经改装和大修的井架；

④遭受火灾、硫化氢等腐蚀性气体腐蚀过的井架；

⑤重大自然灾害可能造成影响的井架。

9. 井架安全评价

海洋平台TJ315/46型井架测评最大钩载为2900.0kN(6×7轮系)，评定等级为B级。

作业思考题

1. 简述海洋石油结构装备检测的主要内容和重要意义。
2. 简述海洋平台检测分类、主要检测方法和原理。
3. 简述海洋平台起重设备类型和检测检验的主要内容。
4. 简述井口装置检测检验要求及方法。
5. 简述钻修井设备检测检验内容及方法。

第10章　海洋油气生产安全与环保管理

10.1　海洋石油生产 HSE 管理

为了加强海洋石油安全生产工作，防止和减少海洋石油生产安全事故和职业危害，保障从业人员生命和财产安全，依照海洋石油作业法律、法规实施具体的安全监督管理。安全管理人员是 HSE(Health Safety and Environment)管理的关键和根本。

海上石油作业现场 HSE 管理主要包括海油安办法规要求所涉及内容的管理和现场作业风险管理及应急事件的处理。

海上石油作业现场作业风险的管理及应急事件的处理，应以整体开发方案(ODP - Overall Development Plan)阶段为源头，从项目的设计、建造抓起，重视项目的检查和验收，处理好所遗留的问题和隐患，为油气生产的 HSE 管理打下良好基础。

10.1.1　海洋石油作业现场 HSE 管理

1. 海洋作业安全组织机构

海洋作业安全组织机构(图 10 - 1)在平台可称为安全领导小组，应制定出岗位职责，负责平台的日常安全管理工作。同时成立应急领导小组，应制定出岗位职责，负责处理平台的紧急事件。

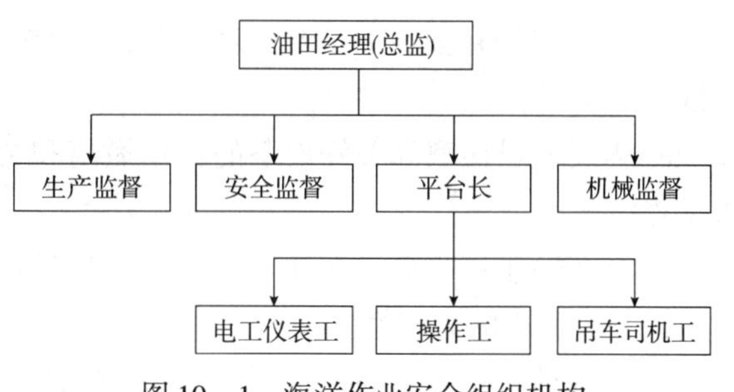

图 10 - 1　海洋作业安全组织机构

平台为了有效地处理所发生的紧急事件，应组织建立消防小组、救生小组、医疗救助小组。

各小组成员应经过相应的专业知识培训，并取得专业培训证书。

2. 海洋石油安全管理要点

(1)安全管理人员应不断学习和熟练掌握海洋石油安全法律法规、标准和公司的安全管理规定、文件；

(2)安全管理人员应学习和掌握海洋石油作业各阶段的业务知识，熟练运用安全分析和安全评估方法；

(3)作业人员的资质、资格及动态；

(4)设备的证书、证件、资料及动态；

(5)安全检查及安全操作记录；

(6)信息与沟通；

(7)总结经验和持续改进等。

3. 海洋石油作业现场 HSE 检查

(1)现场检查的组织

①定期进行现场全面巡视检查；

②季节变更或恶劣气候来到前的检查；

③事故、事件、严重风险或影响发生或发现后的检查；

④上级安全检查及体系内、外审核前的检查；

⑤重大施工作业前的检查；

⑥新设备、材料、设施、工艺安装(或使用)、变更前后的检查；

⑦新工程、海上油(气)生产设施投产前后的检查；

⑧健康安全环境目标与指标实施情况(根据需要)的检查；

⑨人员、工作程序变更前后的检查；

⑩其他认为需要的检查。

(2)HSE 检查要求

①油(气)生产平台的检查要求：

a. 每班倒班前由平台经理(总监)组织相关人员参加检查，检查重点是设施设备(包括应急设施设备)的完好性及风险影响的控制情况；

b. 由各岗位负责对本系统巡回检查，并填写检查记录；

c. 在大型施工作业前，由平台经理(总监)组织对施工前的相关工作进行检查；

d. 在台风到来前，由平台经理(总监)组织对应急设施设备、现场设施的完整性进行一次全面检查；

e. 需要人员撤离和关停设备的，在撤离和关停设备前由平台经理(总监)组织进行一次检查；

f. 油(气)生产平台，在冰期到来前由经理(总监)负责组织一次检查，重点检查防冰设施设备、冰刀的完好性；

g. 安全监督负责记录和保存“HSE 检查记录表”。

②钻完井、勘探、测试、测井、工程施工等作业的检查。根据作业的特点，首先编制安全检查计划，按照检查计划组织实施安全检查。

(3)检查的实施

①检查组织者根据检查要求和受检项目和单位的特点，明确此次健康安全环境检查的重点和具体要求；

②检查方式可采取询问、听取汇报，取样，现场核查，检查文件和各项健康安全环境记录、档案等。

③受检部门和单位应积极配合检查组的工作，提供相关的材料和方便。

(4)问题的整改及答复

①任何检查完成后，均应将检查发现的问题和隐患写成“备忘录”或详细填写在所制定的“HSE 检查记录表”中；

②检查者应就检查中发现的问题与受检查方进行交流。对于能够立即纠正的问题，应要求及时整改；对于不能立即纠正的问题，应要求限期整改；

③被检查单位整改完成后，按时反馈到检查人手中。

4. 海洋石油作业 HSE 应急演习

(1)平台应按应急预案所规定类别进行定期或不定期应急演习，以提高住平台人员掌握平台出现紧急情况下的应变和处理能力，促进应急预案的实施。

(2)应急演习内容

①消防演习；

②弃平台演习；

③人员落水演习；

④防喷演习；

⑤防硫化氢演习；

⑥溢油回收演习；

⑦有毒物质的溢漏演习

⑧限制空间营救演习；

⑨人员救护演习；

⑩防台风演习；

⑪防冰演习。

(3)应急演习组织

①制定演习方案；

②演习时要逼真、有可操作性；

③演习完成后应进行评价；

④填写安全活动记录。

10.1.2　海上平台动火作业安全管理

1. 危险区的分类

(1)平台应按照《海上固定平台安全规则》划分危险区，现场认为需要按照危险区管理的区域也可以划为危险区；

(2)设施中除危险区以外的区域为安全区。

2. 动火作业前的准备

(1)在安全区进行的动火作业由作业负责人将有关情况向经理(总监)进行说明，由经理(总监)确定该作业是否认可；

(2)危险区的动火作业应申请“工作许可”(Work Permit)检查；

(3)现场监督应确认焊接、切割工具是否符合要求；

(4)施工单位应配备两台以上便携式可燃气体探测仪。如果是在限制空间内实施动火作业，且需要控制氧气含量时，还应配备两台以上便携式氧气测试仪；

(5)现场监督应组织检查平台的消防报警及逃生系统并能够确定其为正常状态；

(6)施工单位应使用防爆工具和设备；

(7)施工单位所用遮挡物(如帆布、隔板等应由非可燃物材料制成)、消防设备及器材应由现场监督和安全监督确认；

(8)施工单位应按照健康安全环境管理的相关规定，妥善、及时地清除动火现场可燃物、积水、障碍物；

(9)动火监护人应对动火现场进行可燃气体测试，其含量应小于爆炸极限下限的20%；

(10)现场作业人员应穿戴符合要求的劳动保护用品。

3. 动火作业 HSE 管理

(1)作业负责人根据需要设置警告牌或用护栏围上(或用绳索拦起来)，防止无关人员进入；当在高处作业时，对下方做必要的防护；在作业前应实行隔离与锁定；

(2)作业负责人负责采取有效防护措施，避免焊接和切割的弧光辐射和飞溅火花对人员造成伤害；

(3)在动火作业开始前，作业负责人应报告中控；中控值班人员应通过广播告知现场的所有人员准备进行动火作业；现场所有人员应停止可能对动火作业健康安全环境行为构成威胁的工作；

(4)在风级达到6级以上时应停止动火作业，特殊情况应由施工单位负责人和现场监督(安全监督参与)共同识别和分析风险后制定相应的控制措施。

4. 动火作业 HSE 要求

(1)基本要求

①非防爆电气设备应放置远离现场的安全场所(由现场监督指定，必要时由安全监督指定)；

②电焊把线及乙炔、氧气管线无接头，应完好无损；

③气管线和气瓶嘴必须用专用接头连接；

④氧气瓶、乙炔气瓶离动火现场的距离应大于10m，两种气瓶距离应大于8m；

⑤电焊钳点火点与地线应在同一工件上，两点距离不应大于0.5m。

(2)特殊部位动火的健康安全环境控制技术要求

①应充分考虑所有清洗作业产生的废弃物及相关过程中产生、释放的各种废弃物的达标排放(或定置管理)要求，防止无序排放；

②井口区域动火作业，应由采油操作人员严格检查井上井下安全阀自动、手动关闭系统必须处在完好状态，以便在紧急情况时随时关断。

(3)储油罐、舱、柜、箱动火作业前处理

①由作业负责人组织清洗内部油污；

②由作业负责人负责组织强行通风置换，达到容器内可燃气体的含量小于爆炸极限下限的20%，动火作业时继续通风直至动火完毕为止；

③进入容器内的作业人员应穿戴防静电劳保服装；

④容器内环境含氧量应在18%~21%之间；

⑤在动火作业范围内不允许有其他明火作业；

⑥容器内所用敲打、撞击等工具应是防止火花产生的材料制成。

(4)储油轮、舱外本体动火作业条件

①整个容器无任何裂缝和破漏;

②焊接金属熔化深度应小于壁厚的 1/3;

③容器所有管道进出口均应使用 5 ~ 10mm 钢质盲板，并加 2mm 以上耐油橡胶盲垫一起盲死，无泄漏;

④施工单位负责人组织采取容器内部充水(其液面应到容器顶部，不应有间隙)或采取充惰性气体(如氨气、二氧化碳气体等)使容器内含氧量在 4% 以下。

(5)油(气)管线动火作业处理

①施工单位负责人组织清洗管线内的油污和残存的可燃气体，然后进行强制通风达到可燃气体含量小于爆炸极限下限的 20%，动火作业完成后方可停止通风;

②对动火部位的管线进行清洗和通风处理，无法清洗的可用惰性气体或液体置换，但必须进行封堵。

(6)作业收尾

动火作业完工后，应消除各种火种，切断与动火作业有关的电源、气源等，合理处置各类废弃物，按作业计划恢复有关设施或设备的正常运行。动火监护人员应对现场进行检查，确认上述要求均得到满足后，方可撤离。

10.1.3 危险化学品安全管理

(1)规范购买、储存、使用、运输、废弃危险化学品的安全管理，防止各类危险化学品事故的发生。

(2)危险化学品包括爆炸品、压缩气体和液化气体、易燃液体、易燃固体、自燃物品和遇湿易燃物品、氧化剂和有机过氧化物、有毒物品、放射性物质和腐蚀物品等。

(3)应建立健全危险化学品安全管理制度，包括危险化学品操作规程、出入库管理制度、安全检查制度、应急处理预案及急救措施等。管理制度应经业务主管部门的审批并报健康安全环保部门备案。

10.1.4 电气安全管理

1. 电气检修安全管理

检修工作大体可分为全部停电检修、部分停电检修和不停电检修等三种情况，电气检修应实行工作许可制度。

(1)电气检修的工作许可范围

①带电作业和临时用电;

②在 400V 以上高压用电设备、配电系统上进行带电或不带电的维修工作;

③在低压配电盘、控制盘、配电箱、电源干线上进行不带电维修工作。

(2)工作责任与一般要求

①在进行各种电气检修作业时，作业负责人应组织风险分析，并在工作前对工作人员交代安全事项；检查工作许可证上制定的安全措施是否正确完备，是否符合现场实际条件。

②在检修工作中，工作人员应了解工作任务、工作范围、安全措施、带电部位等安全注意事项。监护人必须始终留在工作现场，对工作人员安全监护，随时提醒工作人员应注意的事项，防止可能发生的意外事故。

③工作完毕后，工作人员应清扫现场、清点工具；工作负责人应清查人数，带领撤出现场；作业负责人和工作许可人双方签名后才算检修工作结束。工作负责人在送电前还需仔细检查现场，并通知有关单位和人员。在未办理工作许可证终结手续以前，任何人不准将施工设备合闸送电。

④停电与不停电检修应按有关电气作业行业标准制定安全措施。

⑤作业中应严格执行隔离与锁定。

2. 应急措施

(1)现场应制定电气设备发生火灾、爆炸、人员触电的应急处理措施；

(2)现场人员发现有人触电时要迅速切断电源，未断电严禁用手去拉触电者的身体，可用非导电物体将触电者身体同带电设备分离开；

(3)遇有电气设备着火时，现场人员应立即将有关设备的电源切断，然后进行救火；

(4)对带电设备着火，不得使用水、泡沫灭火器灭火。

10.2 海洋石油平台危险品管理

10.2.1 相关法律法规和标准

海洋石油平台上使用的危险品可简要概括为危险化学品和放射性物质两类。其中危险化学品主要指爆炸品、压缩气体、易燃气体、易燃液体、易燃固体、自燃物品、遇湿易燃物品、氧化剂、有机过氧化物、有毒品和腐蚀品。放射性物质主要包括中子源、伽马源、无损探伤检测设备和X射线等。

危险品的运输、储存、操作和处理均需遵守中华人民共和国法律法规要求并遵照相关标准执行。其中适用海洋石油平台危险品管理的相关法律法规包括：

(1)《中华人民共和国安全生产法》(2021)；

(2)《海洋石油安全生产规定》(2015)；

(3)《海洋石油安全管理细则》(2009)；

(4)《海洋石油作业放射性和爆炸性物质安全管理规则》(1990)；

(5)《民用爆炸物品管理条例》(2014)；

(6)《危险化学品安全管理条例》(中华人民共和国国务院令第645号)；

(7)《工作场所安全使用化学品规定》(1996劳部发〔1996〕423号)；

(8)《作业区域化学品石油安全规定》(1997)；

(9)《船舶载运危险货物安全监督管理规定》(交通运输部令2012年第4号)；

(10)《放射性同位素与射线装置放射防护条例》(2005)。

应参照执行的标准包括：

(1)《化学品分类和危险性公示通则》(GB 13690—2009);
(2)《常用化学危险品贮存通则》(GB 15603—1995);
(3)《易燃和可燃液体防火规范》(SY/T 6344—2017);
(4)《新化学物质危害评估导则》(HJ/T 154—2004);
(5)《易燃易爆性商品储存养护技术条件》(GB 17914—2013);
(6)《化学品安全技术说明书内容和项目顺序》(GB/T 16483—2008);
(7)《化学品安全标签编写规定》(GB 15258—2009)。

10.2.2 海上平台危险品储存管理

由于平台上危险品种类较多，不同种类的危险品的组成和活性各不相同，因此，储存要求也大不相同，有必要针对不同类型的危险品制定不同的储存管理要求。

1. 压缩气瓶储存要求

(1)平台上应设立专用的压缩气瓶储存区域，并张贴相应的标志；同时应该评估该区域的消防设备是否足以应对危急情况；压缩气瓶在不使用时要求储存在该储存区域内。

(2)储存区域必须满足安全干燥、通风良好的要求，以防止气瓶腐蚀、损坏或者老化，夏季应防止曝晒。

(3)禁止在气瓶存储区 10m 范围内使用其他任何火源。

(4)不得将氧气瓶存放在距离可燃气瓶 6m 的范围内或是任何易燃品附近，除非由至少 2m 高耐火级别至少为 30min 的防火墙进行隔离。

(5)装有易燃气体的气瓶，任何时候都必须直立存放并要妥善固定。

(6)用链条或支架固定气瓶，防止跌倒，不得使用绳子固定气瓶。

(7)空瓶和充有气体的气瓶应分开存放，空瓶、满瓶和正在使用的气瓶应明确标记，避免混淆。

(8)不要储存未正确安装阀门保护帽的气瓶。除非气瓶正处于使用状态，否则必须一直使用气瓶阀门保护帽。

2. 爆炸性物品的储存要求

(1)爆炸品储存场所应该尽可能远离生活区域、人员频繁进出的繁忙作业区域以及存在危险的作业区域，而且应该设有显眼的“危险物品”标志牌；储存环境必须干净、阴凉、干燥而且无沙粒。

(2)在爆炸品储存场所内必须备有有效的防火等安全保护措施，防火和消防设施必须符合中国海洋石油安全作业办公室颁发的《海洋石油作业放射性及爆炸性物质安全管理规则》中的规定。

(3)射孔枪摆放或储存区域以及炸药箱的存放位置，必须在固定的消防水喷淋系统的覆盖范围之内，或者在爆炸性物品存留期间临时预装的消防炮的覆盖范围之内。

(4)暂时不用的爆炸品必须存放在爆炸品保险箱内，该保险箱必须安置在舷外的快速释放架上；一旦遇到意外危险情况，应立即释放到海里；平台安全人员应定期检查快速释放架，确保其使用可靠。

(5)海上平台应尽可能将爆炸性物品的数量控制在最少；平台上不准长期存放炸药、雷管等爆炸性物品，作业结束时，应尽快将上述物品运回陆地存放。

(6)绝对不得将爆炸性物品储存在其他危险物品附近，例如易燃易爆的液体、压缩气体和焊接设备等附近。

(7)在储存炸药和雷管时，必须分别使用单独的容器，储存在尽量偏远的位置。

(8)必须将雷管存放在牢实锁定的箱子中，由提供或使用爆炸品的承包商负责人控制该锁的钥匙。

(9)爆炸性物品必须存放在原包装材料或容器中；储存爆炸性物品的箱子必须有木质衬里，并配备双锁。

(10)两个爆炸性物品储存箱之间必须间隔3m以上。

(11)如果需要在储存区域内进行任何维修作业，必须先将爆炸性物品转移到安全地点。

(12)相关负责人必须建立准确、完善、齐全的爆炸品储存、领取、归还的记录。

3. 放射性物品的储存要求

(1)平台上存放的放射性物质应远离生活区和人员活动频繁的场所，同时应在存放处张贴有放射性物品的明显标志。

(2)对于存放放射性物品的容器，应附有浮标或其他示位装置，以便能在特殊情况下抛入海中后易于寻找、回收。

(3)放射性物品的存放应由取证专人管理，必须建立准确、完善、齐全的储存、领取、归还的记录。

(4)存放场所必须采取有效的防火等安全防护措施。

(5)使用放射性物质的作业合同结束时，应将它们运回陆地存放。

4. 易燃性物品及其他类型的危险品储存要求

(1)平台上易燃易爆危险品的存放数量应保持满足工作需要的最小量。

(2)当可燃性或易燃性液体储存在靠近平台建筑物的时候，应与建筑物保持最少3m的距离。室外的储存区域不能有木材、垃圾或其他不必要的可燃性材料。室外的储存区域要防止被破坏。

(3)可燃性或易燃性液体必须储存在金属容器内，除非该液体与金属容器能发生反应。

(4)必须根据国际规范和中国的法规要求对所有的易燃易爆危险品进行识别、分类和标示；装可燃性或易燃性液体的瓶或罐必须标明名称和张贴恰当的警告标志。

(5)在建筑物内储存柜外储存或者储存间存放的可燃性或易燃性液体的总量，不能超过下面的要求：闪点低于23℃的可燃性或易燃性液体，桶内装有该类液体不能超过95L；闪点高于23℃的可燃性或易燃性液体，桶内装有该类液体不能超过450L；闪点高于23℃的可燃性或易燃性液体，可移动的罐内装有该类液体不能超过2500L。

(6)所有的可燃性或易燃性液体储存罐都应该存放在储存柜或储存间内。

(7)储存柜应该醒目地标注“易燃－禁止火种”标志。

(8)可移动的易燃液体储存应该装在金属罐中，例如安全罐、储存柜或室内储存间。发现有泄漏的罐时必须转移到安全区域，并将装载物转移到没有损坏的罐内。

(9)储存罐分为常压罐、低压罐以及压力罐。低压罐和压力罐可以用作常压罐。压力罐可以用作低压罐。常压罐不能用于装载温度高于其沸点的可燃性或易燃性液体。常压罐、低压罐和压力罐的建造必须执行对应的标准和规范。正常的工作压力不能高于罐的最高允许工作压力。

(10)除了由于维修和维持办公室、建筑物或设备正常运转的需要外，禁止在办公室建筑内储存可燃性或易燃性液体。

(11)可燃性或易燃性液体的存放不能影响出口、楼梯或其他用安全出口的畅通。重叠堆放的容器应该用隔垫分开以确保其稳定性和防止压坏。

(12)氧化性物品不能在可燃性物品的附近储存，以减小由于混合、摩擦或相互影响造成的火灾。

(13)氧化剂不能在酸液的附近储存，以避免引起爆炸或有毒气体的释放。

(14)有毒物品不能在火源的附近储存，以减小火灾风险和由于分解造成的有毒气体释放的风险。

(15)强腐蚀及剧毒化学物品(酸类、烧碱、汞等)必须存放在专用的密封容器内，不得渗漏。如发现渗漏，应立即更换容器，并用淡水将渗漏液体冲洗干净。

(16)各类剧毒化学物品，应分开存放保管，以免因发生化学反应而引起事故。在剧毒化学物品旁边应有明显的警告标志。

(17)对没有危险化学品材料标签或标记不明的危险化学品，不能接收和存放。

(18)危险品的存放时间不能超过厂商的要求。

10.2.3 海洋石油平台危险品使用管理

海洋石油平台在钻井、生产和维修建造活动中会大量高频次使用危险品，而危险品事故也在使用环节呈高发态势，因此，在其使用过程中进行有效管控是非常重要的。由于不同类型危险品的特性和危险等级大不相同，制定具有强针对性的危险品使用要求显得十分必要。

1. 压缩气瓶使用要求

(1)使用前应该对气瓶进行如下目测检查：瓶体表面应当没有机械损伤、开裂、变形或缝隙等；瓶体的腐蚀情况，应该特别注意瓶体与底座之间的连接部位的腐蚀情况。

(2)气瓶未用时，确保拧紧阀门。如发现气瓶泄漏，应该立即向监督报告。

(3)气瓶不得用作滚子、支撑物或者用于存储气体以外的其他用途。

(4)瓶体上标示的瓶内气体名称应该清晰可见。如果不能确定气瓶中的气体类型，则绝不能使用其中的气体。

(5)压缩气瓶上的减压器或者连接件上的丝扣，必须与气瓶阀门出口吻合，不得强行连接或改造连接。

(6)除非专门设计，否则不得使用未安装减压器的压缩气瓶。

(7)不得将装有氧气、乙炔、氮气等压缩气体的气瓶带入受限空间内。

(8)气瓶的调节阀和压力表只能用于与其设计相符的气体类型和压力等级。

(9)所有乙炔瓶上必须安装回火防止器和单向阀。

(10)在解决气瓶和调压阀之间的气体泄漏问题之前，首先要关闭气瓶阀门。

(11)切勿让火花、熔化的金属、高温或明火接触到气瓶或气瓶附件。

(12)切勿将油或油脂当作润滑剂涂在氧气瓶的阀门或附件上。

(13)切勿使用漏气的气瓶。

(14)气瓶投入使用后，不得对瓶体进行修补、焊接修理。

(15)瓶体上必须有检验(测试)时间标识。装有 O_2、N_2、CO_2、C_2H_2 和 H_2 的压缩气瓶应当每隔 3 年检验和测试一次；装有氨气和氦气的压缩气瓶可每隔 5 年检验和测试一次，但最好每隔 3 年进行一次。

(16)气体的颜色代码应该清晰地标识在瓶体上。供应商不得改变气瓶生产厂商的颜色代码，但可以在需要的时候用原来的颜色重新喷涂瓶体。

(17)严禁擅自更改气瓶的钢印和颜色标记。

(18)切勿使油或者油脂接触到氧气瓶阀门减压器、压力表或者配件。

(19)使用氧气瓶的时候，将气瓶瓶阀开到最大，以避免阀门憋压。

(20)氧气瓶的瓶阀、气管、配件、减压器及其他所有接触氧气的下游设备，都要使用专门的不易氧化材料。

(21)乙炔的使用压力不得超过 0.1MPa(15psi)。

(22)由于气瓶内的压力会随着温度的升高而快速上升，因而乙炔气瓶的瓶体温度不得超过 52℃。不得将乙炔气瓶暴露于热源中，如熔炉、换热器或其他潜在热源中，如高度易燃材料旁边。

(23)万一乙炔瓶着火，应该尽可能立即关闭气瓶阀门。如果无法关闭阀门，则应该使用大量水冷却气瓶，直至气体烧尽(应当使用类似防火墙的防护物来保护人员安全)。如有可能，可以用湿毯子把火扑灭，之后立即关闭阀门。利用消防水龙带(消防炮)大量喷水，冷却邻近火源的气瓶。

(24)不得将乙炔气瓶瓶阀拧开超过一整圈，以便万一着火时，可以快速关闭瓶阀。

(25)用肥皂水检测乙炔瓶是否泄漏。

(26)点燃气割枪之前，分别吹扫清理氧气和乙炔管道。

(27)先点燃气割枪的乙炔，再开启氧气。

(28)为了防止回火，氧气/乙炔气割枪必须配有：氧气和乙炔调压阀；气管与气割枪之间的单向阀；安装在氧气/乙炔气瓶减压阀上的回火防止器。

(29)压缩气瓶上应当挂有充装信息标牌，建议采用如下 4 种标牌："满瓶""使用中""空瓶"和"待修"。

①收到满瓶压缩气瓶后，在运输与存储过程中必须挂上"满瓶"标签。

②开始使用压缩气体前，必须挂上"使用中"标牌，直至不再使用为止。

③确认气体压力降至 0.35MPa(50psi)左右，方可挂上"空瓶"标牌。

④"待修"标牌用于送修的气瓶。

2. 爆炸性物品的使用要求

(1)使用爆炸性物品前，必须获得作业许可证。

(2)在平台上使用爆炸物品的操作人员应具有爆炸作业资格证。

(3)在测井或射孔作业安装这些物品时，非工作人员不得在旁围观，爆炸性物品出入井口时，除测井工作人员外，其他人员不得在井口附近(钻井值班房除外)停留。

(4) 在装载和加载射孔枪期间，必须在射孔枪周围设置屏障，禁止无关人员进入。

(5) 安装雷管、炸药时，要严格按操作规程进行作业，使用专用工具，不得使雷管和炸药受到冲击和摩擦。

(6) 使用工具开启爆炸性物品的存储箱时，必须采取严格的控制措施，应用湿布包裹工具，确保不会产生火花。

(7) 开始任何爆炸性物品相关的作业之前，钻井监督必须及时通知平台经理和现场安全员。

(8) 在平台上必须保留一份由安全员控制的《爆炸性物品登记表》。该登记表必须列出平台上所有爆炸性物品，而且该表格必须准确及时更新，同时该表也是安全员倒班交接的重要文件之一。

(9) 在计划加载和使用爆炸性物品前，至少提前 24h 召开一次作业前安全会，在会上必须讨论作业的性质、爆炸性物品的性质，明确是否需要无线电静默或者其他情况。

(10) 在需要无线电静默的情况下，报务员和现场安全员必须确保提前准备好《无线电静默检查表》。通过该检查表，必须确保在加载爆炸性物品之前，将所有固定无线电系统和所有便携式对讲机，包括吊车驾驶室的对讲机列入清单，进行清点并加以控制。同时，必须通知守护船也要进行无线电静默。

(11) 射孔作业期间，根据服务商提供的相关安全操作程序和《化学品安全技术说明书》，暂停可能受影响范围的电焊作业和高压电气作业，防止强电流激活雷管。

3. 放射性物品的使用要求

(1) 使用放射性物品前，必须获得作业许可证。

(2) 在平台上使用放射性物品进行作业的承包商必须提供：

①放射源的证书，注明放射源编号、放射源同位素的详细情况(比如依和钴)以及放射源在检测当日的辐射强度；

②放射源容器的证书和编号；

③放射源容器的泄漏测试证书；

④放射源装运/储存容器的有效吊装证书，而且附带证书编号；

⑤放射源的衰变图表，以便计算放射源在以前使用中的辐射强度；

⑥此外，也需要提供证明作业者资质等级(1 级、2 级或 3 级)认证材料。

(3) 对使用放射性物质的人员应做好以下管理工作：

①相关操作人员应持证上岗；

②应配有个人辐射剂量检测用具，并建立辐射剂量档案；

③每年至少应作一次身体检查，并将体检结果存档；

④经医疗卫生部门检查证明已受到放射性物质严重伤害的人员，应立即将其从放射性作业的岗位上调离出来。

(4) 如果任何放射源被损坏并导致火灾、爆炸或者类似事件，必须立即通知平台经理。

(5) 如果发生放射源丢失或损坏事故，必须尽快向主管政府部门汇报，随后提供该事故的书面报告。

(6) 如果打捞丢失放射源的作业不成功，在终止打捞之前，必须征得主管政府部门的同意。

4. 易燃性物品及其他危险品的使用要求

(1)在使用危险品之前，要根据《化学品安全技术说明书》的要求选择和使用合适的个人防护用品。

(2)在使用后和存放前，确保装有危险品的容器完好。

(3)对于含有残余危险品的空容器(压缩气体除外)，应该选择进行如下处理：

①正确重新填装相同类型的危险品；

②在用于装其他物质之前，清洗和贴上正确的标签；

③在用于收集废弃物前，贴上标签；

④如果不及时回收或处置，应清洗容器和在容器上贴上标签“空”。

(4)员工未经批准禁止携带任何生产用的危险物品进入生活区。

(5)在没有得到生产监督的允许之前，易燃液体禁止用作清洗剂。

(6)当附近有明火或者火源，或可燃易燃液体的挥发物能接近火源的时候，不能使用易燃液体。

10.2.4 海洋石油平台危险品搬运管理

搬运危险品过程中风险高发程度不亚于使用环节，对搬运过程的管控亦不可轻视。特别是在搬运压缩气瓶时，如果因搬运不当造成瓶口阀门损坏而使气体泄露，很可能会导致灾难性的事故发生。因此，对搬运环节的监管千万不能有丝毫懈怠。

1. 压缩气瓶搬运要求

(1)不要搬运未正确安装阀门保护帽的气瓶。

(2)由于气瓶大都比较光滑、沉重，很难用手搬运，建议用推车搬运，如果没有推车则寻求他人帮助。

(3)禁止用滚动或人工肩扛的方式搬运气瓶。

(4)利用吊车或者起重机械移动气瓶时，应该将气瓶固定在吊篮或架子里，禁止使用钢丝绳或者绳子捆绑气瓶吊运。

(5)搬运时应该将气瓶妥善固定，防止发生相互猛烈撞击。

(6)不得戴着油腻的手套搬运气瓶，特别是氧气瓶。

2. 爆炸性物品的搬运要求

(1)爆炸性物品对热量和震动反应敏感。在搬运、装载和卸载爆炸性物品时，应极为小心，应当吊起和装入至指定位置，而不是滑动或滚动。

(2)在爆炸物搬运作业场所附近，不得进行会产生火花的作业。

(3)专人负责设施内爆炸品的搬运和移动。

3. 放射性物品的搬运

(1)合格的持证作业者才能搬运放射源。

(2)在搬运前必须检查存放的容器是否损坏，附有的浮标或其他装置是否完好。

(3)专人负责设施内放射性物品的搬运和移动。

4. 易燃性物品及其他危险品的搬运要求

(1)搬运前必须仔细检查装载危险品的容器和包装是否有破损。

(2)搬运前，检查标签是否正确。

(3)搬运前要根据《化学品安全技术说明书》的要求选择和使用合适的个人防护用品。按照厂商的指导或采用《化学品安全技术说明书》中建议的方法搬运各种类别的危险品。

(4)当将可燃性液体从一个容器转移至另一个容器中的时候，管口和容器都需要良好接地。

(5)不能使用塑料容器收集或运输可燃性液体，除非液体会和金属容器进行反应。

(6)在进行可燃性或易燃性液体的搬运或操作区域，需要有足够的消防设施。

(7)氧化性物品不应该在可燃性物品的附近搬运，以减小由于混合、摩擦而造成的火灾。

(8)氧化剂不能在酸液的附近进行搬运，以避免激烈的爆炸或有毒气体的释放。

10.2.5 海洋石油平台危险品事故应急措施

尽管海洋石油平台采取各种各样的措施消除危险品管理诸多环节中存在的隐患，千方百计防止事故的发生，但也不能确保永远不会发生事故。因此，事先制定事故应急预案，以便在事故发生初期及时采取行之有效的处置措施，充分利用平台上有限的人力和应急资源将事故造成的损失降到最低，或在外部救援力量到达平台提供帮助之前阻止事故扩大升级，是很有必要的。为此，需要在海洋石油平台上打造一支指导有方、组织有力、行动高效的应急反应队伍，充分挖掘平台上有限的人力和应急资源的潜力。

1. 海洋石油平台危险品事故应急准备

(1)做好应急指挥人员和应急反应小组成员应急技能培训，同时加强平台全员应急知识培训，提高他们的技能和应急意识。培训方式应多种多样，为了取得良好的效果，最好由专业人员指导，采用沙盘推演的形式，或采用模拟实操的方式。

(2)指定专人负责平台上的消防设备、救逃生装备、医疗救护设备等日常维护工作，确保它们始终处于良好的、随时可用的状况。

(3)制定年度应急演练计划，制定具体的在不同区域发生火灾爆炸和人员受伤事故的现场处置方案，从实际出发，实地、实装、实操地真实演练，从而达到锻炼应急队伍和检验应急设备的目的。

(4)根据现场风险、工艺和设备的实际变更情况，定期更新现场处置方案，确保应急预案的适用性和可操作性。

2. 海洋石油平台危险品事故应急处理

(1)一旦发生危险品事故，立即启动应急反应程序，按照程序要求报告和采取相应的应急行动。

(2)一旦人员受到伤害，应立即通知医生，并向平台监督和安全管理人员报告。在医生未到达之前，现场人员应尽可能对伤病员采取有针对性的、必要的紧急护理措施，包括撤离产生危害环境、人工呼吸及心肺复苏、利用现场的急救药品和设施进行救治等。

(3)当剧毒及腐蚀性物品附着在身上时，应立即用水或中性洗涤剂冲洗，以减轻对人体的伤害，不得用抹布揩擦和用绷带绑扎。

(4)如果有液体或蒸气进入眼睛，应立即用水冲洗至少15min。

(5)如果皮肤被污染物灼伤，立即用大量水冲洗。脱掉衣服以便冲洗到受影响的部位。

(6)任何泄漏的化学品，必须尽快清理干净。如果可以，立即用水和抹布擦洗泄漏区域(不要冲洗不易与水混合的液体或可能和水发生反应产生有毒气体的化学品)。

(7)不要用手和衣服擦洗泄漏的化学品，进行清洁工作时必须穿戴合适的个人劳保防护用品。

10.3 海洋石油生产的环保管理

10.3.1 海洋石油生产环境保护管理

(1)海洋石油生产环保管理要求

①油气田开发工程必须符合海洋功能区划、海洋环保规划和国家有关环保标准。

②环境影响报告书由自然资源部核准，并报生态环境部备案，接受国家环保总局监督。

③自然资源部在核准环境影响报告书之前，必须征得交通运输部海事局、农业农村部渔业渔政管理局和军队环保部门的意见，进行海上油(气)田开发工程环境影响报告书的审查工作。

④海上油气田的环保设施“三同时”检查验收由生态环境部负责。

⑤海上油(气)田开发工程建设，不得使用含超标准放射性物质或者易溶出有毒有害物质的材料。

⑥海上施工需要进行爆破作业(如炸礁)的必须采取有效措施保护海洋资源。

⑦在海洋自然保护区、海滨风景名胜区、重要渔业水域及其他需要特别保护的区城，不得建设海洋石油陆岸终端和油气处理厂，项目选址要符合海洋功能区划、海岸功能区划以及当地海洋与陆地环境保护规划的要求。

⑧兴建海岸工程建设项目，必须采取有效措施，保护国家和地方重点保护的野生动植物及其生存环境和海洋水产资源；不得造成海岛地形、岸滩、植被以及海岛周围海域生态环境的破坏，禁止毁坏海岸防护设施、沿海防护林、沿海城镇园林和绿地。

⑨入海排污口不得建在海洋自然保护区、重要渔业水域、海滨风景名胜区和其他需要特别保护的区域；应当根据海洋功能区划、海水动力条件和海底排污设施的有关情况确定；在有条件的地区，应当将排污口深海设置，实行离岸排放。

⑩排放污染物必须向环保行政主管部门申报拥有的环保设施、排放设施(如：排污管和海底扩散器)以及排污的种类及数量和浓度，并提供防污染方面的技术资料。

⑪对排放污染物的限制条件：含有机物和营养物质的工业废水、生活污水，应当严格控制向海湾、半封闭海及其他自净能力较差的海域排放。

⑫向海域排放含热废水，必须采取有效措施，保证邻近渔业水域的水温符合国家海洋环境质量标准的要求(人为造成的海水温升不超过当时当地4℃)，避免热污染对水产资源的危害。

⑬国家实施渤海碧海行动，要求在渤海航行的船舶(渔船除外)必须封堵排污设备。
⑭特别提示：现场应按要求，如实、工整填写政府部门的“防污染记录簿”等。
(2)海洋环保管理制度
①重点海域污染物总量控制制度；
②海洋污染事故应急制度；
③船舶油污损害民事赔偿制度和船舶油污保险制度；
④环保设施与主体工程“三同时”制度；
⑤对严重污染海洋环境的落后工艺和设备的淘汰制度；
⑥排污收费制度；
⑦排污申报制度；
⑧现场检查制度。

10.3.2 海上作业安全环保方略

(1)健康安全环境理念和政策

采用现代安全管理是海洋石油开发健康安全环境理念的中心，其核心思想是“预防为主”。现代安全管理理念是主动地对整个系统进行综合分析评价，使经验变成理论来理性指导未来的工作规划。现代安全管理方法就是安全系统工程所进行的安全分析、安全评价，实施的安全措施，最终是要保证生产作业安全，人员、设备和环境安全。

由于海洋石油开发经常性地采用国际最先进技术，以使经济效益最大化，很多事物没有规则可寻，因此，需要采用前瞻性的眼光，以现代安全环保管理方法来提升我们的健康安全环境理念和政策水平是十分重要的。

(2)健康安全环境管理体系

健康安全环境工作的关键，一是要有规范化的规章制度，二是要认真执行，三是要严格监督检查。按照规范化原则抓安全，就能从根本上解决时松、时紧、时宽、时严的老毛病旧习惯，才能真正做到预防为主。建立并执行健康安全环境管理体系是企业管理工作的一个重要指标。作为高风险的海洋石油开发企业，首先是认真执行国家安全法规，并以此为基础，结合生产实际制定系列规章制度，形成以“健康安全环境管理”体系为主体的文件体系，使整个健康安全环境的管理工作井然有序，步入科学化、规范化的法制管理轨道。

(3)完善的健康安全环境机构

作为海洋石油开发企业，要严格执行国家制定的海洋石油作业安全环保法规，认真接受国家机关职能部门的监督管理，注重企业的安全环保管理，实行公司、作业单位、生产单元分级管理。按照“谁主管谁负责”及“管生产的必须管安全”的原则，形成完善的安全环保监督管理网络。建立由总经理到基层生产班组“横向到边、纵向到底”的层层安全生产责任制，把安全生产的重担按责任大小分担到各级负责人肩上，形成人人负有责任的安全生产管理网络。

(4)全方位、全过程安全管理

所谓全方位，即海上油气生产设施的安全实行，由作业者负责、第三方检验把关、政府监督管理，还有承包商的最低安全环保要求制度的实施。所谓全过程，即从海上油气田的总体开发方案开始，到初步设计、详细设计、建造、运输、安装、试运行及投产后的生产过程，直至废弃，实施全过程的安全监督管理。

政府监督管理包括安全监督检查与技术监督检查。安全监督检查包括审查作业者海上安全应急计划，对生产设施、工程船舶等进行作业认可，实施作业安全检查、人员培训、发证等工作。技术监督检查包括认可生产设施和石油专用设备的检验机构工作，借助第三方评价机构与发证检验机构对生产设施的设计建造质量进行把关。

(5)应急管理避免恶性事故发生

认真贯彻“安全第一，预防为主，综合治理”的方针，加强对应急事件的管理是搞好安全生产的关键。第一是编制安全应急计划，建立应急中心，为随时预防并及时处理做好准备；公司与基层单位共同构建海上作业安全应急系统，建立应急资源库，并及时修改应急计划，定期组织应急演习，使大家在思想上高度重视；一旦发生紧急情况，能够做到最大限度地减少人员伤亡、环境污染与设备财产损失。第二是高度重视防止自然灾害的工作；热带风暴与海冰是影响我国海上石油作业最严重的自然灾害，是安全应急工作的核心内容，应当以“十防九空也要防”“宁可防而不来、不可来而不防”为原则，每年都要召开专业会议，研究部署当年防风暴、防冰工作；海冰对我国海上生产设施的危害很大，除采用一套可靠措施外，还要建立一套较完善的数据库，收集现场测量、卫星遥感信息。

(6)实施安全监督加强教育培训

日常安全监督检查，积极开展安全活动是搞好安全工作的一个重要环节。应建立一整套完善的检查制度、检查程序和办法。各单位应编写生产设施的自身检查程序和安全手册；对更新改造的设备进行安全环保审查；对在用设备定期检查：从设计、建造到生产的各个阶段实施危害识别、风险分析、安全评估，并落实到每个整改方案中。

80%的海上事故是由于人员和组织工作失误造成的。缺乏必要的海上安全知识培训是各种惨痛教训中很重要的一条，因此，要大力宣传健康安全环境管理体系，使所有员工不仅要在各自岗位上切实履行其职责，还要鼓励员工参与健康安全环保活动，把安全管理渗透到每个人、每件事物、每个角度、每次活动的四维空间中，尽量消除一切不安全因素。

(7)海洋石油与环境保护协调发展

对于海洋石油开发，环保与生产不是对立的。因为海上生产设施自身处于海洋环境的完全包围之中，所以，保护好海洋环境也就是保护好自身的开发环境。

保护环境是基本国策。首先要遵守国家海洋环境保护的法律法规，规定建设项目必须进行环境评价，务须执行“三同时”制度，编写溢油应急计划，严格实施各项海洋环境保护法律法规制度，并按照制度的规定积极推行环境保护责任制，实行污染防止目标管理制度。

作业思考题

1. 概述海洋石油安全管理要点。
2. 简述海洋石油平台动火作业 HSE 管理的主要内容和要求。
3. 简述海洋石油平台上使用的危险品管理的主要内容。
4. 简述海洋石油平台危险品事故应急措施。
5. 简述海洋石油生产环境保护管理的要求和制度。

参考文献

[1]方华灿．海洋石油工程(上、下)[M]．北京：石油工业出版社，2010.

[2]安国亭，卢佩琼．海洋石油开发工艺与设备[M]．天津：天津大学出版社，2001.

[3]董艳秋．深海采油平台波浪载荷及响应[M]．天津：天津大学出版社，2005.

[4]廖谟圣．海洋石油钻采工程技术与装备[M]．北京：中国石化出版社，2010.

[5]张振国，王长进，李银朋．海洋石油工程概论[M]．北京：中国石化出版社，2018.

[6]徐兴平．海洋石油工程概论[M]．青岛：中国石油大学出版社，2009.

[7]熊友明，唐海雄．海洋油气工程概论[M]．北京：石油工业出版社，2013.

[8]李鹤林．海洋石油装备与材料[M]．北京：化学工业出版社，2016.

[9]刘立君，杨祥林，崔元彪．海洋工程装备焊接技术应用[M]．青岛：中国海洋大学出版社，2016.

[10]周晖．海洋工程结构设计[M]．上海：上海交通大学出版社，2013.

[11]孙德坤．海洋石油安全管理[M]．北京：石油工业出版社，2014.

[12]柳锁贤，张小龙，王志明，等．钻井隔水管主管环缝焊接工艺研究[J]．焊管，2021(44)7：23－26.

[13]罗强，周国林，樊春明，等．MR6C 型钻井隔水管维修改造技术研究[J]．石油矿场机械，2020 (49) 3：82－85.

[14]董衍辉，段梦兰，王金龙，等．深水水下连接器的对比与选择[J]．石油矿场机械，2012(41)4：6－12.

[15]魏会东，苗春生，尹汉军，等．水下脐带缆终端设施的研制及应用[J]．石油机械，2015(43)4：69－72.

[16]刘红芳．海洋水下井口装置锁紧机构研究[J]．石油矿场机械，2015(44)6：25－28.

[17]朱高磊，赵宏林，段梦兰，等．水下采油树控制模块设计要素分析[J]，石油矿场机械，2013 (46) 10：1－6.

[18]白勇，龚顺风，白强，等．水下生产系统手册[M]．哈尔滨：哈尔滨工程大学出版社，2012.

[19]李志刚，姜瑛，王立权．水下油气生产系统基础[M]．北京：科学出版社，2018.

[20]GB/T 21412. 1—2010，石油天然气工业水下生产系统的设计与操作　第 1 部分：一般要求和推荐做法[S].

[21]GB/T 21412. 4—2013，石油天然气工业水下生产系统的设计与操作　第 4 部分：水下井口装置和采油树设备[S].

[22]GB/T 21412. 15—2017，石油天然气工业水下生产系统的设计与操作　第 15 部分：水下结构物及管汇[S].

附录A　海洋石油安全环保管理相关法律法规目录

《生产安全事故报告和调查处理条例》(中华人民共和国国务院令第493号)

《海洋石油安全生产规定》(国家安全生产监督管理总局令第78号)

《生产安全事故应急预案管理办法》(国家安全生产监督管理总局令第88号)

《非煤矿矿山企业安全生产许可证实施办法》(国家安全生产监督管理总局令第20号)

《作业场所职业健康监督管理暂行规定》(国家安全生产监督管理总局令第23号)

《海洋石油安全管理细则》(国家安全生产监督管理总局令第25号)

《建设项目安全设施“三同时”监督管理办法》(国家安全生产监督管理总局令第36号)

《海上石油天然气生产设施检验规定》(中华人民共和国能源部令第4号)

《中华人民共和国突发事件应对法》(中华人民共和国主席令第69号)

《生产经营单位安全培训规定》(国家安全生产监督管理总局令第3号)

《安全生产培训管理办法》(国家安全生产监督管理总局令第44号)

《安全生产检测检验机构管理规定》(中华人民共和国应急管理部令第1号)

《非煤矿山外包工程安全管理暂行办法》(国家安全生产监督管理总局令第62号)

《中华人民共和国海洋环境保护法》(中华人民共和国全国人民代表大会常务委员会令五届第9号)

《中华人民共和国海域使用管理法》(中华人民共和国主席令第61号)

《防治海洋工程建设项目污染损害海洋环境管理条例》(中华人民共和国国务院令第475号)

《中华人民共和国海洋石油勘探开发环境保护管理条例实施办法》(国家海洋局令第1号)

《中华人民共和国海上交通安全法》(中华人民共和国主席令第79号)

附录B　海洋石油安全环保管理相关标准目录

SY/T 0305—2012《滩海管道系统技术规范》

SY/T 0306—1996《滩海石油工程热工采暖技术规范》

SY/T 0307—1996《滩海石油工程立式圆筒形钢制焊接固定顶储罐技术规范》

SY/T 0308—2016《滩海石油工程注水设计规范》

SY/T 0310—2019《滩海石油工程仪表与控制系统设计规范》

SY/T 0311—2016《滩海石油工程通信技术规范》

SY/T 4084—2010《滩海环境条件与荷载技术规范》

SY/T 4085—2012《滩海油田油气集输设计规范》

SY/T 4086—2012《滩海结构物上管网设计与施工技术规范》

SY/T 4087—1995《滩海石油工程通风空调技术规范》

SY/T 4088—1995《滩海石油工程给水排水技术规范》

SY/T 4089—2020《淮海石油工程电气设计规范》

SY/T 4090—1995《滩海石油工程发电设施技术规范》

SY/T 4091—2016《滩海石油工程防腐技术规范》

SY/T 4092—1995《滩海石油工程保温技术规范》

SY/T 4094—2012《浅海钢质固定平台结构设计与建造技术规范》

SY/T 4096—2012《滩海油田井口保护装置技术规范》

SY/T 4100—2012《滩海工程测量技术规范》

SY/T 4101—2012《滩海岩土工程勘察技术规范》

SY/T 6012—2012《滩(浅)海试油作业规程》

SY/T 6307—2016《浅海钻井安全规程》

SY/T 6321—2016《浅海采油与井下作业安全规程》

SY/T 6345—2016《海洋石油作业人员安全资格》

SY/T 6346—2016《浅海移动式平台拖带与系泊安全规范》

SY/T 6428—2018《浅海移动式平台沉浮与升降安全规范》

SY/T 6429—2017《海洋石油生产设施消防规范》

SY/T 6430—2017《浅海石油起重船舶吊装作业安全规范》

SY/T 6432—2019《浅海石油作业井控规范》

SY/T 6501—2010《浅海石油作业放射性及爆炸物品安全规程》

SY/T 6505—2017《浅海石油设施涂色规定》

SY/T 6634—2012《滩海陆岸石油作业安全规程》

SY/T 6775—2018《滩海构筑物物探法检测规程》

SY/T 6777—2017《滩海石油人工岛安全规则》
SY/T 6849—2012《滩海漫水路及井场结构设计规范》
SY/T 6879—2019《石油天然气建设工程施工质量验收规范　滩海海堤工程》
Q/SY 1193—2009《滩海油气开发工程术语》
Q/SY 1377—2011《滩海油气田工程建设项目初步设计编制规范》
Q/SY 1379—2011《滩海油田人工岛生产系统设计规则》
Q/SY 1536—2012《滩海人工岛地基处理技术规范》
Q/SY 1618—2013《滩海工程水文技术规范》
Q/SY 1619—2013《滩海海底管道防腐蚀技术规范》